中国科学院科学出版基金资助出版

现代数学基础丛书·典藏版 109

非参数蒙特卡罗检验及其应用

朱力行 许王莉 著

科学出版社

北京

内 容 简 介

本书提出一种新的产生参考数据的方法构造条件统计量,称之为非参数蒙特卡洛检验(NMCT).全书共分 11 章:第 1 章介绍蒙特卡罗检验;第 2 章用 NMCT 方法检验 4 种类型的分布,并且说明此方法对这些类型的检验精确有效;第 3 章证明 NMCT 方法对 4 种情况是渐近有效的,而且 pn 相合;第 4~6 章研究了回归模型的模型检验问题,也说明了 Wild 自助法在某些情况下不相合;第 7~9 章研究了一些用自助逼近法可以实现的问题,但是 NMCT 方法也很容易实现,而且功效很好;第 10~11 章分别介绍协方差矩阵的同方差检验和参数型 coupula 函数的拟合检验.

本书特别适合重抽样逼近领域或者是将重抽样逼近技术应用到其他应用领域的研究人员,以及对拟合优度检验方向有兴趣的学者.

图书在版编目(CIP)数据

非参数蒙特卡罗检验及其应用/朱力行,许王莉著. —北京:科学出版社,2008

(现代数学基础丛书·典藏版;109)

ISBN 978-7-03-022578-8

I. 非… II.①朱… ②许… III. ①蒙特卡罗法②非参数检验 IV.①0242.2②0212.1

中国版本图书馆 CIP 数据核字(2008)第 111833 号

责任编辑:陈玉琛 杨 然 /责任校对:钟 洋
责任印制:徐晓晨 /封面设计:陈 敬

科学出版社 出版

北京东黄城根北街 16 号
邮政编码:100717
http://www.sciencep.com

北京厚诚则铭印刷科技有限公司 印刷

科学出版社发行 各地新华书店经销

*

2008 年 8 月第 一 版 开本:B5(720×1000)
2024 年 2 月 印 刷 印张:11 1/2
字数:210 000

定价:68.00 元

(如有印装质量问题,我社负责调换)

《现代数学基础丛书》序

对于数学研究与培养青年数学人才而言，书籍与期刊起着特殊重要的作用.许多成就卓越的数学家在青年时代都曾钻研或参考过一些优秀书籍，从中汲取营养，获得教益.

20 世纪 70 年代后期，我国的数学研究与数学书刊的出版由于文化大革命的浩劫已经破坏与中断了十余年，而在这期间国际上数学研究却在迅猛地发展着. 1978 年以后，我国青年学子重新获得了学习、钻研与深造的机会. 当时他们的参考书籍大多还是 50 年代甚至更早期的著述. 据此，科学出版社陆续推出了多套数学丛书，其中《纯粹数学与应用数学专著》丛书与《现代数学基础丛书》更为突出，前者出版约 40 卷，后者则逾 80 卷. 它们质量甚高，影响颇大，对我国数学研究、交流与人才培养发挥了显著效用.

《现代数学基础丛书》的宗旨是面向大学数学专业的高年级学生、研究生以及青年学者，针对一些重要的数学领域与研究方向，作较系统的介绍. 既注意该领域的基础知识，又反映其新发展，力求深入浅出，简明扼要，注重创新.

近年来，数学在各门科学、高新技术、经济、管理等方面取得了更加广泛与深入的应用，还形成了一些交叉学科. 我们希望这套丛书的内容由基础数学拓展到应用数学、计算数学以及数学交叉学科的各个领域.

这套丛书得到了许多数学家长期的大力支持，编辑人员也为其付出了艰辛的劳动. 它获得了广大读者的喜爱. 我们诚挚地希望大家更加关心与支持它的发展，使它越办越好，为我国数学研究与教育水平的进一步提高作出贡献.

杨 乐

2003 年 8 月

前　　言

2005 年斯普林格出版社出版了朱力行的英文专著 *Nonparametric Monte Carlo Tests and Their Applications*, 这本书是基于朱力行和他的合作者的研究成果, 以及他在华东师范大学开设讨论班的相关资料写成的. 书中主要介绍了一种新的统计检验方法, 即非参数蒙特卡罗检验, 并将这种方法运用到各种半参数和非参数模型的检验问题.

在统计推断中, 用蒙特卡罗方法去逼近统计量的分布已成为非常重要的研究分支, 其主要思想是通过产生参考数据, 构造新的分布去逼近基于观测数据得到的统计量分布. 因而, 在这个研究领域, 如何产生参考数据至关重要. 在参数情况下, Barnard(1963) 首次提出蒙特卡罗检验 (MCT). MCT 有一些很好的性质, 非常类似于其后发展起来的参数自助法 (parametric bootstrap). 在这之后, 人们对 MCT 法有较多的研究, 如 MCT 最优性和计算功效的研究. 然而, 在半参数甚至非参数的情况下, 如何产生这样的参考数据是一个具有挑战性的难题.

非参数蒙特卡罗检验 (NMCT) 就是针对这个问题提出的. NMCT 的算法很容易实施, 并且在很多情况下, 检验精确有效. 此外, 逼近的精确性相对比较容易研究, 如第 3 章的相关内容就做了这方面的探讨.

我们一直在考虑写一个中文版, 以方便中文读者. 因而, 我们对这本专著的内容做了进一步的充实, 加进了第 11 章. 许王莉博士翻译和整理了全部的内容, 形成中文书稿的基本结构. 朱力行在此基础上做了进一步的整理. 我们也重写了中文稿的前言部分.

在此, 我们要感谢我们的主要合作者, 其中包括 Y. Fujikoshi, K. Naito, G. Neuhaus, K. W. Ng, W. Stute, K. C. Yuen; 第 8 章是许王莉和朱力行共同完成的, 并且是许王莉博士论文的一部分; 第 6 章是许王莉和朱若青一起完成的未发表的文章, 后者在文章中负责模拟部分并与华东师范大学的博士生武萍、於州和朱利平博士共同完成第 11 章. 2002~2003 年, 在华东师范大学开设讨论班期间, 复旦大学朱仲义博士和华东师范大学张志强博士对本书也给予了很好的建议.

英文专著 *Nonparametric Monte Carlo Tests and Their Applications* 得到香港大学和香港研究基金 (HKU7129/00P; HKU7181/02H HKU7060/04P) 的部分资助. 作为洪堡研究奖 (Humboldt Research Award) 的获得者, 朱力行在访问德国 Giessen 大学和 Hamburg 大学期间, 也受到德国 Alexander-von 洪堡基金的资助, 使他在教学之余完成斯普林格出版社的专著. 斯普林格出版社的编辑 John Kimmel 先生在撰写此书期间给予了极大帮助. 此后, 在我们撰写这本中文稿期间, 香港浸会大学和国家自然科学基金 (10701079) 提供了部分资助. 作为长江讲座教授, 朱力行也得到中国人民大学的支持. 特别是科学出版社的陈玉琢女士, 给予了有益的建议并专门为此书申请了出版基金. 作者在此一并表示深深的谢意.

朱力行

香港浸会大学

许王莉

中国人民大学

2007 年 3 月

目 录

第 1 章　　蒙特卡罗检验

1.1　　参数蒙特卡罗检验

对假设检验问题, 在很多情况下, 很难得到统计量在原假设下的精确分布或者极限分布, 无法确定是否接受原假设的临界值点, 此时可借助蒙特卡罗逼近的方法. 蒙特卡罗逼近是一种容易实施的方法, 很多文献对它做了相关的研究. 文献 Bartlett(1963) 的讨论部分, 首次描述了 MCT 的思想. Hope (1968) 证明在参数的情况下, 如果没有讨厌参数, 蒙特卡罗检验可能达到精确的显著性水平, 即使与一致最优势 (UMP) 检验做比较, 它的功效都很高. 在讨厌参数存在的情况下, MCT 也同样适用. 也就是, MCT 可应用在参数情况. 在空间模式研究中, Besag 和 Diggle (1977) 把 MCT 应用在随机变量分布中有讨厌参数的情况. 如果模拟可以基于原假设下最小充分统计量的观测值实现, Engen 和 Lillegård (1997) 用 MCT 逼近统计量的分布. 在具有讨厌参数的某些特定情况下, MCT 仍然可能达到精确的显著性水平. Zhu, Fang 和 Bhatti (1997) 构造投影追踪类型的 Crämer-von Mises 统计量检验参数族的分布. Hall 和 Titterington (1989) 说明在参数族的情况下, 无论是否有讨厌参数, 以及统计量渐近分布是否枢轴, 由 MCT 逼近得到的误差要比由相应统计量的渐近分布带来的误差小; 而且 MCT 可以区分以 $n^{-1/2}$ 的速度逼近原假设的备择假设. 这些结论进一步加强了 MCT 方法的理论依据.

举一个简单的例子解释如何用 MCT 方法. 考虑具有分布 $F(\cdot)$ 的独立同分布 (i.i.d.) 随机变量 $x_1, \cdots, x_n$, 假设要检验 $F(\cdot) = G(\cdot, \theta)$ 是否成立, 其中 θ 是未知参数, $G(\cdot)$ 为已知函数. 对这个检验问题的任何检验统计量, 如 $T(x_1, \cdots, x_n)$, MCT 方法就是从分布 $G(\cdot, \hat{\theta})$ 中独立产生参考数据 $x_1', \cdots, x_n'$, 计算相应统计量的值 $T(x_1', \cdots, x_n')$ 作为参考值, 其中 $\hat{\theta}$ 是 θ 的估计. 如果 T 的值较大, 拒绝原假设; 对双边检验的情况不难做相应调整. 记 $T(x_1, \cdots, x_n) = T_0$, $T_1, \cdots, T_m$ 表示由蒙特卡罗得到的 m 个参考值. p 值的估计为

$$\hat{p} = k/(m+1),$$

其中, k 是 $T_0, T_1, \cdots, T_m$ 大于或者等于 T_0 的个数. 因此, 给定水平 α, 如果 $\hat{p} \leqslant \alpha$, 拒绝原假设.

值得指出的是 20 世纪 80 年代发展的参数自助近似的具体步骤类似于上述的 MCT 步骤, 具体可参考文献 Beran 和 Ducharme (1991).

1.2　非参数蒙特卡罗检验

1.2.1　方法论的动机

对于半参数或非参数的情况, 在原假设下很难模拟参考数据计算统计量对应 MCT 的条件统计量. 主要困难在于即使在原假设下, 模型不能用含有几个未知参数的具体模型刻画. 例如, 检验现有的数据分布是否为椭球对称分布族 (简写为椭球分布). 如果对任何 $d \times d$ 正交矩阵 H , 存在形状矩阵 A 和位置向量 μ , 使 $HA(X - \mu)$ 和 $A(X - \mu)$ 的分布相同, 称 d 维随机向量 X 服从椭球分布. 如果 X 二阶矩 Σ 有限, A 实际上就等于 $\Sigma^{-1/2}$, 具体细节可参考文献 Fang , Kotz 和 Ng (1990). 从这个定义中, 我们不难看出椭球分布不是参数族. 自助法 是统计中非常重要的方法之一. Efron (1979) 首次提出这一方法, 现在它已发展成解决上述问题的普遍适用的方法之一. Efron 自助法, 也称为 传统自助法, 它的基本思想是: 从现有数据的经验分布中产生参考数据. 关于这种方法的研究很多, 可参考 Davison 和 Hinkley (1997). Shao 和 Tu (1995) 对这个问题也做了全面的研究. 然而, 用这个方法时必须注意几个问题. 第一, 很难研究逼近的精确性或者渐近精确性, 关于它的研究仍然停留在具体的某些问题中, 并没有形成统一的方法, 且相关的文献并不多, 其中可参考文献 Singh (1981). 在一维变量的情况, Zhu 和 Fang (1994) 得到对应 Kolmogorov 统计量的自助统计量的精确分布, 且证明它是 $\sqrt{n}$ 相合的. 就我们的知识而言, 这是一篇唯一研究自助统计量准确分布的文章; 第二, 因为参考数据是从经验分布中产生, 且经验分布收敛于数据的分布, 自助逼近不能使统计量本身有效, 可能渐近有效; 第三, 自助逼近有时不相合, 对于这种不相合的修正也没有统一的方法. 从 n 个数据中产生 m 个数据是修正不相合的方法, 但是在很多情况下, 这种方法功效不好. 在回归分析中, Wu (1986) 提出减少方差估计偏差的新方法, Mammen (1992) 很好地发展了这种方法, 并称之为 Wild 自助法, 是一种重要的逼近方法. Wild 自助法已经成功地应用在许多不同的领域, 特别是回归模型的检验, 见 Härdle 和 Mammen (1993) , Stute, González Manteiga 和 Presedo Quindimil (1998). 在某些情况下, 这种方法可以克服 Efron 的传统自助逼近法造成的不相合性, 然而, 并不是在所有情况下它都是相合的. 第 4 章对回归函数研究降维类型的检验中, 给出一个例子说明 Wild 自助法的不相合性. 在第 6 章检验异方差性的问题中, 也给出类似的例子; 第四, 在假设检验问题中, 需慎重处理自助法产生的参考数据, 否则可能降低检验的功效.

置换检验 是另一种产生参考数据的方法, 见文献 Good (2000). 在有些情况下, 它非常有效. 然而, 如果只有一个数据, 不能通过置换方法得到参考数据, 在这种情况下这种方法的应用受到限制, 且方法的实施也要花大量的计算时间.

自助法完全是非参数的统计方法论, 它对模型结构以及数据分布的限制条件很少. 因此, 如果模型并不是非参数的, 而是半参数结构, 如椭球对称分布, 我们可以用其他的蒙特卡罗逼近, 充分利用数据所提供的信息. 基于这些观测数据, 我们提出了非参数蒙特卡罗检验 (NMCT). 在第 2 章用 NMCT 方法检验四种类型的分布, 并且说明此方法对这些类型的检验精确有效. 如果第 2 章所研究的分布中含有讨厌参数, 在第 3 章证明 NMCT 方法对这种情况渐近有效的, 而且 $\sqrt{n}$ 相合, 然而根据自助逼近法不能得出这样的结论. 第 4~6 章研究了回归模型的模型检验问题, 第 4 章和第 6 章也说明了 Wild 自助法在某些情况下不相合. 第 7~9 章研究了一些用自助逼近法可以实现, NMCT 方法也很容易实现的问题, 而且功效很好. 在下面的两个小节, 分别给出了随机变量独立可分解时, 以及检验统计量可以渐近表示为线性统计量的函数时, NMCT 的具体实现过程.

1.2.2   基于可独立分解随机变量的 NMCT 方法

NMCT 最初的动机来自检验几类重要的多元分布, 现在已经发展成一般的方法论. 关于检验多元分布的具体细节见第 2 章.

我们经常用 4 种类型的多元分布: 椭球对称、反射对称、 Liouville-Dirichlet 和对称刻度混合分布. 关于这 4 种类型分布的定义, 可参见第 2 章和第 3 章. 这些分布族分别是正态、对称、 Beta 和平稳分布的推广, 见文献 Fang, Kotz 和 Ng (1990) 以及此文的参考文献.

关于椭球对称和反射对称分布的检验问题已经有一些研究. 例如, Aki(1993) , Baringhaus(1991), Beran(1979), Ghosh 和 Ruymgaart (1992), Heathcote, Rachev 和 Cheng(1995). 由于这些分布族, 如椭球对称分布, 不能用有限的参数完全刻画, 因此不能简单的用第 1.1 节中所提到的关于参数的 MCT 逼近统计量在原假设下的分布. 在假设检验问题中, 统计量在原假设下的极限分布通常很难确定临界值点, 可参见 Zhu, Fang, Bhatti 和 Bentler (1995). Diks 和 Tong (1999) 提出了 条件蒙特卡罗检验, 其中的思想是: 如果密度函数在等距紧集 G 下不变, G 轨道集是最小充分统计量, 在给定 G 轨道观测值的条件下模拟分析. 他们对不含讨厌参数的球和反射对称的多元分布做检验. Neuhaus 和 Zhu(1998), Zhu 和 Neuhaus (2003) 也对这两种类型的多元对称分布构造了条件检验过程.

接下来说明如何产生参考数据, 此方法依赖于分布的可独立分解性.

定义 1.2.1   随机向量 X 称为独立可分解, 如果 $X = Y \cdot Z$ 依分布成立, 这里, Y 和 Z 独立, $Y \cdot Z$ 表示 Y 和 Z 点乘, 也就是: 如果 Y 和 Z 是 d 维向量, $Y \cdot Z = (Y^{(1)}Z^{(1)}, \cdots, Y^{(d)}Z^{(d)})$; 如果 Z 是一维的, $Y \cdot Z = (Y^{(1)}Z, \cdots, Y^{(d)}Z)$; 如果 Y 是一维的, $Y \cdot Z = (YZ^{(1)}, \cdots, YZ^{(d)})$.

如果已知 Y 或 Z 的分布, 上面的可分解性是 MCT 步骤可实施的根据. 记 $x_1, \cdots, x_n$ 表示样本 n 的 i.i.d. 随机变量, 如果 x_i 在原假设下可独立分解为 $x_i = y_i \cdot z_i$, 则检验统计量 $T(x_1, \cdots, x_n)$ 等于 $T(y_1 \cdot z_1, \cdots, y_n \cdot z_n)$. NMCT 方法为: 给

定 $z_1, \cdots, z_n$，从 Y 的分布中独立产生一组参考数据 $y_1', \cdots, y_n'$，则可得相应统计量的值 $T(y_1' \cdot z_1, \cdots, y_n' \cdot z_n)$. 假设如果 T 值较大，原假设被拒绝；对双边检验问题不难做相应的调整. 记由原始数据得到的 T 为 T_0，通过蒙特卡罗产生 m 组参考数据，相应的得到 m 个值，分别记为 $T_1, \cdots, T_m$. 统计量 T 的 p 值的估计为

$$\hat{p} = k/(m+1),$$

其中，k 是 $T_0, T_1, \cdots, T_m$ 中大于等于 T_0 的个数. 给定水平 α，只要 $\hat{p} \leqslant \alpha$，拒绝原假设.

由于 $T(x_1, \cdots, x_n)$ 和 $T(y_1' \cdot z_1, \cdots, y_n' \cdot z_n)$ 同分布，而且给定 $z_1, \cdots, z_n$，它们有相同的条件分布，检验的可能精确有效. 下面的命题说明这个性质.

命题 1.2.1   在原假设下，向量 X 可独立分解为 $Y \cdot Z$，那么，对任何 $0 < \alpha < 1$，

$$\Pr(\hat{p} \leqslant \alpha) \leqslant \frac{[\alpha(m+1)]}{m+1},$$

其中，$[c]$ 表示 c 的整数部分.

证   在原假设下，给定 $z_1, \cdots, z_n$，$T_0, T_1, \cdots, T_m$ 条件独立同分布，如果 T_i 之间没有结，$\hat{p}$ 在 $\left\{ \dfrac{1}{m+1}, \cdots, \dfrac{m+1}{m+1} \right\}$ 均匀分布. 由于 $\hat{p} \leqslant \alpha$ 隐含 $k \leqslant [\alpha(m+1)]$，因此

$$\Pr(\hat{p} \leqslant \alpha \mid z_1, \cdots, z_n) = \frac{[\alpha(m+1)]}{m+1}.$$

如果 T_i 之间有结，且 $k \leqslant [\alpha(m+1)]$. 那么 T_0 至少比 T_i 中第 $m+1-[\alpha(m+1)]$ 个大的元素大. 因此，

$$\Pr(\hat{p} \leqslant \alpha \mid z_1, \cdots, z_n) \leqslant \frac{[\alpha(m+1)]}{m+1}.$$

对 z_i 求积分，证毕.

这个命题说明在变量可独立分解时，NMCT 方法可以精确有效. 相比较而言，自助法和置换检验并没有这个优点. 在第 2 章对上述所提到的四种类型的分布用蒙特卡罗逼近做检验.

1.2.3   基于随机加权的 NMCT 方法

如果假定的数据分布不具有独立分解的性质，本节建议用随机加权的方法产生参考数据. 这个方法可实施的根据是经验过程理论：随机加权经验过程的收敛性.

假定 $x_1, \cdots, x_n$ 表示 i.i.d. 的样本，如果检验统计量，如 $T_n = T(x_1, \cdots, x_n)$，可以重新写为 $\mathcal{T} \circ R_n$. 其中，$\mathcal{T}$ 是 R_n 的函数，R_n 是具有下述形式的过程：

$$R_n = \left\{ \frac{1}{\sqrt{n}} \sum_{j=1}^{n} J(x_j, t), \, t \in S \right\}.$$

其中, 子集 $S \subset R^d$; 如果 S 为单点, R_n 表示随机变量; $E(J(X,t)) = 0$. $T_n(E_n) = \mathcal{T} \circ R_n(E_n)$ 表示对应于 T_n 的条件表达式, 用这个条件表达式逼近 T_n 的分布, 其中,

$$R_n(E_n) = \left\{ \frac{1}{\sqrt{n}} \sum_{j=1}^{n} e_j J(x_j, t), t \in S \right\},$$

$E_n = \{e_1, \cdots, e_n\}$ 为独立于 x_j 的随机变量. 如果 e_j 以相同的概率取值 ± 1, 这类随机加权的方法称为随机对称加权 (Pollard, 1984); 如果 e_j 是均值 0, 方差 1 的正态分布, 见文献 Dudley (1978), Giné 和 Zinn (1984), 这种加权方法类似于 Wild 自助法 (Mammen, 1992). 假如 $x_1, \cdots, x_n$ 为可交换的随机变量, Van der Vaart 和 Wellner (2000) 称之为可交换自助法.

然而, 大部分的检验统计量很难具有这样的表达式. 在很多情况下, $T_n(x_1, \cdots, x_n)$ 有下述渐近表达式:

$$T_n(x_1, \cdots, x_n, P_n) = \mathcal{T} \circ R_n + o_p(1), \qquad (1.2.1)$$

其中, R_n 的表达式为 $n^{-1/2} \sum_{j=1}^{n} J(x_j, \psi, t)$, $E(J(X, \psi, t)) = 0$, ψ 是感兴趣的未知参数, 它可以是无限维的, 如未知的光滑函数. 以下给出估计 p 值的一般步骤:

步骤 1 产生均值 0, 方差 1 的独立随机变量 $e_j(j = 1, \cdots, n)$ 记 $E_n := (e_1, \cdots, e_n)$ 以及 R_n 的条件对应表达式

$$R_n(E_n, t) \quad = \quad \frac{1}{\sqrt{n}} \sum_{j=1}^{n} e_j J(x_j, \hat{\psi}, t), \qquad (1.2.2)$$

其中, $\hat{\psi}$ 是根据数据 $x_1, \cdots, x_n$ 得到 ψ 的相合估计. 对应的条件检验统计量为

$$T_n(E_n) = \mathcal{T} \circ R_n(E_n). \qquad (1.2.3)$$

步骤 2 产生 m 组 E_n, 记为 $E_n^{(i)}(i = 1, \cdots, m)$, 相应得到 m 个 $T_n(E_n)$ 值, 分别记为 $T_n(E_n^{(i)}), i = 1, \cdots, m$.

步骤 3 如果 T_n 的值较大, 拒绝原假设. 对于双边检验问题, 不难做出相应的调整. p 值的估计为 $\hat{p} = k/(m+1)$, 其中, k 表示 $T_n(E_n^{(i)})$ 大于或者等于 T_n 的个数. 给定水平 α, 如果 $\hat{p} \leqslant \alpha$, 拒绝原假设.

命题 1.2.2 假定 e_i 是 i.i.d. 且具有紧支撑的变量, R_n 依分布收敛到连续的 Gaussian 过程 R, 且存在 $a > 0$ 满足 $\hat{\psi} - \psi = O_p(n^{-a})$. 进一步假设对任何固定 $t \in S$, 函数 J 关于 ψ 的两阶偏导数存在, 且所有的偏导数关于 t 一致有有限的一阶矩, 则对于几乎所有序列 $(x_1, \cdots, x_n)$, $T_n(E_n)$ 和 T_n 的极限相同.

证 根据已知条件, 可得

$$R_n(E_n, t) = \frac{1}{\sqrt{n}} \sum_{j=1}^{n} e_j J(z_j, \psi, t) + o_p(1). \tag{1.2.4}$$

也即是, $R_n(E_n, \cdot)$ 为经验过程. 根据文章 Van der Vaart 和 Wellner (2000) 中的定理 3.6.13, $R_n(E_n)$ 和 R_n 极限相同. 根据 $\mathcal{T}$ 的连续性, 结论成立.

注释 1.2.1 下面举例说明检验统计量可以渐近地表示为式 (1.2.1) 关于线性统计量的函数. 考虑回归模型

$$Y = \Phi(X) + \varepsilon,$$

其中, $\Phi(\cdot)$ 是未知函数, Y 为 1 维响应随机变量, X 是独立 ε 的 p 维列随机向量. 假设检验的问题为

$$H_0 : \quad \Phi(\cdot) \in \{\Phi_0(\cdot, \theta) : \theta \in \Theta\},$$

其中, Φ_0 为给定的函数, Θ 为 q 维 Euclidean 空间 R^q 上的紧集. 因此, 在原假设下, 存在列向量 θ_0 满足 $\Phi(\cdot) = \Phi_0(\cdot, \theta_0)$. 通常使用的检验方法是基于残差构造统计量. 直观上说, 如果残差比较大, 则检验统计量的值可能较大, 拒绝原假设. 假定 $(x_1, y_1), \cdots, (x_n, y_n)$ 为 i.i.d. 样本, 根据注释 1.2.1 的想法, 构造如下统计量:

得分类型的检验 $\hat{\varepsilon}_j = y_j - \hat{\Phi}_0(x_j, \hat{\theta}_0)(j = 1, \cdots, n)$ 表示通过拟合回归函数 $\Phi_0(\cdot, \theta_0)$ 得到的残差, 其中 $\hat{\theta}_0$ 为 θ_0 的相合估计. 得分类型的检验定义为

$$T_n = \left[\frac{1}{\sqrt{n}} \sum_{j=1}^{n} \hat{\varepsilon}_j w(x_j, \hat{\theta}_0) \right]^2$$

其中, $w(\cdot)$ 为待选择的权重函数. 记 $R_n = n^{-1/2} \sum_{j=1}^{n} \hat{\varepsilon}_j w(x_j, \hat{\theta}_0)$. 如果 $\hat{\theta}_0$ 根据最小二乘法得到, 不难证明在原假设下, 假定某些正则条件成立, $\hat{\theta}_0 - \theta_0$ 的渐近线性表示为 $\hat{\theta}_0 - \theta_0 = n^{-1} \sum_{j=1}^{n} J_1(x_j, y_j, E(\Phi_0')^2, \theta_0) + o_p(1/\sqrt{n})$,
其中,

$$J_1(x_j, y_j, E(\Phi_0')^2, \theta_0) =: [E(\Phi_0'(X, \theta_0))(\Phi_0'(X, \theta_0))^\tau]^{-1} \Phi_0'(x_j, \theta_0)\varepsilon_j,$$

且 Φ_0' 为 Φ_0 关于 θ 的一阶导数. 显然有 $E(J_1(X, Y, E(\Phi_0')^2, \theta_0)) = 0$. 记

$$J(x_j, y_j, E(\Phi_0')^2, E(\Phi_0'w), \theta_0)$$
$$= \varepsilon_j w(x_j, \theta_0) - (J_1(x_j, y_j, E(\Phi_0')^2, \theta_0))^\tau E[\Phi_0'(X, \theta_0)w(X, \theta_0)].$$

简单推导可得 $R_n(t)$ 的渐近表达式为

$$R_n(t) = 1/\sqrt{n} \sum_{j=1}^{n} J(x_j, y_j, E(\Phi_0')^2, E(\Phi_0'w), \theta_0).$$

式 (1.2.1) 中的 $\mathcal{T}$ 在这里为平方函数.

Crämer-von Mises 类型和 Kolmogorov 类型的检验 记 $R_n(x) = n^{-1/2} \sum_{j=1}^{n}$ $\hat{\varepsilon}_j w(x_j, \theta_0) I(x_j \leqslant x)$, 其中, "$X \leqslant x$" 表示 X 的每个分量小于或等于对应于 x 的分量. 由上述关于得分类型的检验可知, R_n 的渐近表达式为 $n^{-1/2} \sum_{j=1}^{n} J(x_j, y_j, E(\Phi_0')^2,$ $E(\Phi_0'w), \theta_0, w, x)$. Crämer–von Mises 类型的检验统计量为 $T_n = \int [R_n(X)]^2 \mathrm{d}\, F(X)$, Kolmogonov 类型的检验统计量为 $\sup_{t,x} |R_n(x)|$. $\mathcal{T}$ 在这里分别为积分和上确界函数.

需要指出的是, 这里所提出的算法类似于 Wild 自助法 (如 Härdle 和 Mammen (1993), Stute, González Manteiga 和 Presedo Quindimil (1998)). 算法的不同之处在于: Wild 自助法是产生样本 (X_i^*, Y_i^*); 而 NMCT 方法只用替换 R_n 中的 e_i. 可以证明, 在对线性模型做拟合优度检验时, 也就是说, $\Phi_0(x, \theta_0) = \theta_0^\tau x$, 如果采用上述检验法, Wild 自助法与 NMCT 等价. 但是对其他的模型做拟合优度检验, 这个等价性未必成立. 第 4 章给出更详细的研究. 对于更一般的模型, 如果用 Crämer–von Mises 检验做统计量, NMCT 和 Wild 自助法的等价性不存在, 我们将在第 5 章做讨论.

第 2 章 多元分布的检验

本章研究多元分布的检验问题. 虽然在多元分析中, 对多元正态分布的检验仍然是研究的问题之一, 但是越来越多的工作开始致力于非参数情形的研究. 在多元分布中, 有一些重要的分布族. 本章考虑四类不同的分布族的检验问题, 本章的内容大部分来自文献 Zhu 和 Neuhaus (2000).

为了用第 1 章提到的 NMCT 方法检验多元分布族, 需要分析这些分布族是否具有独立可分解性. X 表示 d 维随机变量, $X = Y \cdot Z$ 表示 X 和 $Y \cdot Z$ 的分布相同, 只研究 Y 和 Z 是否独立, 且 Y 的分布已知的情况.

2.1 四种类型的多元分布

情形 (a) 椭球对称分布

对于这类分布族, $X = U \cdot \|X\|$ 依分布成立. 其中, U 和 $\|X\|$ 独立, 且 U 是球 $S^d = \{a : \|a\| = 1, a \in R^d\}$ 上的均匀分布, $\| \cdot \|$ 表示 R^d 上的 Euclidean 范数. 不难看出 $Y = U$, $Z = \|X\|$. 多元 t 分布 (Fang, Kotz 和 Ng, 1990, 例 2.5) 和正态分布 $N(0, I_d)$ 属于这类分布族. 实际上我们取 $U = X/\|X\|$.

情形 (b) 反射对称分布族

对于这类分布族, 依分布有 $X = -X$. 由于依分布 $X = e \cdot X$ 成立, 其中 $e = \pm 1$ 的概率相同, X 独立可分解. 所以, $Y = e$, $Z = X$. $[-c, c]^d (c > 0)$ 上的均匀分布属于这类分布族.

情形 (c) Liouville-Dirichlet 分布族

对于这类分类族, 依分布有 $X = Y \cdot r$, 其中 Y 是独立于刻度变量 r 的 Dirichlet 分布 $D(\alpha)$, 参数 $\alpha = (\alpha_1, \cdots, \alpha_d)$ 已知; Y 的分量 $y^{(1)}, \cdots, y^{(d)}$ 满足 $B^d = \{(y^{(1)}, \cdots, y^{(d)}) \in R^d : y^{(i)} \geqslant 0, \sum_{i=1}^{d} y^{(i)} = 1\}$. 对于这类分布族, $Y = X/(\sum_{i=1}^{d} x^{(i)})$ 和 $Z = \sum_{i=1}^{d} x^{(i)}$, 其中 $X = (x^{(1)}, \cdots, x^{(d)})$. 这类分布族包括多元 Beta 和逆 Dirichlet 分布 (文献 Olkin, Rubin(1964); Guttman, Tiao(1965)).

情形 (d) 对称刻度混合分布

关于这类分布族, 对 $x \neq 0$, 存在刻度函数 $g(x)$ 满足 $g(x) = g(-x)$ 且 $g(x) \neq 0$. $x/g(x)$ 与 $g(x)$ 独立, 且 $x/g(x)$ 为空间 $C^d = \{y = (y^{(1)}, \cdots, y^{(d)}) \in R^d : g(y) = 1\}$ 上的均匀分布. 所以, 可以取 $Y = X/g(X)$ 以及 $Z = g(X)$. 这类分布族较大, 包含所有的球对称分布. 具有密度函数 $c \exp(- \sum_{i=1}^{d} |x^{(i)}|)$ 的 Laplace 分布也属于这类分布.

对于上述所提到的 4 类分布, 分别从 S^d 上的均匀分布、两点分布、B^d 上的 Dirichlet 分布, 以及 C^d 上的均匀分布产生数据 y_i'.

上述分布族不包含讨厌参数, 对第 2.2 小节中的检验问题, 考虑位置参数为讨厌参数的分布. 用 μ 表示分布 X 的位置, 如均值或者中位数.

如果

$$X - \mu = Y \cdot Z$$

依分布成立, 通常 Z 可以表示成 $X - \mu$ 的函数, 如 $h(x - \mu)$. 考虑与上述情形 (a), (b) 和 (d) 相关的以下分布族:

情形 (a1) 关于 μ 椭球对称

$$X - \mu = U \cdot \|X - \mu\| \text{依分布成立};$$

情形 (b1) 关于 μ 反射对称

$$X - \mu = -(X - \mu) \text{依分布成立};$$

情形 (d1) 具有未知参数 μ 的对称刻度混合, 其中, $(x - \mu)/g(x - \mu)$ 与 $g(x - \mu)$ 独立, 且为空间 $C^d = \{y = (y_1, \cdots, y_d) \in R^d, g(y) = 1\}$ 上的均匀分布.

对于这三类情况, $h(x - \mu)$ 分别为 $\|x - \mu\|$, $x - \mu$ 和 $g(x - \mu)$.

2.2 基于特征函数的检验统计量

记 $\varphi_x(t) = E\{\exp(it'X)\}$ 为多元分布 X 的特征函数. 如果依分布有 $X = Y \cdot Z$, 此时 $\varphi_x(t) = E_Z\{\varphi_Y(t'Z)\}$, 其中, φ_Y 为 Y 的特征函数. 考虑积分

$$\int \left\|\varphi_x(t) - E_z\{\varphi_Y(t'z)\}\right\|^2 W_a(t)\, \mathrm{d}t,$$

其中, $W_a(\cdot)$ 定义在积分有限的支集上, 含有参数 a 的连续的权重函数. Henze 和 Wagner (1997) 关于多元正态的拟合优度检验的统计量, 与本节所提出的统计量相关. 在原假设下, 积分等于零. 在备择假设下, 积分的值在一定程度上可能依赖于具体的权重函数. 如果 $W_a(\cdot)$ 等于正态密度函数, 它的支集为 R^d, 积分大于零. 如果支集是 R^d 上的紧子集, 积分不一定等于零. 所以, 基于上述积分的检验不一定对所有固定备择假设都是相合的. 但是, 下面通过例子说明这个问题并不是很严重. 假定 W_a 的支集为紧集且含有原点, 特征函数连续且分布 X 的所有阶矩存在. 可以证明积分等于零, 当且仅当 X 和 $Y \cdot Z$ 的特征函数相等, 也就是特征函数在连续的支集上几乎处处相等. 由于支集含有原点, 在零点对特征函数 Taylor 展

开, 不难得出两个分布的所有阶矩相等, 也就是, 这两个变量同分布. 充分性的证明很显然.

检验统计量的构造是通过把分布用经验分布替代. 如果选择合适的权重函数, 检验对于任何的固定备择假设都相合. 本章 $W_a(\cdot)$ 选择为正态或均匀密度函数.

由于 $E_z\{\varphi_Y(t'z)\}$ 含有关于 Y 的积分, 很难得到简单的分析表达式. 又因为已知 Y 的分布, 可以用 NMCT 的方法逼近它.

在原假设下, X 独立可分解, 有 $\int \big[\varphi_x(t)\overline{E_z\{\varphi_Y(t'z)\}}\big]W_a(t)\,\mathrm{d}t = \int \big\|E_z\{\varphi_Y(t'z)\}\big\|^2 W_a(t)\,\mathrm{d}t$, 其中 $\overline{f(t)}$ 为 $f(t)$ 的共轭函数. 因此

$$\int \big\|\varphi_x(t)\big\|^2 W_a(t)\,\mathrm{d}t - \int \big\|E_z\{\varphi_Y(t'z)\}\big\|^2 W_a(t)\,\mathrm{d}t =: T - T_1.$$

用 T 的经验形式 T_n 估计 T, 也就是, 如果 F_{nx} 表示 $x_1,\cdots,x_n$ 的经验分布, 有

$$\begin{aligned} T_n &= \int \Big\| \int \mathrm{e}^{it'x}\mathrm{d}F_{nx}(x)\Big\|^2 W_a(t)\,\mathrm{d}t \\ &= \int \big| \int \cos(t'x)\mathrm{d}F_{nx}(x)\big|^2 W_a(t)\,\mathrm{d}t + \int \big| \int \sin(t'x)\mathrm{d}F_{nx}(x)\big|^2 W_a(t)\,\mathrm{d}t. \end{aligned}$$

显然, 如果 X 的分布函数 F_x 连续, T_n 为 T 的相合估计.

类似地, 记 F_{nz} 表示 $z_1,\cdots,z_n$ 的经验分布函数, T_1 的估计为

$$T_{n_1} = \int \big\| \int \varphi_Y(t'z)\mathrm{d}F_{nz}\big\|^2 W_a(t)\,\mathrm{d}t.$$

正如上述所提到的, Y 的积分很难有简单的分析式子, 但是关于积分的计算不是必须的. 只要给定 $z_1,\cdots,z_n$, 由第 1.2 节中提出的检验步骤, T_{n_1} 是常数. 如果统计量中不含有这个常数项, 根据 NMCT 方法产生的对应统计量的条件值对 p 值没有影响. 因此, 只考虑基于 T_n 的 NMCT 步骤.

对于某些常用的权重函数, 如正态和均匀密度函数, 可得 T_n 积分的显示表达式.

命题 2.2.1 记 $W_a(t) = (2\pi a)^{-d/2}\exp\big(-\|t\|^2/2a^2\big)$,

$$T_n = \frac{1}{n^2}\sum_{i,j=1}^n \exp\Big(-\frac{1}{2}\big\|(x_i-x_j)\big\|^2 a^2\Big) =: T_N, \tag{2.2.1}$$

如果 $t\in[-a,a]^d$, 有 $W_a(t)=(2a)^{-d}$; 否则 $W_a(t)=0$,

$$T_n = \frac{1}{n^2}\sum_{i\neq j}\prod_{k=1}^d \frac{\sin\{a(x_i-x_j)_k\}}{a(x_i-x_j)_k} + \frac{1}{n} =: T_U, \tag{2.2.2}$$

其中, $(x_i-x_j)_k$ 表示 (x_i-x_j) 的第 k 个分量.

证 由于正态分布 $N(0, a^2 I_d)$ 的特征函数为 $\exp(-a^2 \|x\|^2/2)$，因此

$$
\begin{aligned}
T_n &= \int \Big\| \int e^{it'x} dF_{nx}(x) \Big\|^2 W_a(t) \, dt \\
&= \frac{1}{n^2} \sum_{j,k=1}^n \int e^{it'(x_j - x_k)} (2\pi a)^{-d/2} \exp\Big(-\|t\|^2/2a^2 \Big) \, dt \\
&= \frac{1}{n^2} \sum_{j,k=1}^n \exp\Big(-\frac{1}{2} \|(x_j - x_k)\|^2 a^2 \Big).
\end{aligned}
$$

关于式 (2.2.2)，由于 $\cos(x)\cos(y) + \sin(x)\sin(y) = \cos(x - y)$，且 $[-a, a]^d$ 上的均匀分布对称，所以它的特征函数为实数. 因此，

$$
\begin{aligned}
T_n &= \int \Big\| \int e^{it'x} dF_{nx}(x) \Big\|^2 W_a(t) \, dt \\
&= \int \Big| \int \cos(t'x) dF_{nx}(x) \Big|^2 W_a(t) \, dt + \int \Big| \int \sin(t'x) dF_{nx}(x) \Big|^2 W_a(t) \, dt \\
&= \frac{1}{n^2} \sum_{j,k=1}^n (2a)^{-d} \int_{[-a,a]^d} \cos\{t'(x_j - x_k)\} \, dt \\
&= \frac{1}{n^2} \sum_{j,k=1}^n \int_{[-1,1]^d} \cos\{t'a(x_j - x_k)\} \, dt \\
&= \frac{1}{n^2} \sum_{j,k=1}^n \mathrm{Re}\left\{ \int_{[-1,1]^d} \exp[it'a(x_j - x_k)] \, dt \right\} \\
&= \frac{1}{n^2} \sum_{j,k=1}^n \mathrm{Re}\Big\{ \prod_{l=1}^d \int_{[-1,1]^d} \exp[it_l\{a(x_j - x_k)\}_l] \, dt_l \Big\} \\
&= \frac{1}{n^2} \sum_{j,k=1}^n \mathrm{Re}\Big\{ \prod_{l=1}^d \int_{[-1,1]^d} \exp[it_l\{a(x_j - x_k)\}_l] \, dt_l \Big\} \\
&= \frac{1}{n^2} \sum_{i \neq j} \prod_{k=1}^d \frac{\sin\{a(x_i - x_j)_k\}}{a(x_i - x_j)_k} + \frac{1}{n},
\end{aligned}
$$

其中，$\mathrm{Re}(\cdot)$ 表示复数的实数部分.

注释 2.2.1 用 μ 的相合估计 $\hat{\mu}$，如样本均值或者样本中位数，估计 μ. 通过蒙特卡罗方法产生数据 $y_1', \cdots, y_n'$，记 $x_i' = y_i' \cdot h(x_i - \hat{\mu}) = y_i' \cdot z_i$. 给定 $z_1, \cdots, z_n$，不难得到相应的统计量 T，记为 T_N 或者 T_U. 因此，产生 m 组参考数据可得 m 个 T 值，不妨记为 $T_1, \cdots, T_m$，逼近统计量的分布. 事实上，只要严格按照 1.2 节中的检验步骤就可以了. 只要 $\hat{\mu}$ 为 μ 的相合估计，统计量就是渐近有效的.

2.3　模拟和实例分析

2.3.1　模拟说明

本节通过模拟研究统计量 T_N 和 T_U 对反射对称、椭球对称、Liouville-Dirichlet 和对称刻度混合分布做检验时，用 NMCT 逼近法所计算的模拟结果. 同时与自助检验法所得到的模拟结果做比较. 最后通过实例分析说明本章中所提出方法的数值结果.

为了说明 NMCT 逼近的结果，考虑与以下自助检验统计量做比较：

$$T^* = \int \left\| \hat{\varphi}_x^*(t) - \hat{\varphi}_x(t) - [\hat{E}_{z^*}\{\varphi_Y(t'z^*)\} - \hat{E}_z\{\varphi_Y(t'z)\}] \right\|^2 W_a(t)\, \mathrm{d}t,$$

其中，$\hat{\varphi}_x^*(t)$ 表示由 $\{x_1, \cdots, x_n\}$ 产生的自助数据 $\{x_1^*, \cdots, x_n^*\}$ 计算得到的经验特征函数，$\hat{\varphi}_x(t)$ 为 $\{x_1, \cdots, x_n\}$ 的经验特征函数；由 $\{z_1, \cdots, z_n\}$ 产生的自助数据记为 $\{z_1^*, \cdots, z_n^*\}$，$\hat{E}_{z^*}\{\varphi_Y(t'z^*)\}$ 表示 $\varphi_Y(t'z_j^*)$ 的样本均值，类似地，$\hat{E}_z\{\varphi_Y(t'z)\}$ 表示 $\varphi_Y(t'z_j)$ 的样本均值. 由正态和均匀密度函数做权重的 T^* 分别记为 T_N^* 和 T_U^*.

2.3.2　模拟计算

在模拟计算中，临界水平 $\alpha = 0.05$，样本大小为 $n = 10$ 和 20. 随机向量 X 的维数 $d = 2, 4$ 和 6. 对每组样本，p 值通过重复 1000 次蒙特卡罗逼近. 在 1000 次试验中，拒绝原假设的次数为功效的估计. 随机向量的分布为两分布的卷积 $N \star \{b(\chi_1^2 - 1)\}$，其中，$N$ 表示原假设下假定的分布，$\chi_1^2 - 1$ 表示 d 维中心化的卡方分布，且自由度为 1. 在模拟中，$b = 0$ 和 $b = 1$ 分别对应于原假设和备择假设. 本节也研究了权重函数 $W_a(\cdot)$ 中的参数对统计量 T_N 和 T_U 的影响. 参数 a 的不同取值为 $a = 0.5, 2, 3.5, 5$ 和 7.5. 用样本均值估计未知的位置参数.

1. 关于椭球对称分布的检验

用 $D = N$ 表示正态分布 $N(0, I_d)$. 显然数据均值为零，但是在下面的分析中，分别讨论均值已知和未知的情况. 图 2.1 表示检验 T_U 和 T_N 的功效随着 a 的变化趋势. 本节只给出均值已知的模拟情况，因为均值已知时 NMCT 逼近的模拟结果与自助法逼近的模拟结果和均值未知的结果类似. 从图 2.1 中看，对统计量 T_U，选择 $a = 2$ 的模拟结果较好；然而对 T_N，选择 $a = 5$ 可能会更好. 总体来说，T_U 的功效比 T_N 的功效差一些. 表 2.1 给出了 $a = 5$ 时 T_N 和 T_N^* 的经验功效.

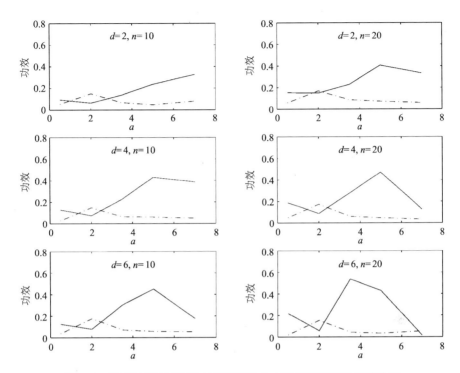

图 2.1 用 NMCT 逼近法对椭球对称分布检验所得到的经验功效

实线和点划线分别表示用正态密度函数和均匀密度函数做权重的模拟结果；a 为权重函数所包含的参数

表 2.1 椭球对称：$a = 5$时的经验功效

	检验	位置参数已知		位置参数未知	
		N	$N \star (\chi^2 - 1)$	N	$N \star (\chi^2 - 1)$
$d=2$	$n=10$, T_N	0.048	0.237	0.033	0.237
	$n=10$, T_N^*	0.071	0.213	0.028	0.208
	$n=20$, T_N	0.053	0.407	0.047	0.410
	$n=20$, T_N^*	0.061	0.393	0.039	0.397
$d=4$	$n=10$, T_N	0.050	0.430	0.037	0.427
	$n=10$, T_N^*	0.069	0.421	0.029	0.410
	$n=20$, T_N	0.048	0.470	0.043	0.463
	$n=20$, T_N^*	0.061	0.447	0.040	0.458
$d=6$	$n=10$, T_N	0.062	0.450	0.053	0.440
	$n=10$, T_N^*	0.074	0.442	0.045	0.430
	$n=20$, T_N	0.044	0.430	0.053	0.420
	$n=20$, T_N^*	0.063	0.442	0.044	0.426

　　如果样本量较小，即 $n = 10$，在位置参数已知的情况下，T_N 在原假设下的功效接近给定水平 $\alpha = 0.05$；然而，在位置参数未知的情况，T_N 的结果比给定水平低一些. 在样本大小 $n = 20$ 时，模拟结果相对要好一些. 自助检验 T_N^* 的结果也

有类似的结论, 但 T_N 比 T_N^* 的功效好, 且 T_N 在原假设下更接近临界水平. 从模拟结果可以看出, 蒙特卡罗检验和自助法检验受数据维数的影响较小. 虽然 20 个数据点在 6 维数据空间相当稀疏, 但模拟结果还可以, 维数问题和讨厌参数对这个例子的结果影响不大.

2. 关于反射对称分布的检验

用 $D = N$ 表示标准正态分布 $N(0, I_d)$. 数据的均值为零, 类似于椭球对称分布情形, 分别研究了均值已知和未知两种情况. 图 2.2 给出功效函数的图示. 从图 2.2 中可以看出, 选择均匀密度函数为权重时, 参数 $a = 2$ 的功效较好. 然而, 如果取正态密度为权重函数, 参数 a 的选择依赖于样本的大小. 样本 $n = 10$, $a = 5$ 的模拟结果较好; 样本 $n = 20$, 选择 $a = 2$. 与椭球对称分布情形比较, T_U 的功效比 T_N 的结果好.

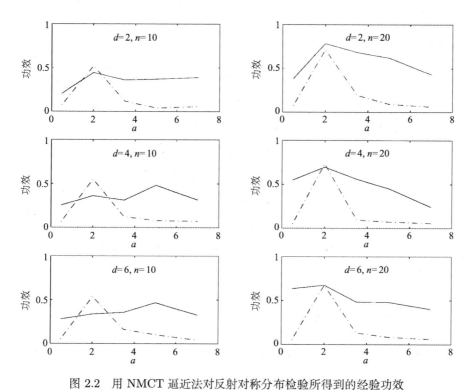

图 2.2   用 NMCT 逼近法对反射对称分布检验所得到的经验功效

实线和点划线分别表示用正态密度函数和均匀密度函数做权重的模拟结果; a 为权重函数所包含的参数

表 2.2 和表 2.3 给出 $a = 2$ 和 $a = 5$ 时, 统计量 T_U 和 T_N 的经验功效. 与 1 的结果类似, 维数问题对检验的功效影响不是主要因素. T_N 和 T_U 在原假设下与给定水平都很接近; 随着维数的增加, 检验的功效降低; 位置参数已知时的检验功效

比位置参数未知时的功效好一些；用自助法所得到的检验结果与 1 的结果类似. 总之，它比其他检验方法得到的结果差一点.

表 2.2 反射对称：位置参数已知时的经验功效

		$a = 2$				
		N	$N \star (\chi^2 - 1)$		N	$N \star (\chi^2 - 1)$
$d = 2$	$n = 10, T_N$	0.056	0.370 $(a=5)$	$n = 10, T_U$	0.030	0.515
	$n = 10, T_N^*$	0.072	0.365 $(a=5)$	$n = 10, T_U^*$	0.040	0.507
	$n = 20, T_N$	0.056	0.783 $(a=2)$	$n = 20, T_U$	0.047	0.714
	$n = 20, T_N^*$	0.067	0.774 $(a=2)$	$n = 20, T_U^*$	0.042	0.701
$d = 4$	$n = 10, T_N$	0.061	0.483 $(a=5)$	$n = 10, T_U$	0.053	0.550
	$n = 10, T_N^*$	0.068	0.472 $(a=5)$	$n = 10, T_U^*$	0.062	0.527
	$n = 20, T_N$	0.040	0.697 $(a=2)$	$n = 20, T_U$	0.060	0.733
	$n = 20, T_N^*$	0.044	0.702 $(a=2)$	$n = 20, T_U^*$	0.077	0.712
$d = 6$	$n = 10, T_N$	0.030	0.467 $(a=5)$	$n = 10, T_U$	0.037	0.533
	$n = 10, T_N^*$	0.041	0.461 $(a=5)$	$n = 10, T_U^*$	0.044	0.522
	$n = 20, T_N$	0.053	0.470 $(a=2)$	$n = 20, T_U$	0.064	0.673
	$n = 20, T_N^*$	0.059	0.464 $(a=2)$	$n = 20, T_U^*$	0.074	0.659

表 2.3 反射对称：位置参数未知时的经验功效

		$a = 2$				
		N	$N \star (\chi^2 - 1)$		N	$N \star (\chi^2 - 1)$
$d = 2$	$n = 10, T_N$	0.050	0.296 $(a=5)$	$n = 10, T_U$	0.031	0.383
	$n = 10, T_N^*$	0.058	0.299 $(a=5)$	$n = 10, T_U^*$	0.038	0.380
	$n = 20, T_N$	0.051	0.707 $(a=2)$	$n = 20, T_U$	0.057	0.597
	$n = 20, T_N^*$	0.049	0.701 $(a=2)$	$n = 20, T_U^*$	0.064	0.589
$d = 4$	$n = 10, T_N$	0.043	0.420 $(a=5)$	$n = 10, T_U$	0.043	0.430
	$n = 10, T_N^*$	0.049	0.407 $(a=5)$	$n = 10, T_U^*$	0.045	0.433
	$n = 20, T_N$	0.054	0.590 $(a=2)$	$n = 20, T_U$	0.062	0.617
	$n = 20, T_N^*$	0.056	0.568 $(a=2)$	$n = 20, T_U^*$	0.068	0.607
$d = 6$	$n = 10, T_N$	0.049	0.433 $(a=5)$	$n = 10, T_U$	0.056	0.530
	$n = 10, T_N^*$	0.053	0.430 $(a=5)$	$n = 10, T_U^*$	0.072	0.520
	$n = 20, T_N$	0.059	0.410 $(a=2)$	$n = 20, T_U$	0.065	0.643
	$n = 20, T_N^*$	0.058	0.397 $(a=2)$	$n = 20, T_U^*$	0.077	0.644

3. 关于 Liouville-Dirichlet 分布的检验

用 $D = L$ 表示密度为 $\exp(-\sum_{i=1}^{d} x^{(i)})$ 的指数分布，这里 $x^{(i)}$ 为 X 的分量且满足 $x^{(i)} \geqslant 0$ $(i = 1, \cdots, d)$. 对于这族 Dirichlet 分布 $D(\alpha)$，参数 $\alpha = (1, 1, \cdots, 1)$. 图 2.3 给出随着 a 的变化，检验功效的变化. 从图 2.3 中可以看出，统计量 T_N 和 T_U 在参数 $a = 0.50$ 时功效较好.

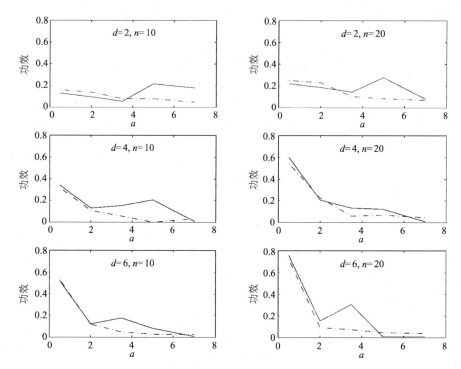

图 2.3   用 NMCT 逼近法对 Liouville-Dirichlet 分布检验所得到的经验功效

实线和点划线分别表示用正态密度函数和均匀密度函数做权重的模拟结果；a 为权重函数所包含的参数

从表 2.4 中可以看出, 即使协变量的维数较高, 功效也很好. 在大部分情况下, 检验 T_N 和 T_U 在原假设下接近给定的水平, 但是由 T_N^* 和 T_U^* 所得的模拟结果相对差一点.

表 2.4   Liouville 分布： $a = 0.5$时的经验功效

		L	$L \star (\chi^2 - 1)$		L	$L \star (\chi^2 - 1)$
$d = 2$	$n = 10, T_N$	0.076	0.133	$n = 10, T_U$	0.056	0.161
	$n = 10, T_N^*$	0.081	0.137	$n = 10, T_U^*$	0.070	0.157
	$n = 20, T_N$	0.063	0.200	$n = 20, T_U$	0.053	0.250
	$n = 20, T_N^*$	0.063	0.201	$n = 20, T_U^*$	0.067	0.233
$d = 4$	$n = 10, T_N$	0.043	0.343	$n = 10, T_U$	0.060	0.322
	$n = 10, T_N^*$	0.061	0.322	$n = 10, T_U^*$	0.067	0.324
	$n = 20, T_N$	0.060	0.601	$n = 20, T_U$	0.056	0.543
	$n = 20, T_N^*$	0.065	0.580	$n = 20, T_U^*$	0.064	0.547
$d = 6$	$n = 10, T_N$	0.046	0.526	$n = 10, T_U$	0.051	0.540
	$n = 10, T_N^*$	0.060	0.508	$n = 10, T_U^*$	0.058	0.531
	$n = 20, T_N$	0.063	0.757	$n = 20, T_U$	0.043	0.723
	$n = 20, T_N^*$	0.068	0.740	$n = 20, T_U^*$	0.054	0.711

4. 关于对称刻度混合分布的检验

用 $D = S$ 表示密度函数是 $2^{-d} \exp(-\sum\limits_{i=1}^{d} |x^{(i)}|)$ 的分布族. 记 $g(X) = \sum\limits_{i=1}^{d} |X^{(i)}|$, 则 $X/g(X)$ 是定义在 $C^d = \{u : u \in R^d, \sum\limits_{i=1}^{d} |u^{(i)}| = 1\}$ 上的常数, 且 $g(X)$ 与 $X/g(X)$ 独立. X 的均值为零. 接下来分别分析位置参数已知和未知的两种情况. 功效随着 a 的变化趋势在图 2.4 给出, 从图 2.4 中可以看出, T_U 中权重函数的参数 $a = 2$ 的功效较好, 然而 T_N 的参数较好的选择为 $a = 3.5$, 表 2.5 给出 $a = 3.5$ 时的经验功效. 在这个例子中, T_N 的功效比 T_U 的功效好, 所以可以考虑选择正态密度函数为权重函数.

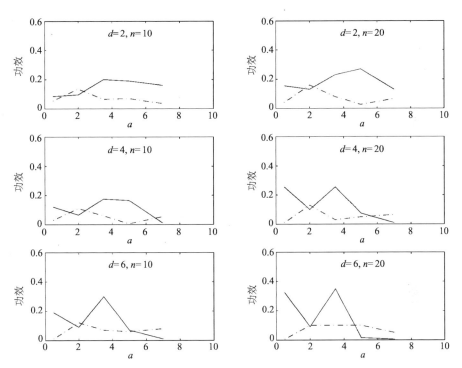

图 2.4 用 NMCT 逼近法关于对称刻度混合分布检验所得到的经验功效

实线和点划线分别表示用正态密度函数和均匀密度函数做权重的模拟结果; a 为权重函数所包含的参数

在这个例子中, 变量的维数对功效的影响较大. T_N 在原假设下的功效接近给定水平, 但在大部分情况下, 自助检验 T_N^* 在原假设下的功效较大. 检验对备择假设不是很敏感, 权重函数的选择需要进一步研究.

总之, 大部分情况下, 用 NMCT 方法的模拟结果在原假设下接近给定水平, 比自助检验法得到的结果好. 讨厌位置参数对 NMCT 方法的结果影响不大, 但变量的维数和选择的权重函数可能对结果有影响. 例如, 选择均匀密度函数为权重函数在检验反射对称分布时, 模拟结果较好. 然而, 对于椭球对称和对称刻度混合分布的检验, 正态密度权重函数的模拟结果更好一些.

表 2.5   对称刻度混合分布: $a = 3.5$时的经验功效

		位置参数已知		位置参数未知	
		S	$S \star (\chi^2 - 1)$	S	$S \star (\chi^2 - 1)$
$d = 2$	$n = 10, T_N$	0.055	0.160	0.060	0.150
	$n = 1, T_N^*$	0.058	0.162	0.062	0.147
	$n = 20, T_N$	0.050	0.231	0.045	0.223
	$n = 20, T_N^*$	0.054	0.234	0.048	0.227
$d = 4$	$n = 10, T_N$	0.050	0.232	0.055	0.261
	$n = 10, T_N^*$	0.055	0.233	0.058	0.250
	$n = 20, T_N$	0.055	0.255	0.057	0.313
	$n = 20, T_N^*$	0.056	0.251	0.060	0.301
$d = 6$	$n = 10, T_N$	0.061	0.235	0.062	0.292
	$n = 10, T_N^*$	0.059	0.237	0.067	0.279
	$n = 20, T_N$	0.045	0.353	0.053	0.369
	$n = 20, T_N^*$	0.047	0.360	0.059	0.354

2.3.3   实例分析

Royston(1983) 研究了一组数据的多元正态性的检验问题. 本小节也对这组数据研究它的分布是否属于某分布族. 测量到的数据包括: 血色素浓度 x_1, 积层细胞量 x_2, 白血细胞数量 x_3, 淋巴细胞数量 x_4, 嗜中性粒细胞数量 x_5, 免疫血清铅含量 x_6. 数据包含 103 个观测值. 在分析之前, 先对变量 x_3, x_4, x_5 和 x_6 做对数变换. Royston 用 Shapiro-Wilks W 统计量检验数据的分布是否服从正态分布, 他的结论为: 这 6 个变量的边际分布可能是一元正态分布. 本节用统计量 T_N 检验数据联合分布是否属于反射对称或椭球对称. 通过 1000 次蒙特卡罗模拟确定 $p-$ 值, 所得 $p-$ 值分别是 0.149 和 0.141, 这个结果不能给出足够的证据拒绝这两种类型的原假设. 另一方面, 由 x_3 和 x_4 的散点图可以看出它们之间有明显的线性关系且相关系数为 0.61. 把变量 x_3 的数据去掉, 对剩余的数据用 T_N 检验联合分布是否为反射或椭球对称的, 所得 p 值分别为 0.67 和 0.71, 也就是接受原假设, 认为除掉 x_3 的数据的联合分布是反射对称, 也是椭球对称的.

第 3 章　对称分布拟合优度检验的渐近性

3.1　引　　言

　　第 2 章对四种类型的多元分布研究了拟合优度检验. 在实践中, 由于对称分布的重要性, 关于椭球对称分布和反射对称分布的研究比其他两种类型的研究相对要多. 因此, 本章对这两种类型的分布做进一步的研究. 特别考虑基于分布的特征函数构造的检验统计量的渐近性质. 第 2 章讨论的椭球对称分布是球对称分布的拓展. 本章中的大部分内容来自文献 Zhu 和 Neuhaus (2003).

　　定义 3.1.1　X 表示 d 维随机向量. 称 X 关于均值 $\mu \in R^d$ 和矩阵 A 的椭球对称分布, 如果对所有 $d \times d$ 的正交矩阵 H, $HA(X - \mu)$ 的分布相同. A 称为形状矩阵.

　　不难证明, 如果 A 为单位矩阵, 且 $\mu = 0$, X 的分布为椭球对称的, 读者可参考文献 Fang, Kotz 和 Ng(1990). 在本章中, 假定 X 的协方差矩阵 Σ 正定, 此时, A 等于 $\Sigma^{-1/2}$. 如果 X 为椭球对称分布, $\Sigma^{-1/2}(X - \mu)$ 也是椭球对称分布.

　　对称分布是多元数据分析中常见的分布, 类似于多元正态分布, 椭球对称分布 (简称椭球分布) 也具有很好的特征. 如果已知数据变量为椭球分布, 正如 Friedman (1987) 所说, 我们仍然可以用传统多元变量分析所使用的工具分析这些数据. 在数据分析中, 对高维数据降维的方法近些年已经有很多相关的研究, 其中之一为切片逆回归 (SIR) (Li(1991)). 满足 SIR 所假定条件的一类最重要的分布就是椭球分布. 因此, 在多元分析中, 关于椭球分布的检验很重要, 也就是, 检验 X 的分布是否椭球对称. 而且, 如果 X 服从反射对称分布, 可以近似地用 SIR 方法降维, 关于反射对称分布的定义见第 2 章.

3.2　检验统计量及其渐近性

3.2.1　关于椭球对称分布的检验

　　对所有的正交矩阵 H, 原假设

$$H_0 : \Sigma^{-1/2}(X - \mu) = H\Sigma^{-1/2}(X - \mu) 依分布成立,$$

也就是, 考虑 $\Sigma^{-1/2}(X-\mu)$ 是否为椭球对称分布. 如果 $\Sigma^{-1/2}(X-\mu)$ 为椭球分布, 它的特征函数的复数部分为零, 即对所有 $t \in R^1$ 和 $a \in S^d = \{a : ||a|| = 1, a \in R^d\}$,

$$E\big(\sin(ta^\tau \Sigma^{-1/2}(X - \mu))\big) = 0.$$

上式的经验形式为 $P_n\{\sin(ta^\tau\hat{A}(X-\hat{\mu}))\}$. 其中, P_n 是基于 i.i.d. 样本点 $X_1,\cdots,$ X_n 的经验概率测度, 即对任意函数 $f(\cdot)$, $P_n(f)=n^{-1}\sum_{j=1}^n f(X_j)$, $\hat{A}$ 等于 $\Sigma^{-1/2}$ 或 $\hat{\Sigma}^{-1/2}$, 分别对应方差已知和未知的两种情况; $\hat{\mu}$ 等于 μ 或 $\bar{X}$ 分别对应均值已知和未知的两种情况; $\hat{\Sigma}^{-1/2}$ 和 $\hat{\mu}$ 分别表示样本协方差和样本均值.

统计量的定义为

$$\int_{S^d}\int_I(\sqrt{n}P_n\{\sin(ta^\tau\hat{A}(X-\hat{\mu}))\})^2 w(t)\mathrm{d}t\,\mathrm{d}\nu(a),\qquad(3.2.1)$$

其中, $w(\cdot)$ 为定义在积分区域 I 上的权重函数, ν 为 S^d 上的均匀分布. 本章 I 表示实线 R 上的紧支集. 如果统计量的值较大, 拒绝原假设 H_0.

为了研究统计量的渐近性, 定义如下的经验过程

$$V_n=\{V_n(X_n,\hat{\mu},\hat{A},t,a)=\sqrt{n}P_n\{\sin(ta^\tau\hat{A}(X-\hat{\mu}))\}:(t,a)\in I\times S^d\},\quad(3.2.2)$$

其中, $X_n=(X_1,\cdots,X_n)^\tau$. 统计量式 (3.2.1) 可以重新写为

$$T_n=\int_{S^d}\int_I\{V_n(X_n,\hat{\mu},\hat{A},t,a)\}^2\mathrm{d}w(t)\mathrm{d}\nu(a).\qquad(3.2.3)$$

在原假设下, 下述定理或推论说明经验过程 V_n 的渐近性质. 为简单起见, 假定如果指标集为 $I\times S^d$ 的 Gaussian 过程的样本轨道有界且关于 $(t,a)\in I\times S^d$ 一致连续, 则该过程连续.

定理 3.2.1 假定 $P(X=\mu)=0$, 且 $E\|X-\mu\|^4<\infty$, 则在原假设 H_0 下

1) 如果 μ 已知, 则 $\hat{\mu}=\mu$. 过程 V_n 依分布收敛到中心化的连续 Gaussian 过程 $V_1=\{V_1(t,a):(t,a)\in I\times S^d\}$, 对任意 $(t,a),(s,b)\in I\times S^d$, V_1 的协方差为

$$E\{\sin(ta^\tau A(X-\mu))\sin(sb^\tau A(X-\mu))\}.\qquad(3.2.4)$$

2) 如果 μ 是未知参数, 则 $\hat{\mu}=\bar{X}$. 记

$$k(t,a,x)=\sin(ta^\tau A(x-\mu))-ta^\tau A(x-\mu)E(\cos(ta^\tau A(X-\mu))).\qquad(3.2.5)$$

过程 V_n 依分布收敛到中心化的连续 Gaussian 过程 $V_2=\{V_2(t,a):(t,a)\in I\times S^d\}$, 对任意 $(t,a),(s,b)\in I\times S^d$, V_2 的协方差为

$$E\{k(t,a,x)k(s,b,x)\}.\qquad(3.2.6)$$

统计量 T_n 的渐近收敛可以根据定理 3.2.1 直接推导得到.

推论 3.2.1 在 μ 已知或未知两种情况下, 检验统计量 T_n 依分布分别收敛到

$$\int_{S^d}\int_I V_1^2(t,a)\mathrm{d}\,w(t)\,\mathrm{d}\nu(a),\qquad\int_{S^d}\int_I V_2^2(t,a)\mathrm{d}\,w(t)\,\mathrm{d}\nu(a)$$

接下来研究统计量在备择假设下的性质. 为了记号上的简单, 用 $\sin^{(i)}(c)$ 表示 $\sin(\cdot)$ 的 i 阶导数在点 c 的值. 如果存在 $a \in S^d$ 和 $t \in I$, 满足 $E[\sin(ta^\tau A(X-\mu))] \neq 0$, 根据函数 $E[\sin(ta^\tau A(X-\mu))]$ 关于 (t,a) 的连续性, 可得 V_n 收敛到无穷, 则统计量 T_n 依分布收敛到无穷. 这说明检验关于全局备择假设相合. 接下来考虑统计量在局部备择假设下的性质.

假定对独立同分布的 d 维向量 $X_i = X_{in}$, 存在 $\alpha > 0$, 使 X_i 可表示为 $Z_i + Y_i/n^\alpha (i = 1, \cdots, n)$, 则 $\mu = \mu_n = E(Z) + E(Y)/n^\alpha$. 如果 Z_i 和 Y_i 独立, X_i 的分布为两分布的卷积, 其中 Y_i/n^α 分布依 n^α 的速度收敛到零.

定理 3.2.2 假定下列条件成立:

1) Z 和 Y 的分布函数都连续, 且 Z 是关于均值 $E(Z)$ 和形状矩阵 Σ 的椭球对称分布;

2) 用 l 表示最小的满足下面条件的整数

$$\sup_{(t,a) \in I \times S^d} |B_l(t,a)| =: \sup_{(t,a) \in I \times S^d} |E((ta^\tau A(Y-E(Y)))^l \sin^{(l)}(ta^\tau A(Z-E(Z))))| \neq 0,$$

$$E(\|Y\|^{2l}) < \infty, \quad E(\|Y\|^{2(l-1)}\|Z\|^2) < \infty. \tag{3.2.7}$$

则 $\alpha = 1/(2l)$ 时, 如果 $\hat{\mu} = \mu$,

$$T_n \Longrightarrow \int_{S^d} \int_I (V_1(t,a) + B_l(t,a)/l!)^2 \mathrm{d}\,w(t)\mathrm{d}\,\nu(a); \tag{3.2.8}$$

如果 $\hat{\mu} = \bar{X}$,

$$T_n \Longrightarrow \int_{S^d} \int_I (V_2(t,a) + B_l(t,a)/l!)^2 \mathrm{d}\,w(t)\mathrm{d}\,\nu(a). \tag{3.2.9}$$

这里 "$\Longrightarrow$" 表示依分布收敛, V_1 和 V_2 是定理 3.2.1 所定义的 Gaussian 过程.

注释 3.2.1 比较推论 3.2.1 关于统计量在原假设下的渐近性和定理 3.2.2 关于在备择假设下的渐近性, 可知统计量可以分离以 $O(n^{-1/(2l)})$ 的速度逼近原假设的备择假设. 如果 $l = 1$, 速度可以达到 $O(n^{-1/2})$. 例如, 假定 Z 为 S^d 上的均匀分布, $Y = (Z_1^2 - 1, \cdots, Z_d^2 - 1)$, 通过一些初等计算, 不难得出 $\sup_{(t,a) \in I \times S^d} |E(ta^\tau AY \cos(ta^\tau AZ))| \neq 0$, 此时 $l = 1$. 如果 Z 和 Y 独立, $l \geqslant 3$, 也就是, 统计量最多可以检测到以 $O(n^{-1/6})$ 的速度偏离原假设的局部备择假设. 事实上, 对 $l = 1, 2$, 显然有

$$\sup_{(t,a) \in I \times S^d} |E((ta^\tau AY)^l \sin^{(l)}(ta^\tau AZ))| = 0.$$

3.2.2　关于反射对称分布的检验

第 2 章给出了反射对称分布的定义, 也就是, d 维变量 X 称为关于 μ 的反射对称分布. 如果

$$(X - \mu) \text{ 和 } -(X - \mu) \text{ 同分布},$$

从反射对称的定义可知, 它等价于 $X - \mu$ 的特征函数的复数部分等于零, 即

$$E\{\sin(t^\tau(X - \mu))\} = 0, \qquad t \in R^d. \tag{3.2.10}$$

$X_1, \cdots, X_n$ 表示与 X 独立同分布的随机变量, $P_n(\cdot)$ 表示经验概率测度. 基于式 (3.2.10), 类似于椭球对称, 定义统计量

$$Q_2 = n \int_A \{P_n(\sin(t^\tau(X - \hat{\mu})))\}^2 \mathrm{d}w(t).$$

其中, A 为被积区域, $w(\cdot)$ 表示 R^d 上的分布函数, $P_n(f(x))$ 的定义见第 3.2.1 小节. 定义经验过程

$$\{U_{n1}(X_n, \hat{\mu}, t) = \sqrt{n} P_n\{\sin(t^\tau(X - \hat{\mu}))\} : t \in A\}, \tag{3.2.11}$$

其中, $X_n = (X_1, \cdots, X_n)$, $\hat{\mu}$ 表示 μ 未知时的估计. 检验统计量可以重新写为

$$Q_2(X_n, \hat{\mu}) = \int_A [U_{n1}(X_n, \hat{\mu}, t)]^2 \mathrm{d}w(t). \tag{3.2.12}$$

Heathcote, Rachev 和 Cheng (1995, 定理 3.2) 已经得到在原假设 $X - \mu = -(X - \mu)$ 下, U_{n1} 依分布收敛到 Gaussian 过程 U, $Q_2(X_n, \hat{\mu})$ 的收敛性可以直接根据他们的结果推导得到. 因此, 只要考虑检验在局部备择假设下的收敛性.

为了记号上的方便, 用 $\sin^{(i)}(t^\tau X)$ 表示 $\sin(\cdot)$ 的第 i 阶导数在 $t^\tau X$ 点的值. 存在 $\alpha > 0$, 假定 i.i.d. 的 d 变量 X_i 可表示为 $Z_i + y_i/n^\alpha (i = 1, \cdots, n)$, 其中 Z_i 的分布为对称的, y_i/n^α 收敛到退化分布. 如果 Z_i 和 y_i 独立, X_i 的分布为两分布的卷积. 接下来的定理给出局部备择假设下检验的性质.

定理 3.2.3　假定下述条件成立:

1) Z 和 y 的分布函数连续, 且 Z 关于已知的 μ 反射对称;

2) 用 l 表示最小的满足下面条件的整数:

$$\sup_{t \in A} |B_l(t)| := \sup_{t \in A} |E(t^\tau(y - Ey)^l \sin^{(l)}(t^\tau(Z - EZ)))| \neq 0,$$
$$E(\|y\|^{2l}) < \infty, \quad \text{和} \quad E(\|y\|^{2(l-1)} \|Z\|^2) < \infty. \tag{3.2.13}$$

那么,

$$\{\sqrt{n}P_n\{\sin(t^\tau(Z+y/n^{1/(2l)}-EZ-Ey/n^{1/(2l)}))\}:t\in A\}$$
$$=\{\sqrt{n}P_n\{\sin(t^\tau(Z-EZ))+(1/l!)B_l(t)\}:t\in A\}+o_p(1). \quad (3.2.14)$$

所以, 下式依分布成立

$$\int_A\left\{\sqrt{n}P_n(\sin(t^\tau(Z+y/n^{1/(2l)}-EZ-Ey/n^{1/(2l)})))\right\}^2\mathrm{d}w(t)$$
$$\Longrightarrow \int_A(U(t)+(1/l!)B_l(t))^2\mathrm{d}w(t), \quad (3.2.15)$$

其中, $\{U(t):t\in A\}$ 表示 Heathcote , Rachev 和 Cheng (1995, 定理 3.2) 中所定义的 Gaussian 过程.

注释 3.2.2 值得一提的是:这个定理的结果类似于定理 3.2.2 的结论. 根据定理知, 如果局部备择假设依 $O(n^{-1/(2l)})$ 的速度逼近原假设时, 统计量可以把它们分离出来; 如果偏离的速度比 $O(n^{-1/(2l)})$ 慢, 统计量依分布收敛到无穷. 在 $l=1$ 的情况下, 最快的偏离速度可达到 $O(n^{-1/2})$. 例如, 如果 Z 为 $[-\sqrt{3},\sqrt{3}]^d$ 上的均匀分布, $y=(z_1^2-1,\cdots,z_d^2-1)$, 则 $\sup_{t\in[-1,1]^d}|E(t^\tau y\cos(t^\tau Z))|\neq 0$, 此时 $l=1$. 类似于对椭球对称分布的检验, 如果 Z 和 y 互相独立, l 至少等于 3 , 检验最多可检测到以 $n^{-1/6}$ 的速度偏离原假设的备择假设. 事实上, 对 $l=1,2$, 有

$$\sup_{t\in[-1,1]^d}|E((t^\tau y)^l\sin^{(l)}(t^\tau Z))|=0.$$

3.3 NMCT 步骤

3.3.1 NMCT 步骤在椭球对称分布检验中的应用

在原假设下, $A(X-\mu)$ 是椭球对称分布, 有

$$A(X-\mu)=U\cdot\|A(X-\mu)\|\text{依分布成立}, \quad (3.3.1)$$

其中, $U=A(X-\mu)/\|A(X-\mu)\|$ 是 S^d 上的均匀分布, 它与 $\|A(X-\mu)\|$ 独立 (Dempster, 1969). 因此, 对于任何 S^d 上的均匀分布 U , $U\cdot\|A(X-\mu)\|$ 和 $A(X-\mu)$ 同分布. 如果 μ 和 A 已知, 此时与第 2 章所讨论的情况一致, NMCT 方法精确有效.

值得指出的是:如果 μ 和 Σ 都未知, 用 T_n 做检验统计量时, NMCT 步骤需要做一些修改. 为了比较的方便, 仍然给出 μ 和 A 已知时的算法.

步骤 1 模拟 S^d 上的 i.i.d. 随机向量 $u_i(i=1,\cdots,n)$, 记 $U_n=(u_1,\cdots,u_n)$, 得到的参考数据为 $u_i\cdot\|A(X_i-\mu)\|$.

步骤 2 给定 $X_n = (X_1, \cdots, X_n)$，根据式 (3.2.2) 所定义的经验过程，得到相应的条件经验过程，即

$$V_{n1}(U_n)$$
$$= \{V_{n1}(X_n, X_n, t, a) = \sqrt{n}P_n\{\sin(ta^\tau u\|A(X-\mu)\|)\} : (t, a) \in I \times S^d\}, \quad (3.3.2)$$

相应的条件统计量为

$$T_{n1}(U_n) = \int_{S^d}\int_I \{V_{n1}(X_n, U_n, t, a)\}^2 \mathrm{d}w(t)\mathrm{d}\nu(a). \quad (3.3.3)$$

步骤 3 对步骤 1 和 2 重复 m 次，得到 m 个条件统计量的值，记为 $T_{n1}(U_n^{(j)})(j = 1, \cdots, m)$.

步骤 4 记 $T_{n1}(U_n^{(0)}) = T_n$， p 值的估计为 $\hat{p} = k/(m+1)$，这里 k 为 $T_{n1}(U_n^{(j)})(j = 0, 1, \cdots, m)$ 大于或者等于 $T_{n1}(U_n^{(0)})$ 的个数.

根据命题 1.2.1，可知检验精确有效.

如果 μ 已知，但形状矩阵 A 未知，只需把上述算法包含的 A 用它的估计 $\hat{A} = \hat{\Sigma}^{-1/2}$ 替代. 如果 μ 未知，就不能简单的用它的估计代替得到算法. 由于统计量的构造与第 2 章不同，相应的处理方法也不同. 如果 μ 已知，$V_n = V_{n1}$，否则 $V_n = V_{n2}$. 为了使 V_{n2} 对应的条件经验过程和它本身等价，首先化简 V_{n2}. 根据三角等式，以及 $P_n X = \bar{X}$ 在 $t \in I$ 和 $a \in S^d$ 上一致成立，

$$\sqrt{n}P_n(\sin(ta^\tau \hat{A}(X-\bar{X})))$$
$$= \sqrt{n}\Big(P_n(\sin(ta^\tau \hat{A}(X-\mu)))\Big)\Big(\cos(ta^\tau \hat{A}P_n(X-\mu))\Big)$$
$$\quad -\sqrt{n}\Big(P_n(\cos(ta^\tau \hat{A}(X-\mu)))\Big)\Big(\sin(ta^\tau \hat{A}P_n(X-\mu))\Big)$$
$$= \sqrt{n}P_n(\sin(ta^\tau A(X-\mu))$$
$$\quad -\sqrt{n}\Big(P_n(\cos(ta^\tau A(X-\mu)))\Big)\Big(\sin(ta^\tau AP_n(X-\mu))\Big) + o_p(1).$$

在 μ 未知的情况，只需对上述算法中步骤 2 的条件经验过程改为

$$V_{n2}(U_n) = \{V_{n2}(X_n, U_n, \hat{\mu}, \hat{A}, t, a) : (t, a) \in I \times S^d\}. \quad (3.3.4)$$

其中，

$$V_{n2}(X_n, U_n, \hat{\mu}, \hat{A}, t, a)$$
$$= \sqrt{n}P_n\{\sin(ta^\tau u \cdot \|\hat{A}(X-\hat{\mu})\|)\}$$
$$\quad -\sqrt{n}P_n\{\cos(ta^\tau u \cdot \|\hat{A}(X-\hat{\mu})\|)\sin(ta^\tau P_n(u \cdot \|\hat{A}(X-\hat{\mu})\|)). \quad (3.3.5)$$

相应的条件统计量为

$$T_{n2}(U_n) = \int_{S^d} \int_I \{V_{n2}(X_n, U_n, \hat{\mu}, \hat{A}, t, a)\}^2 \mathrm{d}w(t) \mathrm{d}\nu(a). \tag{3.3.6}$$

以下定理说明条件经验过程 $V_{n1}(U_n)$ 和 $V_{n2}(U_n)$ 分别与它们对应的非条件统计量 V_{n1} 和 V_{n2} 等价. 根据下述定理, 不难得到 $T_{n1}(U_n)$ 和 $T_{n2}(U_n)$ 的渐近有效性.

定理 3.3.1 假定定理 3.2.1 中的条件成立, 对于几乎所有序列 $\{X_1, \cdots, X_n, \cdots\}$, 式 (3.3.2) 和式 (3.3.5) 的条件经验过程 $V_{n1}(U_n)$ 和 $V_{n2}(U_n)$ 依分布分别收敛到 Gaussian 过程 V_1 和 V_2, V_1 和 V_2 的定义见定理 3.2.1. 实际上, V_1 和 V_2 是非条件统计量 V_n 在已知和未知 μ 这两种情况下分别对应的极限分布. 所以, 式 (3.3.3) 和式 (3.3.6) 的条件统计量 $T_{n1}(U_n)$ 和 $T_{n2}(U_n)$ 的极限分别与已知和未知 μ 的非条件统计量 T_n 的极限, 也就是 $\int (V_1(a,t))^2 \mathrm{d}w(t) \mathrm{d}\nu(a)$ 和 $T_1 = \int (V_2(a,t))^2 \mathrm{d}w(t) \mathrm{d}\nu(a)$, 几乎处处相等.

注释 3.3.1 被积区间 I 和权重函数 $w(\cdot)$ 的选择是非常有意义的问题. 值得一提的是, 在有些情况下, 被积区间的选择不是很重要. 接下来给出一个例子说明特征函数的复数部分在 R^d 的紧子集上, 如 $[-2,2] \times S^d$ 等于零等价于这个复数部分在整个 R^d 空间上等于零. 假定多元向量 X 的矩母函数在 $[-b,b] \times S^d, (b > 0)$ 存在, 则对任意 $a \in S^d$, X 的线性函数 $a^\tau X$ 的矩母函数在区间 $[-b_1, b_1]$ 存在, 其中 b_1 不依赖于 a. 如果 X 的特征函数的复数部分在 $[-b_2, b_2] \times S^d$ 上等于零, 则 $a^\tau X$ 的特征函数的复数部分在区间 $[-b_3, b_3]$ 上等于零. 不难得出 $a^\tau X$ 的所有偶数阶矩等于零, 也就是说 $a^\tau X$ 的特征函数为实数, 且对于任意 a, $a^\tau X$ 关于原点对称. 这个结论说明: X 特征函数的复数部分在整个空间 R^d 上等于零. 因此, 在这种情况下, 被积区域的选择并不是很重要.

注释 3.3.2 Romano (1989) 提出了更一般的随机检验方法. 根据 Hoeffding (1952) 置换检验的思想, 随机检验基于分布在一族变换 G_n 下的不变性构造, 见文献 Romano (1989) 的 151 页. 椭球对称分布具有这样的不变性, 对椭球对称分布的检验, 本章中所提出的检验方法与 Romano 的方法类似.

3.3.2 NMCT 步骤在反射对称分布检验中的应用

如果中心化的参数 μ 已知, 给定 X_n, 定义如下 NMCT 过程:

$$\{V_n(E_n, X_n, t) = \sqrt{n} P_n\{\sin(t^\tau e \cdot (X - \mu))\} : t \in A\}. \tag{3.3.7}$$

其中, P_n 表示基于 $(e_i, x_i)(i = 1, \cdots, n)$ 的概率测度, $e_1, \cdots, e_n$ 为 i.i.d. 的, 以相同概率取值 ± 1 的一维变量, $E_n = (e_1, \cdots, e_n)$. 所得的 NMCT 统计量为

$$Q_2(E_n, X_n) = \int_A (V_n(E_n, X_n, t))^2 \mathrm{d}w(t). \tag{3.3.8}$$

如果被积区域 A 是 $[-a,a]^d$，且权重函数是这个区域上的均匀分布，$Q_2(E_n, X_n)$ 的具体形式经过推导得到，

$$
\begin{aligned}
Q_2(E_n, X_n) &= \int_{[-a,a]^d} (V_n(E_n, X_n, t))^2 \mathrm{d}w(t) \\
&= \frac{1}{n} \sum_{i=1}^{n} \sum_{j=1}^{n} e_i e_j I(i,j),
\end{aligned}
\tag{3.3.9}
$$

其中，

$$
I(i,j) = \frac{1}{2}\Big(\prod_{k=1}^{d} \frac{\sin(a(X_i - X_j)_k)}{a(X_i - X_j)_k} - \prod_{k=1}^{d} \frac{\sin(a(X_i + X_j - 2\mu)_k)}{a(X_i + X_j - 2\mu)_k} \Big),
$$

$(x)_k$ 表示 x 的第 k 个分量.

事实上，由于

$$
\sin(x) \cdot \sin(y) = \frac{1}{2}(\cos(x-y) - \cos(x+y)),
$$

则

$$
\begin{aligned}
Q_2(E_n, X_n) &= (2a)^{-d} \int_{[-a,a]^d} \Big\{ \frac{1}{\sqrt{n}} \sum_{i=1}^{n} \sin(t^\tau e_i \cdot (X_i - \mu)) \Big\}^2 \mathrm{d}t \\
&= \frac{1}{n} \sum_{i,j=1}^{n} \Big\{ (2a)^{-d} \int_{[-a,a]^d} \sin(t^\tau(X_i - \mu)) \sin(t^\tau(X_i - \mu)) \mathrm{d}t \Big\} e_i e_j \\
&= \frac{1}{n} \sum_{i=1}^{n} \sum_{j=1}^{n} \Big\{ (2)^{-d-1} \int_{[-1,1]^d} \cos(t^\tau a \cdot (X_i - X_j)) \\
&\qquad\qquad\qquad - \cos(t^\tau a \cdot (X_i + X_j - 2\mu)) \mathrm{d}t \Big\} e_i e_j \\
&:= \frac{1}{n} \sum_{i=1}^{n} \sum_{j=1}^{n} e_i e_j I(i,j).
\end{aligned}
$$

用 "Re" 表示特征函数的实数部分. 由于 $[-1,1]^d$ 上的均匀分布对称，对 $[-1,1]^d$ 上的均匀分布 u，有

$$
\begin{aligned}
I(i,j) &= 2^{-d-1} E(\cos(u^\tau a \cdot (X_i - X_j)) - \cos(u^\tau a \cdot (X_i + X_j - 2\mu))) \\
&= 2^{-d-1} \Big(\operatorname{Re} E(\mathrm{e}^{(u^\tau a \cdot (X_i - X_j))}) - \operatorname{Re} E(\mathrm{e}^{(u^\tau a \cdot (X_i + X_j - 2\mu))}) \Big) \\
&= 2^{-d-1} \Big(\operatorname{Re} \prod_{k=1}^{d} E(\mathrm{e}^{(u_k a(X_i - X_j)_k)}) - \operatorname{Re} \prod_{k=1}^{d} E(\mathrm{e}^{(u_k a(X_i + X_j - 2\mu)_k)}) \Big) \\
&= \frac{1}{2}\Big(\prod_{k=1}^{d} \frac{\sin(a(X_i - X_j)_k)}{a(X_i - X_j)} - \prod_{k=1}^{d} \frac{\sin(a(X_i + X_j - 2\mu)_k)}{a(X_i + X_j - 2\mu)} \Big).
\end{aligned}
$$

证毕.   □

如果 μ 已知, 根据第 1 章的结论, 不难得到条件检验统计量式 (3.3.8) 可以达到精确功效, 具体细节不再累述.

对 μ 已知和未知的两种情况, 式 (3.2.11) 所定义的过程不同. 所以如果 μ 未知, NMCT 方法需要做一些修正. 为了保证条件经验过程和式 (3.2.11) 的过程等价. 类似于式 (3.3.4), 条件经验过程的定义根据以下推导给出. 用样本均值 $\bar{X}$ 估计 μ, 即 $\hat{\mu} = \bar{X}$. 可以证明下式在 $t \in A$ 上一致成立.

$$
\begin{aligned}
&\sqrt{n} P_n(\sin(t^{\tau}(X - \bar{X}))) \\
&= \sqrt{n}\Big(P_n(\sin(t^{\tau}(X - \mu))) \Big)\Big(\cos(t^{\tau} P_n(X - \mu)) \Big) \\
&\quad -\sqrt{n}\Big(P_n(\cos(t^{\tau}(X - \mu))) \Big)\Big(\sin(t^{\tau} P_n(X - \mu)) \Big) \\
&= \sqrt{n} P_n(\sin(t^{\tau}(X - \mu)) \\
&\quad -\sqrt{n}\Big(P_n(\cos(t^{\tau}(X - \mu))) \Big)\Big(\sin(t^{\tau} P_n(X - \mu)) \Big) + o_p(1).
\end{aligned}
$$

因此, 给定 X_n, 定义条件过程

$$
\begin{aligned}
&U_{n1}(E_n, X_n, \bar{X}, t) \\
&= \sqrt{n} P_n(\sin(t^{\tau} e \cdot (X - \bar{X}))) \\
&\quad -\sqrt{n} \sin(t^{\tau} P_n(e \cdot (X - \bar{X}))) P_n(\cos(t^{\tau} e \cdot (X - \bar{X}))).
\end{aligned}
\tag{3.3.10}
$$

相应地由 NMCT 法得到的条件统计量为

$$
Q_2(E_n, X_n, \bar{X}) \;=\; \int_A (U_{n1}(E_n, X_n, \bar{X}, t))^2 \mathrm{d}w(t).
\tag{3.3.11}
$$

以下定理说明 NMCT 统计量 Q_2 渐近有效.

定理 3.3.2 假定 $X_1, \cdots, X_n, \cdots$ 独立同分布的随机变量, 关于未知中心参数 μ 为反射对称的. 用 $E_n^{(1)}, \cdots, E_n^{(m)}, \cdots$ 表示独立 E_n, 但产生方法和 E_n 相同的向量. 则对任意 $0 < \alpha < 1$,

$$
\begin{aligned}
&\lim_{n \to \infty} P\{Q_2(X_n, \bar{X}) > m - [m\alpha] \text{ 个 } Q_2(E_n^{(j)}, X_n, \bar{X})^{\tau} \text{ 值}\} \\
&= \lim_{n \to \infty} P\Big\{Q_2(E_n^0, X_n, \mu) + o_p(1/\sqrt{n}) > \\
&\qquad\qquad m - [m\alpha] \text{ 个 } (Q_2(E_n^{(j)}, X_n, \mu) + o_p(1/\sqrt{n}))^{\tau} \text{ 值}\Big\} \\
&\leqslant \frac{[m\alpha] + 1}{m + 1}.
\end{aligned}
\tag{3.3.12}
$$

3.3.3　模拟分析

如果形状矩阵已知, 第 2 章已经给出一个模拟分析. 在本节, 只考虑形状参数未知的模拟, 也就是: ① μ 已知, Σ 未知; ② μ 和 Σ 均未知. 统计量 $T_{ni}, (i = 1, 2)$ 分别对应这两种不同情况. 本节只给出椭球对称检验的结果. 在下面模拟分析中, 样本量 $n = 20, 50$, 随机向量 X 的维数 $d = 2, 4, 6$. 为了研究检验的功效, 考虑向量 $X = Z + b \cdot Y$, 这里 $b = 0.00, 0.25, 0.5, 0.75, 1.00$, 以及 1.25, Z 为正态分布 $N(\mu, \Sigma)$, Y 的每个分量为独立同分布的 χ_1^2 分布. 原假设 H_0 成立, 当且仅当 $b = 0.00$, 也就是 X 为正态分布 $N(\mu, \Sigma)$. 如果 $b \neq 0.00$, X 的分布就不是椭球对称分布. 在模拟中, $\mu = 0$, $\Sigma = I_3$, 即 Z 是从分布 $N(0, I_3)$ 中产生数据. 以下分析分别假定中心参数和形状矩阵未知或已知.

给定数据 $\{(Y_1, Z_1), \cdots, (Y_n, Z_n)\}$, 对样本 $n = 20$ 和 $n = 50$, 通过 NMCT 方法产生 1000 组伪随机向量 U_n. 对样本量和向量分布的每个组合, 试验重复 1000 次. 给定水平 $\alpha = 0.05$, 统计量的值大于或者等于给定水平的比例称为经验功效.

表 3.1　样本 $n = 20$ 时检验的功效

	b	0.00	0.25	0.50	0.75	1.00	1.25
$d = 2$	T_{n1}	0.046	0.201	0.332	0.584	0.776	0.870
	T_{n2}	0.043	0.223	0.391	0.578	0.630	0.663
$d = 4$	T_{n1}	0.045	0.181	0.315	0.577	0.679	0.861
	T_{n2}	0.040	0.238	0.402	0.579	0.633	0.643
$d = 6$	T_{n1}	0.053	0.195	0.345	0.581	0.667	0.860
	T_{n2}	0.038	0.251	0.407	0.576	0.616	0.654

表 3.2　样本 $n = 50$ 时检验的功效

	b	0.00	0.25	0.50	0.75	1.00	1.25
$d = 2$	T_{n1}	0.046	0.261	0.392	0.664	0.874	0.950
	T_{n2}	0.046	0.283	0.455	0.648	0.797	0.853
$d = 4$	T_{n1}	0.045	0.281	0.385	0.637	0.881	0.957
	T_{n2}	0.046	0.288	0.462	0.635	0.831	0.850
$d = 6$	T_{n1}	0.053	0.295	0.395	0.640	0.866	0.960
	T_{n2}	0.043	0.311	0.487	0.641	0.818	0.846

从表 3.1 中看, 在原假设下, 如果样本量 $n = 20$, 检验 T_{n1} 的功效接近给定水平, T_{n2} 相对有些保守. 但当样本量增加到 $n = 50$ 时, T_{n2} 在原假设下的功效就相对好一些, 见表 3.2. 在备择假设下, 如果 b 的值较小, 比如 $b = 0.25, 0.50$, 统计量 T_{n2} 对备择假设要比 T_{n1} 更敏感. 如果 b 较大, 模拟结果正好相反. 统计量 T_{n1} 不需要估计位置参数, 用 NMCT 方法逼近 T_n 在原假设下的分布应该更准确一些, 因此, 在原假设下 T_{n1} 比 T_{n2} 更接近给定水平. 如果样本量增加到 $n = 50$, 由 T_{n2}

得到的结果更接近给定水平, 见表 3.2. 在样本 $n = 50$ 时检验功效要比样本 $n = 20$ 时的功效好. 而且, 检验功效受变量维数的影响很小.

3.4 定理的证明

本节给出关于椭球对称检验统计量的相关定理证明. 可以类似地推导得到关于反射对称检验统计量的相关定理的证明, 具体细节就不再累述.

定理 3.2.1 的证明 Ghosh 和 Ruymgaart (1992) 已经证明, 在位置参数和形状矩阵已知的情况下, 过程 V_n 依分布收敛到 V_1 , 且它的方差为式 (3.2.4). 用样本协方差矩阵 $\hat{\Sigma}$ 估计形状矩阵, 根据三角等式, 有

$$\sqrt{n}P_n(\sin(ta^\tau \hat{A}(X - \mu)))$$
$$= \sqrt{n}P_n(\sin(ta^\tau A(X - \mu)))\cos(ta^\tau(\hat{A} - A)(X - \mu))$$
$$+ \sqrt{n}(P_n(\cos(ta^\tau A(X - \mu)))\sin(ta^\tau(\hat{A} - A)(X - \mu)))$$
$$=: I_{n1}(t, a) + I_{n2}(t, a).$$

根据 $\max_{1 \leqslant j \leqslant n} ||X_j - \mu||/n^{1/4} \to 0$, a.s., $\sqrt{n}(\hat{A}A^{-1} - I_d) = O_p(1)$, 以及 $E\Big(A(X - \mu)\cos(ta^\tau A(X - \mu))\Big) = 0$(根据 $A(X - \mu)$ 椭球对称), 下式在 $(t, a) \in I \times S^d$ 上一致成立:

$$I_{n1}(t, a) = \sqrt{n}P_n(\sin(ta^\tau A(X - \mu))) + O_p(1/\sqrt{n}),$$
$$I_{n2}(t, a) = ta^\tau \sqrt{n}(\hat{A}A^{-1} - I_d)(P_n(A(X - \mu)\cos(ta^\tau A(X - \mu))))$$
$$= o_p(1).$$

这说明: 如果 Σ 未知, 用样本协方差矩阵估计 Σ 之后得到的 V_n 与 Σ 已知的时候得到的 V_n 渐近等价. 结论 1) 证毕. 对结论 2), 根据下式, 类似的可以证明

$$\sqrt{n}P_n(\sin(ta^\tau \hat{A}(X - \hat{\mu}))) = \sqrt{n}P_n(\sin(ta^\tau \hat{A}(X - \mu)))\cos(ta^\tau \hat{A}(\hat{\mu} - \mu))$$
$$- \sqrt{n}(P_n(\cos(ta^\tau \hat{A}(X - \mu)))\sin(ta^\tau \hat{A}(\hat{\mu} - \mu)))$$
$$= \sqrt{n}P_n(\sin(ta^\tau \hat{A}(X - \mu)))$$
$$- \sqrt{n}ta^\tau \hat{A}(\hat{\mu} - \mu)E(\cos(ta^\tau \hat{A}(X - \mu))) + o_p(1).$$

定理 3.2.1 证毕.

定理 3.2.2 的证明 首先考虑 $\hat{\mu} = \mu$ 的情况. 不妨设 $\mu = 0$, 样本 X_{in} 的协方差矩阵 $\Sigma_n = (A_n)^{-2}$. 由于 Σ_n 收敛到变量 Z 协方差矩阵 Σ. 对正弦函数 Taylor

展开，则对任意的 $(t,a) \in I \times S^d$，

$$\sqrt{n}P_n\{\sin(ta^\tau A_n(Z + \frac{Y}{n^{1/(2l)}}))\}$$

$$= \sqrt{n}P_n\{\sin(ta^\tau A_nZ)\} + \sum_{i=1}^{l-1}\frac{1}{i!}n^{-i/(2l)}\sqrt{n}P_n\{(ta^\tau A_nY)^i\sin^{(i)}(ta^\tau A_nZ)\}$$

$$+\frac{1}{l!n}\sum_{j=1}^{n}\{(ta^\tau A_nY_j)^l(\sin^{(l)}(ta^\tau A_n(Z_j + \frac{(t^\tau Y_j)^*}{n^{1/(2l)}})) - \sin^l(ta^\tau A_nZ_j))\}$$

$$+\frac{1}{l!}P_n\{(ta^\tau A_nY)^l\sin^{(l)}(ta^\tau A_nZ)\}, \tag{3.4.1}$$

其中，$(ta^\tau A_nY_j)^*$ 介于 0 和 $ta^\tau A_nY_j$ 之间. 式 (3.4.1) 右边的第 2，3 项依概率趋于零, 第 4 项依概率收敛到 $(l!)^{-1}E\{(ta^\tau AY)^l\sin^{(l)}(ta^\tau AZ)\}$. 注意到 $E\{(ta^\tau AY)^i)\sin^{(i)}(ta^\tau AZ)\} = 0$ 对 $1 \leqslant i \leqslant l-1$ 成立. 类似于定理 3.2.1 的证明，在已知 μ 的情况下，可得 V_n 和 T_n 的收敛性.

如果 V_n 中的协方差矩阵未知，注意到

$$\max_{1\leqslant j\leqslant n}||Y_j||/n^{1/(2l)} \to 0, \quad \text{a.s.}$$
$$\sqrt{n}(\hat{A}_n - A_n) = O_p(1), \quad A_n - A = o(1).$$

而且

$$\sup_{(t,a)\in I\times S^d}\left|P_n\Big(\sin(ta^\tau\hat{A}_n(Z - E(Z)) + (Y - E(Y)/n^{1/(2l)})) - \sin(ta^\tau\hat{A}_n(Z - E(Z)))\Big)\right|$$
$$\leqslant cP_n||\hat{A}_n(Y - E(Y))||/n^{1/(2l)} = O(n^{-1/(2l)}) \quad \text{a.s.}$$

和

$$\sup_{(t,a)\in I\times S^d}|1 - \cos(ta^\tau P_n(\hat{A}_n(Z - E(Z)) + \hat{A}_n(Y - E(Y)/n^{1/(2l)})))|$$
$$\leqslant c(||P_n\hat{A}_n(Z - E(Z))||^2 + ||P_n\hat{A}_n(Y - E(Y))||^2/n^{1/l} = O_p(n^{-1}).$$

类似于定理 3.2.1 的证明过程，可得 V_n 的收敛性，具体细节不再重述. 根据 V_n 的收敛性，易得 T_n 的收敛性.

如果 $\hat{\mu} = \bar{X}$，注意到

$$\sup_{(t,a)\in I\times S^d}\left|\sqrt{n}\Big(\sin(ta^\tau P_n\hat{A}_n((Z - E(Z)) + (Y - E(Y)/n^{1/(2l)}))) - \sin(ta^\tau P_n\hat{A}_n(Z - E(Z)))\Big)\right|$$
$$\leqslant c\sqrt{n}||\hat{A}_n(P_nY - E(Y))||/n^{1/(2l)} = O_p(n^{-1/(2l)}),$$

根据上述不等式以及三角等式, 可得

$$
\begin{aligned}
&\sqrt{n}P_n(\sin(ta^\tau \hat{A}_n(Z + Y/n^{1/(2l)} - (\bar{Z} + \bar{Y}/n^{1/(2l)}))))\\
={}&\sqrt{n}P_n(\sin(ta^\tau A_n(Z + Y/n^{1/(2l)} - (E(Z) + E(Y)/n^{1/(2l)}))))\\
&-\sqrt{n}P_n(\cos(ta^\tau A_n(Z - E(Z)))\sin(ta^\tau P_n A_n(Z - E(Z))) + O_p(n^{-1/(2l)})\\
={}&\sqrt{n}P_n(\sin(ta^\tau A(Z - E(Z))))\\
&+\frac{1}{l!}E\{(ta^\tau A(Y - E(Y)))^l \sin^{(l)}(ta^\tau A(Z - E(Z)))\}\\
&-\sqrt{n}\sin(ta^\tau P_n A(Z - E(Z)))E(\cos(ta^\tau A(Z - E(Z))) + o_p(1)\\
\Longrightarrow{}&V_2(t,a) + (1/l)B_l(t,a).
\end{aligned}
\tag{3.4.2}
$$

根据上式可得式 (3.2.9)T_n 的收敛性. 定理证毕. □

定理 3.3.1 的证明 实际上, 只要证明经验过程的收敛性, 统计量的收敛性根据过程的收敛性即可得到. 首先证明给定 X_n, 条件过程 $\{V_{n1}(U_n, X_n, t, a) : (t,a) \in I \times S^d\}$ 几乎处处收敛到过程 $\{V_1(t) : (t,a) \in I \times S^d\}$, 这个极限等于 μ 已知时 V_n 的极限. 关于 $V_{n2}(U_n)$ 的收敛性, 可以用类似 $V_{n1}(U_n)$ 收敛性的证明过程.

为了记号上的方便, 用 X_j 表示 $A(X_j - \mu)$. 定义

$$
D_1 = \{\lim_{n\to\infty} \frac{1}{n}\sum_{j=1}^{n}\|X_j\|^2 = E\|X\|^2\},
$$

$$
D_2 = \{\lim_{n\to\infty}\sup_{(t,a),(s,b)}\left|\frac{1}{n}\sum_{j=1}^{n}(\sin(ta^\tau X_j)\sin(sb^\tau X_j)) - E(\sin(ta^\tau X)\sin(sb^\tau X))\right| = 0\},
$$

且 $D = D_1 \cap D_2$. 根据正弦函数的 Lipschitz 连续性和对一般函数族成立的 Glivenko-Cantelli 定理 (Pollard, 1984, 定理 II p24, 25), D 以概率测度 1 为样本空间的子集.

在以下证明过程中, 总假定 $\{X_1, \cdots, X_n, \cdots\} \in D$.

对定理中所定义的经验过程的收敛, 只需证明 Fidis收敛 和过程的 一致紧. 关于 Fidis收敛 的证明, 这里只给出证明的框架. 对任意整数 k, $(t_1, a_1), \cdots, (t_k, a_k) \in I \times S^d$. 记

$$
V^{(k)} = \left(\text{cov}(\sin(t_i a_i^\tau x), \sin(t_l a_l^\tau x))\right)_{1 \leqslant i, l \leqslant k}.
$$

需要证明

$$
V_{n1}^{(k)} = \{V_{n1}(U_n, X_n, t_i, a_i) : i = 1, \cdots, k\} \Longrightarrow N(0, V^{(k)}).
$$

上式成立的充分条件是: 对任意 k 维向量 γ, 有

$$
\gamma^\tau V_{n1}^{(k)} \Longrightarrow N(0, \gamma^\tau V^{(k)}\gamma).
\tag{3.4.3}
$$

注意到式 (3.4.3) 左面的方差 $\gamma^\tau \left(\widehat{\mathrm{Cov}}_{i,l}\right)_{1\leqslant i,l\leqslant k} \gamma$ 依概率收敛到 $\gamma^\tau V^{(k)}\gamma$，这里，$\widehat{\mathrm{Cov}}_{i,l} = n^{-1}\sum_{j=1}^{n} E(\sin(t_i a_i^\tau u\|X_j\|)\sin(t_l a_l^\tau u\|X_l\|))$ 关于 u 求期望，如果 $\gamma^\tau V^{(k)}\gamma = 0$，或 (3.4.3) 自然成立；如果 $\gamma^\tau V^{(k)}\gamma > 0$，根据正弦函数的有界性和中心极限定理的 Lindeberg 条件成立，

$$\gamma^\tau V_{n1}^{(k)}/\sqrt{\gamma^\tau V^{(k)}\gamma} \longrightarrow N(0,1).$$

也就是，式 (3.4.3) 成立，因此 Fidis收敛.

接下来证明过程的一致紧. 只要证明，对任意 $\eta > 0$ 和 $\varepsilon > 0$，存在 $\delta > 0$，满足

$$\limsup_{n\to\infty} P\left\{\sup_{[\delta]}|V_{n1}(U_n,X_n,t,a) - V_{n1}(U_n,X_n,s,b)| > 2\eta \,\Big|\, \|X_n\|\right\} < \varepsilon \quad (3.4.4)$$

其中，$[\delta] = \{((t,a),(s,b)): \|ta - sb\| \leqslant \delta\}$. 由于极限性质研究的是 $n\to\infty$ 时的情况，在下面的证明中，为了使证明过程相对简化一些，考虑 n 足够大的情况.

不难验证：如果 d 维向量 u 在 S^d 上为均匀分布，u 可表示为 $e\cdot u^*$，这里 e 以相同的概率取值 ± 1，u^* 和 u 同分布，且 e 和 u 独立. 由于 e 和 u 独立，eu 和 u 同分布，e 和 eu 独立，式 (3.4.4) 的左边可以写为

$$P\left\{\sup_{[\delta]}\sqrt{n}|P_n(\sin(ta^\tau e\cdot u^*\|X\|) - \sin(sb^\tau e\cdot u^*\|X\|))| > \eta \,\Big|\, \|X_n\|\right\}$$
$$= P\left\{\sup_{[\delta]}\sqrt{n}|P_n^\circ(\sin(ta^\tau u^*\|X\|) - \sin(sb^\tau u^*\|X\|))| > \eta \,\Big|\, \|X_n\|\right\} \quad (3.4.5)$$

其中，P_n° 表示符号测度，这里等于在 $u_i\|X_i\|$ 上的概率质量为 e_i/n，符号测度的定义可参考文献 Pollard (1984, p14).

接下来考虑给定 $U_n^* = (u_1^*,\cdots,u_n^*)$ 和 $\|X_n\|$ 时，式 (3.4.5) 的条件概率. 根据式 (3.4.5) 和以下不等式

$$|\sin(ta^\tau u^*\|X\|) - \sin(sb^\tau u^*\|X\|)| \leqslant \|ta - sb\|\,\|X\|,$$

以及 Hoeffding 不等式，可得

$$P\left\{\sqrt{n}|(P_n^\circ(\sin(ta^\tau u^*\|X\|) - \sin(sb^\tau u^*\|X\|))) > \eta c\|ta - sb\| \,\Big|\, \|\mathbf{X}_n\|, \mathbf{U}_n^*\right\}$$
$$\leqslant 2\exp(-\eta^2/32).$$

如果引用链引理 (Pollard, 1984, p144) 的结论对上式做进一步推导，还需要证明：对足够小的 $\delta > 0$，覆盖积分

$$J_2(\delta, \|\cdot\|, I\times S^d) = \int_0^\delta \{2\log\{(N_2(u, \|\cdot\|, I\times S^d))^2/u\}\}^{1/2}\mathrm{d}u \quad (3.4.6)$$

有限，其中，$\|\cdot\|$ 是 R^d 上的 Euclidean 范数. 覆盖数 $N_2(u, \|\cdot\|, I \times S^d)$ 的定义为：存在 l 个点 $t_1, \cdots, t_l$，对任意 $(t, a) \in I \times S^d$，有 $\min_{1 \leqslant i \leqslant l} \|ta - t_i a_i\| \leqslant u$，使得条件满足的最小整数 l 就是覆盖数.

显然

$$N_2(u/c, \|\cdot\|, I \times S^d) \leqslant cu^{-d}.$$

因此，对足够小的 $\delta > 0$，

$$J_2(\delta, \|\cdot\|, I \times S^d) \leqslant c \int_0^\delta (-\log u)^{1/2} \mathrm{d}u \leqslant c\delta \log \delta \leqslant c\delta^{1/2}.$$

所以，式 (3.4.6) 成立. 根据链引理，存在 $[\delta]$ 的可数稠密子集 $[\delta]^*$，满足

$$P\Big\{\sup_{[\delta]^*} \sqrt{n}|(P_n^\circ(\sin(ta^\tau u^*\|X\|) - \sin(sb^\tau u^*\|X\|))| > 26cJ_2(\delta, \|\cdot\|, I \times S^d)\Big|\|X_n\|, U_n^*\Big\}$$
$$\leqslant 2c\delta.$$

固定 $\|X_n\|$，由于

$$\sqrt{n}P_n^\circ\{\sin(ta^\tau u\|X\|) - \sin(sb^\tau u\|X\|)\},$$

关于 ta 和 sb 是连续函数，稠密子集 $[\delta]^*$ 可以被 $[\delta]$ 本身替换. 因此，选择合适的 δ，关于 U_n^* 求积分，式 (3.4.4) 的一致紧得证. 所以，得到过程的收敛性，也就证明了 $T_{n1}(U_n)$ 的收敛性. 根据 $\hat{A} - A = o_p(1/\sqrt{n})$ 和 $\hat{\mu} - \mu = o_p(1/\sqrt{n})$，类似于 $V_{n1}(U_n)$ 的收敛性证明过程，可证 $V_{n2}(U_n)$ 收敛到 V_2，以及 T_{n2} 的渐近有效性. 定理 3.3.1 证毕.

第 4 章 回归模型的降维型检验

4.1 引 言

参数模型通过含有有限个未知参数的函数来刻画协变量 X 对响应变量 Y 的影响. 模型使用起来比较方便, 但是究竟协变量和响应变量之间是不是满足这种函数关系, 统计推断结果是否正确, 先对模型做检验就非常重要.

假定 $(x_1, y_1), \cdots, (x_n, y_n)$ 为 i.i.d. 的观测数据, 数据满足下面的关系:

$$y_i = \phi(x_i) + \varepsilon_i, \quad i = 1, \cdots, n, \tag{4.1.1}$$

其中, y_i 的维数是 1 , $x_i = (x_i^{(1)}, \cdots, x_i^{(d)})'$ 为 d 维列向量, 且 ε_i 与 x_i 独立. 本章检验的问题是, 在原假设下,

$$H_0 : \phi(x) = \phi_0(\cdot, \beta) \tag{4.1.2}$$

对某些 β 成立, 其中, $\phi_0(\cdot, \cdot)$ 是已知函数.

对式 (4.1.2) 的假设检验问题, 文献中有很多非参数的方法, 其中之一是通过估计 $\phi(\cdot) - \phi_0(\cdot, \beta)$ 之后, 并基于它构造检验统计量. 通常用局部光滑的方法估计 ϕ(见文献 Härdle, Mammen (1993)). 这种局部光滑方法的优点在于: 估计用到数据的局部信息. 如果协变量是一维的, 可以用很多光滑方法, 且得到的检验有很好的功效. Hart(1997) 对这个问题做了全面的综述, 且包含有很多重要的参考文献. 如果协变量的维数变大, 用局部光滑的方法估计 $\phi(\cdot)$ 时, 要求数据量随着协变量维数的增大呈指数增加. 另一种检验式 (4.1.2) 的方法是全局光滑的方法, 此方法基于残差 $\hat{\varepsilon}_i = y_i - \phi_0(x_i, \beta_n)$ 构造统计量, 其中 β_n 为 β 的估计. 全局光滑检验包括 CUSUM 检验 (Buckley, 1991; Stute, 1997; Stute, González Manteiga , Presedo Quindimil, 1998) ; 基于更新变换的检验 (Stute, Thies , Zhu, 1998; Stute , Zhu, 2002) ; 以及得分类型的检验 (Stute , Zhu, 2005).

然而, 在实践中, 这两种类型的检验方法在检验残差和协变量之间的关系时缺乏灵活性. 因此, 实践工作者经常依赖于残差图的方法, 如通过残差和拟和值, 或者残差和一些协变量的散点图做模型检验. 但是如果协变量的维数很高, 又产生了新的问题, 特别是想在回归函数中包含所有可能的协变量之间的线性组合的情况.

本章提出了降维类型的检验, 找到一个好的协变量的投影方向画散点图, 构造检验统计量. 本章大部分的内容出自文献 Zhu (2003).

对任意 t，考虑

$$I_n(t) = \frac{1}{\sqrt{n}} \sum_{j=1}^{n} \hat{\Sigma}^{-1/2}(x_j - \bar{x})I(\hat{\varepsilon}_j \leqslant t), \tag{4.1.3}$$

其中，$I(\cdot)$ 为示性函数，也就是：如果 $\hat{\varepsilon}_j \leqslant t$，$I(\hat{\varepsilon}_j \leqslant t) = 1$，否则等于零．$\hat{\Sigma}$ 为样本 $x_j(j = 1, \cdots, n)$ 的协方差矩阵．对于任意 $a \in S^d = \{a : \|a\| = 1\}$，定义

$$T_n(a) = a^\tau \left[\frac{1}{n} \sum_{i=1}^{n}(I_n(x_i)I_n^\tau(x_i))\right] a. \tag{4.1.4}$$

检验统计量定义为

$$T_n := \sup_{a \in S^d} T_n(a). \tag{4.1.5}$$

在本章，通过最小二乘方法得到 β 的估计 β_n，即

$$\beta_n = \arg\min_\beta \sum_{j=1}^{n}(y_j - \phi_0(x_j, \beta))^2.$$

使得 $T_n(a)$ 在 $a \in S^d$ 得到最大值的向量 a，作为协变量的投影方向画残差图．由于式 (4.1.5) T_n 和 a 分别是矩阵 $\left[n^{-1} \sum_{i=1}^{n}(I_n(x_i)I_n^\tau(x_i))\right]$ 的最大的特征值和特征值所对应的特征向量，因此，统计量的计算相对容易一些．

实际上，构造统计量式 (4.1.5) 的思想是：如果原假设成立，误差 $\varepsilon = y - \phi_0(x, \beta)$ 和协变量 x 独立，在原假设 H_0 下，

$$E(\Sigma^{-1/2}(X - EX)|\varepsilon) = 0,$$

这里 Σ 是 X 的协方差矩阵．上式等价于

$$I(t) = E[\Sigma^{-1/2}(X - E(X))I(\varepsilon \leqslant t)] = 0 \text{对所有 } t \in R^1 \text{ 成立}.$$

因此，对任意 $a \in S^d$，

$$T(a) := a^\tau \left[\int (I(t))(I(t))^\tau \mathrm{d}F_\varepsilon(t)\right] a = 0,$$

其中，F_ε 是 ε 的分布函数．统计量 $T_n = \sup_a T_n(a)$ 为 $\sup_a nT(a)$ 的经验形式．如果 T_n 的值较大，拒绝原假设 H_0．

统计量 T_n 不需要用局部光滑方法估计，而且协变量投影方向也很容易确定，避免了高维协变量所带来的维数祸根问题．4.2 节研究了统计量的渐近性质．为了得到 p 值估计，4.3 节讨论了自助逼近和 NMCT 逼近的相合性．4.4 节通过模拟分析比较自助逼近和 NMCT 逼近所得到的检验功效，同时给出了相应的残差图．4.5 节讨论了本章所提出的方法．关于 4.2 节和 4.3 节中定理的证明在 4.6 节中给出．

4.2   检验统计量的渐近性质

在研究统计量渐近性之前，先给出最小二乘估计 β_n 的线性表示. 在一些正则条件下，β_n 可表示为

$$\beta_n - \beta = \frac{1}{n}\sum_{j=1}^{n} L(x_j, \beta)\varepsilon_j + o_p(1/\sqrt{n}),$$

其中，$L(X,\beta) = (E[(\phi_0'(X,\beta))(\phi_0'(X,\beta))^\tau])^{-1}\phi_0'(X,\beta)$，$\phi_0'$ 是 ϕ_0 关于 β 的导数在 β 的值. 特别地，如果 ϕ_0 是线性函数，

$$\beta_n = S_n^{-1} X_n Y_n,$$

其中，$X_n = (x_1 - \bar{x}, \cdots, x_n - \bar{x}), Y_n = (y_1 - \bar{y}, \cdots, y_n - \bar{y}), S_n = (X_n X_n^\tau)$.

记 $V_1(X) = \left(E[\Sigma^{-1/2}(X - E(X))(\phi_0'(X,\beta))^\tau]\right)L(X,\beta)$，下述定理给出 T_n 的渐近性质.

定理 4.2.1   假定 ε 的密度函数 f_ε 存在，$\phi_0(X,\beta)$ 关于 β 的导数 $\phi_0'(X,\beta)$ 连续. 存在 $\delta > 0$，使得 $\phi_0'(X,\beta)$ 的 $(2+\delta)$ 阶矩有限，且 $\phi_0'(X,\beta)$ 的协方差矩阵和 X 的协方差矩阵 Σ 都正定. 则在原假设 H_0 下，

$$I_n(t) = \frac{1}{\sqrt{n}}\sum_{j=1}^{n} \Sigma^{-1/2}(x_j - E(X))\Big(I(\varepsilon_j \leqslant t) - F_\varepsilon(t)\Big)$$

$$+ f_\varepsilon(t)\Big(E[\Sigma^{-1/2}(X - E(X))(\phi_0'(X,\beta))^\tau]\Big)\frac{1}{\sqrt{n}}\sum_{j=1}^{n} L(x_j,\beta)\varepsilon_j + o_p(1),$$

那么，$I_n(t)$ 在 Skorohod 空间 $D^d[-\infty, \infty]$ 上，依分布收敛到 Guassian 过程

$$I = B - f_\varepsilon \cdot N, \tag{4.2.1}$$

其中，$B = (B_1, \cdots B_d)^\tau$ 且它的各个分量 B_i 为 Gaussian 过程，对任意 t 和 s，B_i 的协方差函数是 $\mathrm{Cov}(B_i(t), B_i(s)) = F_\varepsilon(\min(t,s)) - F_\varepsilon(t)F_\varepsilon(s)$，$F_\varepsilon(t)$ 和 $f_\varepsilon(t)$ 分别是 ε 的分布和密度函数；N 的各个分量是正态分布 $N(0, \sigma^2 V)$，其中 $V = E(V_1 V_1^\tau)$. 不妨记 I 的各个分量为 $I^{(i)}$，对 $s \leqslant t$，$I^{(i)}$ 的协方差函数是

$$K^{(i)}(s,t) = F_\varepsilon(s) - F_\varepsilon(s)F_\varepsilon(t) + f_\varepsilon(s)f_\varepsilon(t)E(V_1^{(i)})^2$$

$$- f_\varepsilon(s)\int \varepsilon I(\varepsilon \leqslant t)\mathrm{d}F_\varepsilon E(V_1^{(i)}(\Sigma^{-1/2}(X - E(X)))^i)$$

$$- f_\varepsilon(t)\int \varepsilon I(\varepsilon \leqslant s)\mathrm{d}F_\varepsilon E(V_1^{(i)}(\Sigma^{-1/2}(X - E(X)))^i), \tag{4.2.2}$$

其中, $(\Sigma^{-1/2}(X - E(X)))^i$ 是向量 $\Sigma^{-1/2}(X - E(X))$ 的第 i 个分量. 根据过程 $I_n(t)$ 的收敛性质, 不难得出 T_n 依分布收敛到 $T = \sup_a a^\tau \left(\int (I(t)I(t)^\tau) \mathrm{d}F_\varepsilon(t) \right) a$.

值得一提的是, 根据定理 4.2.1 的结论, 并不能确定检验的 p 值, 这是因为我们并不知道 T 分布的分位点, 但是可以考虑用 NMCT 逼近克服这一困难.

4.3 蒙特卡罗逼近

首先考虑自助法逼近原假设下统计量的分布, 对本章的统计量, 自助法的基本步骤是: 用 $(x_i^*, y_i^*)(i = 1, \cdots, n)$ 表示参考数据, β_n^* 表示由参考数据根据最小二乘方法得到的估计. 给定 $\{(x_1, y_1), \cdots, (x_n, y_n)\}$, 相应 I_n 的条件过程是

$$I_n^*(t) = n^{-\frac{1}{2}} \sum_{j=1}^n (\hat{\Sigma}^*)^{-1/2} (x_j^* - \bar{x}^*) I(\hat{\varepsilon}_j^* \leqslant t), \tag{4.3.1}$$

其中, $\hat{\varepsilon}_j^*$ 是根据数据 (x_i^*, y_i^*) 得到的残差, 也就是 $\hat{\varepsilon}_j^* = y_j^* - \phi_0(x_j^*, \beta_n^*)$; 如果 ϕ_0 是线性函数, $\hat{\varepsilon}_j^* = y_j^* - (\beta_n^*)^\tau x_j^*$, $(\hat{\Sigma}^*)^{-1/2}$ 为 x_i^* 的样本协方差矩阵. 相应 T_n 的条件统计量是

$$T_n^* = \sup_a a^\tau \left[\int (I_n^*(t))(I_n^*(t))^\tau \mathrm{d}F_n^*(t) \right] a, \tag{4.3.2}$$

其中, F_n^* 是基于 $\varepsilon_i^*(i = 1, \cdots, n)$ 的经验分布. 为了估计检验 p 值, 产生 m 组数据 $\{(x_j^*, y_j^*), j = 1, \cdots, n\}^{(i)}(i = 1, \cdots, m)$, 得到 m 个 T_n^* 值. p 值的估计 $\hat{p} = k/m$, 其中 k 为 T_n^* 大于或者等于 T_n 的个数. 对给定的临界水平 α, 如果 $\hat{p} \leqslant \alpha$, 拒绝原假设.

我们可用三种不同的蒙特卡罗逼近法: Wild 自助法、NMCT 法, 以及传统的自助法. 接下来分别说明三种不同的算法:

算法 1 Wild 自助法. 记

$$x_i^* = x_i, \quad y_i^* = \phi_0(x_i, \beta_n) + \varepsilon_i^*,$$

其中, ε_i^* 定义为

$$\varepsilon_i^* = w_i^* \hat{\varepsilon}_i,$$

w_i^* 是 i.i.d. 的有界权重变量, 满足

$$E(w_i^*) = 0, \ \mathrm{Var}(w_i^*) = 1, \quad E|w^*|^3 < \infty. \tag{4.3.3}$$

对 Wild 自助法, 基于残差 $\hat{\varepsilon}_i^* = y_i^* - \phi_0(x_i, \beta_n^*)$, 构造式 (4.3.1) 的条件过程 I_{n1}^* 和式 (4.3.2) 的条件统计量 T_{n1}^*.

算法 2 NMCT 法. 记

$$x_i^* = e_i(x_i - \bar{x}), \quad \hat{\varepsilon}_i^* = \hat{\varepsilon}_i - \left(\frac{1}{n} \sum_{j=1}^n e_j L(x_j, \beta_n) \hat{\varepsilon}_j \right) e_i \phi_0'(x_i, \beta_n), \qquad (4.3.4)$$

其中, 权重变量 e_i 的选择和 Wild 自助法的选择方法一样. $L(\cdot, \cdot)$ 的定义见 β_n 的线性表达式. 如果模型是线性的, 式 (4.3.4) 可简化为 $x_i^* = e_i(x_i - \bar{x})$ 和

$$\hat{\varepsilon}_i^* = \hat{\varepsilon}_i - S_n^{-1} \left(\frac{1}{n} \sum_{j=1}^n x_j^* \hat{\varepsilon}_j \right) x_i^* =: \hat{\varepsilon}_i - (\beta_n^*)^\tau x_i^*. \qquad (4.3.5)$$

根据式 (4.3.4), 不难构造由 NMCT 法得到的条件过程和条件统计量, 分别记为 I_{n2}^* 和 T_{n2}^*.

算法 3 传统的自助法. 从 $\hat{\varepsilon}_i$ 中产生独立的自助数据, 记为 $e_1^*, \cdots, e_n^*$. 定义

$$x_i^* = x_i \quad \text{和} \quad y_i^* = \phi_0(x_j, \beta_n) + e_i^*.$$

所得到的残差 $e_i^* = y_i^* - \phi_0(x_j, \beta_n^*)$, 用它不难构造相应于式 (4.3.1) 和式 (4.3.2) 的条件过程和条件统计量, 分别记为 I_{n3}^* 和 T_{n3}^*.

正如文献研究所得, Wild 自助法对回归模型的检验是非常有效的逼近方法. Stute, González Manteiga 和 Presedo Quindimil (1998) 通过证明得到: 如果用基于残差标志经验过程构造检验统计量, 传统的自助法不相合, 而 Wild 自助法相合. 如果用数据分别拟合参数和非参数模型之后, 基于两个拟合模型之差构造统计量, 见文献 Härdle 和 Mammen (1993), 用传统自助法和 Wild 自助法逼近统计量的分布, 同样的结论成立. 有趣的是, 对本章提出的统计量, 结论正好相反, 也就是, 传统的自助法相合, 而 Wild 自助法不相合. NMCT 逼近也相合. 以下的定理说明传统自助法和 NMCT 逼近的相合性.

定理 4.3.1 如果定理 4.2.1 的假设条件成立, 在原假设 H_0 下, I_{n2}^* 和 I_{n3}^* 在 Skorohod 空间 $D^d[-\infty, \infty]$ 上以概率 1 弱收敛到过程 I^*, 这里 I^* 和定理 4.2.1 中定义的 I 同分布.

下面的定理给出 Wild 自助法逼近的不相合性.

定理 4.3.2 假定 w^* 以相同的概率取值 $w^* = \pm 1$, ε 的密度函数关于原点对称, 以及定理 4.2.1 的假设条件成立. 在原假设 H_0 下, I_{n1}^* 依分布不收敛到 $B - f_\varepsilon \cdot N$.

4.4 数值分析

4.4.1 功效研究

本章通过模拟分析说明本章提出检验的模拟结果. 由于 Wild 自助法对本章

所提出的统计量不相合, 只比较 Stute , González Manteiga 和 Presedo Quindimil (1998) 的检验 (T_S^*) , NMCT (T_{n2}^*) 法 (算法 2) , 以及传统自助法 (T_{n3}^*)(算法 3) 的模拟结果. 分析的模型为

$$y = a^\tau x + b(c^\tau x)^2 + \varepsilon, \tag{4.4.1}$$

其中, x 是 d 维协变量, d 的取值分别为 $d = 3, 6$. 如果 $d = 3$, $a = [1, 1, 2]^\tau$ 和 $c = [2, 1, 1]^\tau$; 如果 $d = 6$, $a = [1, 2, 3, 4, 5, 6]^\tau$ 和 $c = [6, 5, 4, 3, 2, 1]^\tau$. 为了研究检验对备择假设的敏感性, b 的取值分别为 $b = 0.00, 0.3, 0.7, 1.00, 1.50$ 和 2.00. $b = 0.00$ 对应于原假设 H_0 , $b \neq 0.00$ 对应于备择假设. 样本量 $n = 25$ 和 50 , 给定水平 $\alpha = 0.05$. 对 1000 次重复的每次试验, 产生 1000 组参考数据.

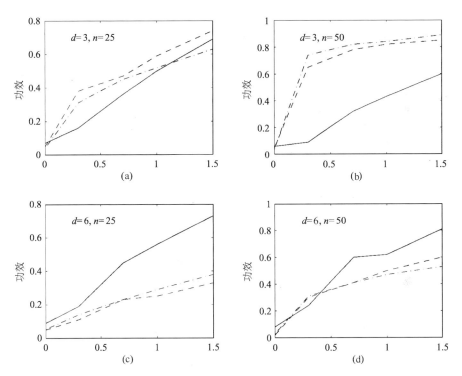

图 4.1　图 (a) 和 (b) 是 3 维协变量的检验功效; 图 (c) 和 (d) 是 6 维协变量的检验功效
实线、点划线, 虚线分别表示由 T_S^*, T_{n2}^* 和 T_{n3}^* 逼近统计量分布的检验功效

　　图 4.1 表示检验的功效图, 图中给出了三种方法的模拟结果. 首先, 根据图 4.1(a) 和图 4.1(b) , 随着样本量的增大, T_{n2}^* 和 T_{n3}^* 的功效明显比 T_S^* 的功效增加的快. 图 4.1(c) 和 (d) 也有这样的趋势. 其次, 如果协变量为 6 维, T_S^* 的功效很高, 但是在原假设下的功效与给定水平相差较大. 在原假设下, 功效的大小为 $0.09(d = 6,$ $n = 25)$

和 $0.083 (d = 6, \ n = 50)$. 相比较而言, T_{n2}^* 和 T_{n3}^* 有点保守. 再次, T_{n2}^* 和 T_{n3}^* 的模拟结果差不多. 由于 T_{n2}^* 的算法更容易实施, 对这个例子, 可考虑用 T_{n2}^* 逼近统计量的分布.

4.4.2 残差图

本节考虑 $\hat{\varepsilon}_i$ 和投影协变量 $\alpha^\tau x_i$ 的残差图, 这里 α 表示使式 $(4.1.5) T_n$ 最大的方向. 根据模型式 $(4.4.1)$ 中参数的不同取值, 分别产生四组样本量 $n = 50$ 的数据, 即: ① $a = [1,1,2]^\tau, b = 0$; ② $a = [1,1,2]^\tau, b = 1, c = [2,1,1]^\tau$; ③ $a = [1,2,3,4,5,6]^\tau, b = 0$; ④ $a = [1,2,3,4,5,6]^\tau, b = 1, c = [6,5,4,3,2,1]^\tau$. $b = 0$ 和 $b = 1$ 分别对应于线性和非线性模型. 图 4.2 表示原假设下拟合数据得到的残差和投影协变量的残差图. 根据图 4.2(a) 和 (c) 看不出残差和投影协变量之间有明显的关系, 但图 4.2(b) 和 (d) 说明它们之间的关系存在.

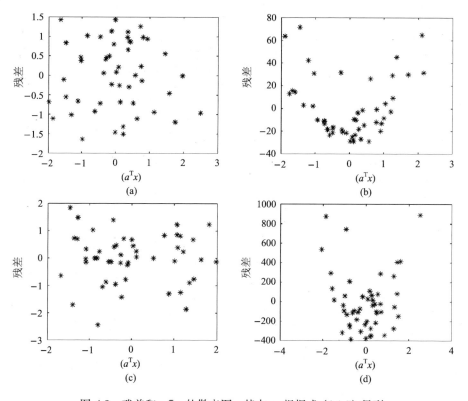

图 4.2 残差和 $\alpha^\tau x$ 的散点图, 其中 α 根据式 (4.1.5) 得到

图 (a) 和 (b) 为 3 维协变量时 $b = 0$ 和 $b = 1$ 的散点图; 图 (c) 和 (d) 为 6 维协变量时 $b = 0$ 和 $b = 1$ 的散点图

4.4.3 实例分析

本节通过实例研究检验的性质. 考虑 Dawkins (1989) 研究的 1984 年奥林匹克运动中男子各种不同径赛的比赛记录的数据. 文献中已经用主成分分析的方法研究了各个国家运动员的优势, 以及在各种长跑和短跑中各个国家的相对实力. 对 55个不同的国家, Dawkins 分别记录了男子 100 米, 200 米, 400 米, 800 米, 1500米, 5000 米, 10000 米以及马拉松赛跑中获胜的最快时间. 感兴趣的问题是: 各个国家的短跑实力和长跑实力之间有没有关系, 即: 一个国家如果长跑实力强, 是不是短跑实力同样强? 正如 Naik 和 Khattree (1996) 对这组数据研究时, 用运动员的速度, 而不是获胜的最快时间研究更合理一些. 把获胜的最快时间转换为速度, 分别记为 $x_1, \cdots, x_8$. 根据主成分分析的结果, 认为 100 米, 200 米和 400 米为短跑项目, 1500 米及以上为长跑项目. 考虑用线性模型拟和数据, 响应变量为 100 米短跑的速度, 1500 米, 5000 米, 10000 米以及马拉松赛跑的速度 $(x_5, \cdots, x_8)$ 为协变量. 由 T_S^*, T_{n2}^* 和 T_{n3}^* 逼近统计量分布得到的 p 值估计分别等于 0.02, 0.08和 0.01. 因此, 拒绝原假设, 也就是认为 100 米速度和长跑速度之间不存在线性关系. 从图 4.3(a) 看, 残差和 $\alpha^\tau x$ 之间存在某种关系. 如果去掉 Cook Islands 这一地方对应的数据点之后, 用数据重新拟合线性模型, 残差图 4.3(b) 没有明显的趋势说明残差和 $\alpha^\tau x$ 之间存在关系. 去掉这个数据点之后重新用 T_S^*, T_{n2}^* 和 T_{n3}^*逼近统计量在原假设的分布, p 值的估计分别是 0.57, 0.64 和 0.06, 此时可维持原假设, 100 米短跑速度和长跑速度之间存在线性关系. 我们可以认为 Cook Islands对应的数据点为异常值点.

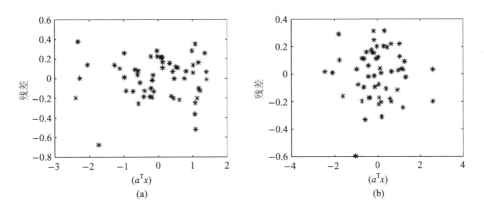

图 4.3 图 (a) 和 (b) 是残差和 $\alpha^\tau x$ 的散点图, 其中 α 根据式 (4.1.5) 确定, 两个图分别为有
Cook Islands 对应的数据点和没有这个数据点的两种情况

4.5   结   论

本章提出对回归模型降维类型的检验方法. 统计量和残差图通过投影协变量得到. 方法的计算很容易实施. 对所提出的检验, 模型必须满足协变量 X 和误差 ε 独立这一条件, 只有条件 $E(\varepsilon|x) = 0$ 成立不能构造本文的统计量. 另外, 本章中有趣的发现是: Wild 自助法不相合, 而 NMCT 法和传统自助法相合, 这说明用自助逼近的方法时要研究它的相合性.

4.6   定理的证明

为了简化证明的步骤, 本节不妨假设 X 是一维协变量, $\phi_0(X, \beta)$ 是线性函数 $\beta^\tau X$. 之所以可以这样假定, 是因为从渐近的意义上讲, $\phi_0(X, \beta_n) - \phi_0(X, \beta) = (\beta_n - \beta)^\tau \phi_0'(X, \beta)$, 且类似于线性函数的情况, $\beta_n - \beta$ 也有渐近线性表示. 所以, 对一般参数函数 ϕ_0 的证明和线性函数的证明基本上一致. 进一步假定 Σ 为单位矩阵, 且用单位矩阵本身估计 $\hat{\Sigma}$, 用这种估计和用样本协方差矩阵估计所得到的渐近结果一致.

首先给出一个引理. 引理对本章所有定理的证明都非常重要.

引理 4.6.1   假定序列 $\theta_n = O(n^{-c})$ 对某些 $c > 1/4$ 成立, 密度函数 f_ε 有界, 且存在 $\delta > 0$, 使 $E\|x\|^{2+\delta} < \infty$, 则当 $n \to \infty$ 时,

$$
\begin{aligned}
\sup_{\theta_n, t} R_n(\theta_n, t) &= \sup_{\theta_n, t} |\frac{1}{\sqrt{n}} \sum_{j=1}^{n} (x_j - Ex)\{I(\varepsilon_j - \theta_n^\tau(x_j - Ex) \leqslant t) - I(\varepsilon_j \leqslant t) \\
&\quad - F_\varepsilon(t + \theta_n^\tau(x_j - Ex)) + F_\varepsilon(t)\}| \\
&=: \sup_{\theta_n, t} |\frac{1}{\sqrt{n}} \sum_{j=1}^{n} g_n(x_j, \varepsilon_j, \theta_n, t)| \longrightarrow 0, \text{a.s.} \quad (4.6.1)
\end{aligned}
$$

证   对任意 $\eta > 0$, 根据 Pollard 对称不等式 (Pollard, 1984, p14), 对每个 t 和 θ_n, 只要

$$
P\{|R_n(\theta_n, t)| \geqslant \frac{\eta}{2}\} \leqslant \frac{1}{2} \quad (4.6.2)
$$

成立, 那么对足够大的 n,

$$
P\{\sup_{\theta_n, t} |R_n(\theta_n, t)| \geqslant \eta\} \leqslant 4P\{\sup_{\theta_n, t} |\frac{1}{\sqrt{n}} \sum_{j=1}^{n} \sigma_j g(x_j, \varepsilon_j, \theta_n, t)| \geqslant \frac{\eta}{4}\} \quad (4.6.3)
$$

根据 Chebychev 不等式 和假定条件, 式 (4.6.2) 的左边小于或者等于 $4\theta_n \mathrm{cov}(x)/\eta$. 因此, 只要 n 足够大, 式 (4.6.2) 成立. 对式 (4.6.3) 的右边项, 由于 $g(\cdot, \cdot, \theta_n, t)$ 组成

的所有函数组以多项式的速度识别有限多个点 (Gaenssler , 1983) , 根据 Hoeffding 不等式 (Pollard, 1984, p16) , 存在 $w > 0$,

$$P\{\sup_{\theta_n,t}|\frac{1}{\sqrt{n}}\sum_{j=1}^{n}\sigma_j g(x_j,\varepsilon_j,\theta_n,t)| \geqslant \frac{\eta}{4}|x_1\cdots x_n, \varepsilon_1\cdots\varepsilon_n\}$$

$$\leqslant \left(cn^w \sup_{\theta_n,t}\exp\left[-\frac{\eta^2}{32\sup_t \frac{1}{n}\sum_{j=1}^{n}g^2(x_j,\varepsilon_j,\theta_n,t)}\right]\right) \wedge 1, \qquad (4.6.4)$$

其中, "$\wedge$" 表示取最小. 为了使幂函数中分母有界, 类似于文献 (Pollard, 1984, p31) 中引理 II. 33 的处理方法, 对任意 $c_1 > 0$, 存在 $c_2 > 0$, 满足

$$\sup_{\theta_n,t}\frac{1}{n}\sum_{j=1}^{n}|I(\varepsilon_j - \theta_n^\tau(x_j - Ex) \leqslant t) - I(\varepsilon_j \leqslant t)|^{c_1} = o_p(n^{-c_2}). \qquad (4.6.5)$$

根据 Hölder 不等式, 存在 $c_2 > 0$, $g^2(\cdot,\cdot,\theta_n,t)$ 的样本均值小于或者等于 $n^{-1}\sum_{j=1}^{n}$ $(x_j - Ex)^{2+\delta}$ 的幂和 n^{-c_2} 的乘积. 这说明式 (4.6.4) 的右边趋于零, 求积分可得式 (4.6.3) 趋于零. 引理 4.6.1 证毕.

定理 4.2.1 的证明 对 Koul(1992) 定理 2.3.3 的证明过程做一些修改, 或者根据引理 4.6.1 的结论, 定理 4.2.1 不难证明, 具体细节不再赘述.

定理 4.3.1 的证明 先推导 I_{n2}^* , 根据 I_{n2}^* 的表达式和式 (4.3.5) ,

$$I_{n2}^*(t) = \frac{1}{\sqrt{n}}\sum_{j=1}^{n}x_j^*\{I(\hat{\varepsilon}_j - (\theta_n^*)^\tau x_j^* \leqslant t) - F_n^*(t)\}$$

其中,

$$F_n^*(t) = \frac{1}{n}\sum_{j=1}^{n}I(\hat{\varepsilon}_j - (\theta_n^*)^\tau x_j^* \leqslant t).$$

I_{n2}^* 可分解为

$$I_{n2}^*(t) = R_n^*(t) + R_{n1}^*(t) + R_{n2}^*(t) - R_{n3}^*(t),$$

其中,

$$R_n^*(t) = \frac{1}{\sqrt{n}}\sum_{j=1}^{n}\{[x_j^*(I(\hat{\varepsilon}_j - \theta_n^\tau x_j^* \leqslant t) - I(\hat{\varepsilon}_j \leqslant t))$$
$$-E_w[x_j^*(I(\hat{\varepsilon}_j - \theta_n^\tau x_j^* \leqslant t) - I(\hat{\varepsilon}_j \leqslant t))]\}$$

$$R_{n1}^*(t) = \frac{1}{\sqrt{n}}\sum_{j=1}^{n}x_j^*\{I(\hat{\varepsilon}_j \leqslant t) - F_n(t)\},$$

$$R_{n2}^*(t) = \frac{1}{\sqrt{n}} \sum_{j=1}^n \{E_w x_j^*[I(\hat{\varepsilon}_j - (\theta_n^*)^\tau x_j^* \leqslant t) - I(\hat{\varepsilon}_j \leqslant t)]\},$$

$$R_{n3}^*(t) = \frac{1}{\sqrt{n}} \sum_{j=1}^n E_w\{x_j^*[F_n^*(t) - F_n(t)]\}. \tag{4.6.6}$$

其中 E_w 表示关于变量 w^* 求积分. 对任意满足 $\|\theta_n\| \leqslant c\log n/n^{\frac{1}{2}}$ 的 θ_n 以及几乎所有的序列 $\{(x_1,y_1),\cdots,(x_n,y_n),\cdots\}$, 根据 $\theta_n^* = O_p(1/\sqrt{n})$, 类似引理 4.6.1 的证明, 有

$$R_n^*(t) \to 0 \qquad \text{a.s.} \tag{4.6.7}$$

关于 t 一致成立. 接下来证明 R_{n1}^* 依分布收敛到 Gaussian 过程 B, R_{n2}^* 依分布收敛到 $f_\varepsilon \cdot N$, 且 R_{n3}^* 依概率收敛到零. 根据 Pollard (1984, p157) 的定理 VII, 对几乎所有序列 $\{(x_1,y_1),\cdots,(x_n,y_n),\cdots\}$, 可得 R_{n1}^* 的收敛性. 证明的基本步骤为: 首先, 证明 R_{n1}^* 的协方差函数几乎处处收敛到 B 的协方差函数. 通过一些初等计算不难得到这个结论. 其次, 验证是否满足 Pollard(1984) 定理 VII.21 的条件, 主要是文献 157 页的条件 (22). 类似于引理 4.6.1 的证明, 由 $x^*(I(\hat{\varepsilon} \leqslant \cdot) - F_n(\cdot))$ 组成的所有函数族 (这个函数族依赖于 n) 依多项式的速度识别有限多个点, 见文献 (Gaenssler, 1983), 根据 Pollard (1984, p150) 的引理 VII 15, 条件 (22) 成立, 略去证明的具体细节. 注意到 $\sqrt{n}(F_n^* - F_n)$ 和 $n^{-1/2}\sum_{j=1}^n x_j^*$ 极限有限, 很容易证明 R_{n3}^* 收敛到零. 接下来只需研究 R_{n2}^* 的性质. 记

$$R_{n21}^*(t) = E_w\left\{\frac{1}{\sqrt{n}} \sum_{j=1}^n x_j^*[(I(\hat{\varepsilon}_j - (\theta_n^*)^\tau x_j^* \leqslant t) - F_\varepsilon(t + (\beta_n - \beta)^\tau(x_j - \bar{x}) + (\theta_n^*)^\tau x_j^*)\right.$$

$$\left. - (I(\hat{\varepsilon}_j \leqslant t) - F_\varepsilon(t + (\beta_n - \beta)^\tau(x_j - \bar{x})))]\right\}$$

$$=: E_w\left\{\frac{1}{\sqrt{n}} \sum_{j=1}^n x_j^*[...]\right\}.$$

由于 $\hat{\varepsilon} = \varepsilon - (\beta_n - \beta)^\tau(x_j - \bar{x})$, 根据 Pollard (1984, p31) 引理 II. 33, 对几乎所有序列 $\{(x_1,y_1),\cdots,(x_n,y_n),\cdots\}$

$$\sup_t \frac{1}{n} \sum_{j=1}^n (x_j^*)^2[\cdots]^2 = o(n^{-c_2}) \quad \text{a.s.}$$

成立. 类似于引理 4.6.1 的证明, 可得 R_{n21}^* 关于 t 一致依概率收敛到零. 根据

$E_w\big[x_j^*(I(\hat\varepsilon_j \leqslant t) - F_\varepsilon(t + (\beta_n - \beta)(x_j - \bar x)))\big] = 0$ ，则

$$R_{n2}^*(t) - R_{n21}^*(t) = \frac{1}{\sqrt n}\sum_{j=1}^n E_w\Big[x_j^*\{F_\varepsilon(t + (\beta_n - \beta)^\tau(x_j - \bar x) + (\theta_n^*)^\tau x_j^*)$$

$$-F_\varepsilon(t + (\beta_n - \beta)^\tau(x_j - \bar x))\}\Big]$$

$$= \frac{1}{\sqrt n}\sum_{j=1}^n E_w\big[x_j^*(\theta_n^*)^\tau x_j^*\big]f_\varepsilon(t) + o_p(1)$$

$$= E_w\left[\frac{1}{\sqrt n}\sum_{j=1}^n (w^*)^2(x_j - \bar x)(x_j - \bar x)^\tau(\theta_n^*)\right]f_\varepsilon(t) + o_p(1)$$

$$=: E_w[\cdots]f_\varepsilon(t) + o_p(1).$$

由于上式求和式 $[\cdots]$ 渐近等于 $n^{-1/2}\sum_{j=1}^n x_j^*\hat\varepsilon_j$，根据中心极限定理，对几乎所有序列 $\{(x_1, y_1), \cdots, (x_n, y_n), \cdots\}$，求和式渐近正态，上式依分布收敛到 $f_\varepsilon \cdot N$. I_{n2}^* 的收敛性证毕.

接下来证明 I_{n3}^* 的收敛性. 由于

$$I_{n3}^*(t) = \frac{1}{\sqrt n}\sum_{j=1}^n (x_j - Ex)\{I(\hat\varepsilon_j^* - (\beta_n^* - \beta_n)^\tau(x_j - \bar x) \leqslant t) - F_n^*(t)\},$$

其中，

$$F_n^*(t) = \frac{1}{n}\sum_{j=1}^n I(\hat\varepsilon_j^* - (\beta_n^* - \beta_n)(x_j - \bar x) \leqslant t).$$

类似于式 (4.6.6)，把 I_{n3}^* 分解为

$$I_{n2}^*(t) = J_n^*(t) + J_{n1}^*(t) + J_{n2}^*(t) - J_{n3}^*(t),$$

其中，

$$J_n^*(t) = \frac{1}{\sqrt n}\sum_{j=1}^n \{(x_j - Ex)(I(\hat\varepsilon_j^* - \theta_n^\tau(x_j - \bar x) \leqslant t) - I(\hat\varepsilon_j^* \leqslant t)$$

$$- E^*[I(\hat\varepsilon_j^* - \theta_n^\tau(x_j - \bar x) \leqslant t) - I(\hat\varepsilon_j^* \leqslant t)])\},$$

$$J_{n1}^*(t) = \frac{1}{\sqrt n}\sum_{j=1}^n (x_j - Ex)\{I(\hat\varepsilon_j^* \leqslant t) - F_n(t)\},$$

$$J_{n2}^*(t) = \frac{1}{\sqrt n}\sum_{j=1}^n (x_j - Ex)E^*\{[I(\hat\varepsilon_j^* - \theta_n^\tau(x_j - \bar x) \leqslant t) - I(\hat\varepsilon_j^* \leqslant t)]\},$$

$$J_{n3}^*(t) = \frac{1}{\sqrt n}\sum_{j=1}^n (x_j - Ex)E^*\{[F_n^*(t) - F_n(t)]\}. \tag{4.6.8}$$

类似于 $R_n^*(t)$ 的收敛性证明, 对任意满足 $||\theta_n|| \leqslant c\log n/n^{\frac{1}{2}}$ 的 θ_n, 以及几乎所有序列 $\{(x_1, y_1), \cdots, (x_n, y_n), \cdots\}$,

$$J_n^*(t) \longrightarrow \quad 0 \qquad \text{a.s..}$$

关于 t 一致成立, 这里 E^* 表示关于 ε_i^* 的积分. 分别与 R_{n1}^*, R_{n2}^* 和 R_{n3}^* 的收敛性证明相似, 可得 J_{n1}^* 依分布收敛到 B, J_{n2}^* 依分布收敛到 $f_\varepsilon \cdot N$, 以及 J_{n3}^* 依概率收敛到零. 证明的细节不再重述.

定理 4.3.2 的证明　证明的过程和定理 4.3.1 的证明过程类似, 这里只给出证明的框架. 记

$$R_{n4}^* = \frac{1}{\sqrt{n}} \sum_{j=1}^n (x_j - \bar{x}) \{I(\varepsilon_j^* - (\beta_n^* - \beta_n)^\tau (x_j - \bar{x}) \leqslant t) - I(\varepsilon_j^* \leqslant t)\}.$$

先考虑 $R_{n4}^* - E_{w^*} R_{n4}^*$, 其中,

$$E_{w^*} R_{n4}^* = \frac{1}{\sqrt{n}} \sum_{j=1}^n (x_j - \bar{x}) E_{w_j^*} \{I(w_j^* \hat{\varepsilon}_j - (\beta_n^* - \beta_n)^\tau (x_j - \bar{x}) \leqslant t) - I(w_j^* \hat{\varepsilon}_j \leqslant t)\},$$

其中, E_{w^*} 是关于 w^* 的期望. 由于 $\beta_n^* - \beta_n = O(\log n/\sqrt{n})$ a.s., 类似于引理 4.6.1 的证明, 对几乎所有序列 $\{(x_1, y_1), \cdots, (x_n, y_n), \cdots\}$, 可证

$$R_{n4}^*(t) - E_{w^*} R_{n4}^*(t) \longrightarrow 0 \text{ a.s.}$$

在 $t \in R^1$ 上一致成立. 把 $I_{n1}^*(t)$ 分解为

$$I_{n1}^*(t) \quad = \quad R_{n4}^*(t) - E_{w^*} R_{n4}^*(t) + R_{n5}^*(t) + E_{w^*} R_{n4}^*(t),$$

其中, $R_{n5}^*(t) = n^{-1/2} \sum_{j=1}^n (x_j - \bar{x}) I(\varepsilon_j^* \leqslant t)$. 接下来证明 $E_{w^*} R_{n4}^*$ 依分布收敛到 $-f_\varepsilon \cdot N$. 用 E_{ε, w^*} 表示关于 ε 和 w^* 的期望, 定义

$$E_{\varepsilon, w^*} R_{n41}^*(t)$$
$$= \quad \frac{1}{\sqrt{n}} \sum_{j=1}^n (x_j - \bar{x}) [E_{\varepsilon_j, w_j^*} I(w_j^* \hat{\varepsilon}_j - (\beta_n^* - \beta_n)(x_j - \bar{x}) \leqslant t) - E_{\varepsilon_j w_j^*} I(w_j^* \hat{\varepsilon}_j \leqslant t)].$$

则

$$E_{w^*} R_{n4}^*(t) = \{E_{w^*} R_{n4}^*(t) - E_{\varepsilon, w^*} R_{n41}^*(t)\} + E_{\varepsilon, w^*} R_{n41}^*(t).$$

类似引理 4.6.1 的证明过程, 可得 $E_{w^*} R_{n4}^*(t) - E_{\varepsilon, w^*} R_{n41}^*(t) \to 0$ a.s. 在 $t \in R^1$ 上一致成立. 现在证明 $E_{\varepsilon, w^*} R_{n41}^*(t)$ 的收敛性, 由于对每个 j, $E_{w_j^*} I(w_j^* \hat{\varepsilon}_j \leqslant t) =$

$1/2I(\hat{\varepsilon}_j \leqslant t) + 1/2I(-\hat{\varepsilon}_j \leqslant t)$，则

$$E_{\varepsilon_j, w_j^*} I(w_j^* \hat{\varepsilon}_j \leqslant t) = \frac{1}{2} F_{\varepsilon} \left(\frac{t - (\beta_n - \beta)_{(j)}^{\tau} (x_j - \bar{x})}{1 - (x_j - \bar{x})^{\tau} S_n^{-1} (x_j - \bar{x})} \right)$$
$$+ \frac{1}{2} \left(1 - F_{\varepsilon} \left(\frac{-t + (\beta_n - \beta)_{(j)}^{\tau} (x_j - \bar{x})}{1 - (x_j - \bar{x})^{\tau} S_n^{-1} (x_j - \bar{x})} \right) \right)$$

这里 $(\beta_n - \beta)_{(j)} = S_n^{-1} \sum_{i \neq j} (x_j - \bar{x}) \varepsilon_i$. 根据 Taylor 展开式，

$$E_{\varepsilon w^*}(R_{n41}^*(t))$$
$$= -\frac{1}{2\sqrt{n}} \sum_{j=1}^{n} (x_j - \bar{x})(x_j - \bar{x})^{\tau} (\beta_n - \beta)(f_{\varepsilon}(t) + (f_{\varepsilon}(-t)) + o_p(1) \quad \text{a.s.}$$
$$= -f_{\varepsilon}(t) \cdot N + o_p(1) \text{ a.s.}$$

上式最后一个等式根据 f_{ε} 的对称性得到. 接下来只需证明 R_{n5}^* 并不依分布收敛到 Gaussian 过程 B，这个结论只要对每个 t 计算 R_{n5}^* 和 $B(t)$ 的方差就可以. 事实上，

$$\lim_{n \to \infty} \text{Var}(R_{n5}^*(t)) = \frac{1}{4} E(I(\varepsilon \leqslant t) - I(-\varepsilon \leqslant t))^2.$$

上式不等于 $\text{Var}(B(t)) = F_{\varepsilon}(t)(1 - (F_{\varepsilon}(t))$. 定理证毕.

第 5 章　部分线性模型的拟合优度检验

5.1　引　　言

本章考虑部分线性模型的拟合优度检验，部分线性模型的定义为

$$Y = \beta' X + g(T) + \varepsilon,$$

其中，X 是 d 维随机向量；T 是 d_1 维随机向量；β 是 d 维未知参数；$g(\cdot)$ 是未知可测函数；给定 (T, X)，ε 的条件期望等于零. 在本章，不妨假定 X 的均值为零. 关于 β 和 g 估计的文献很多，如 Cuzick (1992), Engle et al. (1986), Mammen 和 van de Geer (1997), Speckman (1988).

如果用部分线性模型拟合独立数据 $(t_1, x_1, y_1), \cdots, (t_n, x_n, y_n)$，对模型的检验是非常重要的. 本章研究的检验问题是：在原假设下

$$H_0 : E(Y|X = \cdot, T = \cdot) = \alpha + \beta' \cdot + g(\cdot) \text{ 对某些 } \alpha, \beta \text{ 和 } g \text{ 成立}, \tag{5.1.1}$$

备择假设为

$$H_1 : E(Y|X = \cdot, T = \cdot) \neq \alpha + \beta' \cdot + g(\cdot) \text{ 对任意 } \alpha, \beta \text{ 和 } g \text{ 成立}.$$

对参数模型的检验，文献中已经有很多研究. 例如，Dette (1999) 提出基于不同方差估计的检验；Eubank 和 Hart(1992) 研究了得分类型的检验；Eubank 和 LaRiccia (1993) 根据变量选择提出了一种方法；Härdle 和 Mammen (1993) 基于参数和非参数拟合之间的差异构造检验统计量；Stute (1997) 研究了非参数主成分分解，在协变量是一维的情况下，得出检验的一些最优性；Stute, González Manteiga 和 Presedo Quindimil(1998) 基于残差标志过程构造统计量；Stute, Thies 和 Zhu (1998)，以及 Stute 和 Zhu (2002) 提出的更新过程可以很容易确定 p 值；Fan 和 Huang (2001) 提出了适应 Neyman 检验；Stute 和 Zhu (2005) 对单指标模型研究了得分类型的检验；Hart (1997) 这本书包含很多关于检验的文献. 本章大部分内容出自文献 Zhu 和 Ng (2003).

本章通过残差标志经验过程构造统计量. 文献中已有一些构造统计量的方法. 用残差标志过程检验的主要原因是：由于本章所研究的是多元协变量，如果根据用参数和非参数两种方法分别拟合模型之后的差异 (Härdle, Mammen, 1993) 构造检验，用局部光滑方法估计非参数函数，可能会带来维数祸根问题. 关于适应 Neyman 检验 (Fan, Huang, 2001)，非参数估计 $g(\cdot)$ 之后，我们并不知道检验在原假设下的

分布是否好处理. 而且, 检验的功效依赖于函数 $\varepsilon_j = y_j - \beta' x_j - g(t_j)$ 的光滑程度. 正如 Fan 和 Huang (2001) 所提到的, 在某些情况下, 如何光滑函数是一个具有挑战性的问题.

另一方面, 基于残差标志经验过程构造的全局光滑检验虽然对备择假设是高频率的回归函数不太敏感, 但是它具有如下很好的性质:

(1) 检验对所有全局备择假设相合;

(2) 检验可以检测到以 $n^{-1/2}$ 的速度逼近原假设的局部备择假设;

(3) 统计量的渐近分布不依赖误差的分布;

(4) 只需用非参数方法估计低维的非参数函数 $g(\cdot)$.

在文献中, 拟合优度检验检测到逼近原假设的备择假设的最快速度是 $n^{-1/2}$. 适应 Neyman 检验的最优速度是 $O(n^{-2s/(4s+2)}(\lg \lg n)^{s/(4s+1)})$ 对某些 $s > 0$ 成立 (Spokoiny, 1996; Fan, Huang, 2001). 理论上讲, 这说明本章所提出的检验对某些局部备择假设更敏感, 且第 4 个性质对多元变量的回归是非常重要的.

由于统计量在原假设下的小样本分布或者极限分布并不容易处理, 为了估计 p 值, 和第 4 章的处理方法一致, 用蒙特卡罗方法逼近检验在原假设下的分布. 对本章中研究的部分线性模型中含有非参数函数 $g(\cdot)$, 处理更复杂一些. 对参数回归模型, 已经证明传统自助法逼近不相合 (Stute, González Manteiga and Presedo Quindimil , 1998). 即使是 Wild 自助法逼近, 并不确定它一定相合, 比如在第 4 章关于参数模型的检验, 以及第 7 章关于异方差性的检验, Wild 自助法都不相合.

为了解决上述问题, 本章用 1.2.3 节中提出的 NMCT 法.

5.2 检验统计量及其极限性质

5.2.1 构造统计量的思想和方法

对任意权重函数 $w(\cdot)$, 记

$$U(T, X) = X - E(X|T), \quad V(T, Y) = Y - E(Y|T) \tag{5.2.1}$$

以及

$$\beta = S^{-1} E[U(T, X)V(T, Y)w^2(T)], \quad \gamma(t) = E(Y|T = t), \tag{5.2.2}$$

其中, 假定 $S = E(UU'w^2(T))$ 正定. 显然, 原假设 H_0 成立的条件是当且仅当

$$E(Y|X, T) = \beta' U(T, X) + \gamma(T).$$

也就是

$$E[(Y - \beta' U(T, X) - \gamma(T))|(X, T)] = 0.$$

根据条件期望的定义, 上式等价于: 对所有 t, x,

$$E\{[Y - \beta'U(T,X) - \gamma(T)]w(T)I(T \leqslant t, X \leqslant x)\} = 0, \tag{5.2.3}$$

其中, "$X \leqslant x$" 表示 X 的每个分量小于或者等于 x 的相应分量, 类似地可得 "$T \leqslant t$" 的定义. 基于观测数据, 式 (5.2.3) 左边的经验形式为

$$\frac{1}{n}\sum_{j=1}^{n}[y_j - \beta'U(t_j,x_j) - \gamma(t_j)]w(t_j)I(t_j \leqslant t, x_j \leqslant x).$$

其中, 参数 β, 函数 $E(X|T=\cdot)$ 和 $\gamma(\cdot)$ 分别用对应的相合估计 $\hat{\beta}$, $\hat{E}(X|T=\cdot)$ 和 $\hat{\gamma}(\cdot)$ 代替, 得到残差 $\hat{\varepsilon}_j = y_j - \hat{\beta}'\hat{U}(t_j,x_j) - \hat{\gamma}(t_j)$, 其中 $\hat{U}(t_j,x_j) = x_j - \hat{E}(X|t_j)$. 参数 β, 函数 $\gamma(\cdot)$ 和 $E(X|T=\cdot)$ 的具体估计表达式将在下一节讨论. 考虑残差标志经验过程

$$R_n(t,x) = \frac{1}{\sqrt{n}}\sum_{j=1}^{n}\hat{\varepsilon}_j w(t_j)I(t_j \leqslant t, x_j \leqslant x). \tag{5.2.4}$$

本章提出基于上述残差标志过程的检验统计量

$$CV_n = \int (R_n(T,X))^2 \mathrm{d}\,F_n(T,X), \tag{5.2.5}$$

其中, F_n 是基于 $\{(t_1,x_1),\cdots,(t_n,x_n)\}$ 的经验分布. 如果 CV_n 的值较大, 拒绝原假设.

值得一提的是, CV_n 并不是刻度不变统计量. 在通常情况下, 用常数, 如 CV_n 方差的极限估计, 标准化 CV_n. 如果可以得到检验在原假设下的极限分布, 且通过此极限分布可以确定 p 值, 如 Fan 和 Huang (2001), 选择较好的标准化常数就非常重要, 因为它的选择关系到检验功效的好坏. 然而, 并不容易选择到好的标准化常数. 但是, 对本章中的统计量, 并不需要标准化 CV_n, 因为用 NMCT 逼近时, 给定 (t_i,x_i,y_i), 它永远为定常数值. 因此, 这个标准化常数对 NMCT 逼近产生的条件分布没有任何影响, 这是 NMCT 逼近的另一优势, 具体的细节见 5.2.3 节.

5.2.2 β 和 γ 的估计

根据式 (5.2.1) 和式 (5.2.2), 构造 β 和 γ 估计. 对 $i=1,\cdots,n$, 定义

$$\hat{f}_i(t_i) = \frac{1}{n}\sum_{j\neq i}^{n}k_h(t_i - t_j),$$

$$\hat{E}_i(X|T = t_i) = \frac{1}{n}\sum_{j \neq i}^{n} x_j k_h(t_i - t_j)/\hat{f}_i(t_i),$$

$$\hat{E}_i(Y|T = t_i) = \frac{1}{n}\sum_{j \neq i}^{n} y_j k_h(t_i - t_j)/\hat{f}_i(t_i),$$

$$\hat{U}(t_i, x_i) = x_i - \hat{E}_i(X|T = t_i), \quad \hat{V}(t_i, y_i) = y_i - \hat{E}_i(Y|T = t_i),$$

$$\hat{S} = \hat{E}(\hat{U}\hat{U}'w^2(T)) = \frac{1}{n}\sum_{j=1}^{n} \hat{U}(t_j, x_j)\hat{U}(t_j, x_j)'w^2(t_j).$$

其中，$k_h(t) = (1/h)K(t/h)$，$K(\cdot)$ 是假设条件 5.5.1 小节所定义的核函数. β 和 γ 的估计分别为

$$\hat{\beta} = (\hat{S})^{-1}\frac{1}{n}\sum_{j=1}^{n} \hat{U}(t_j, x_j)\hat{V}(t_j, y_j)w^2(t_j), \quad \hat{\gamma}(t_i) = \hat{E}_i(Y|T = t_i). \tag{5.2.6}$$

估计 $\hat{\beta}$ 和 $\hat{\gamma}$ 具有以下渐近结果.

定理 5.2.1 假定第 5.5.1 节的条件 1～6 成立，有

$$\sqrt{n}(\hat{\beta} - \beta) = S^{-1}\frac{1}{\sqrt{n}}\sum_{j=1}^{n} U(t_j, x_j)\varepsilon_j w^2(t_j) + O_p([\frac{1}{h\sqrt{n}} + h^2\sqrt{n}]^{1/2})$$

$$\tag{5.2.7}$$

依分布收敛到 $N(0, S^{-1}E[U(T, X)U(T, X)'w^4(T)\varepsilon^2]S^{-1})$，其中 $N(0, \Lambda)$ 表示均值为零，协方差矩阵为 Λ 的正态分布，且对任意 $[a,b]$ 满足 $0 < a < b < 1$，有

$$\sup_{a \leqslant t \leqslant b}|\hat{\gamma}(t) - \gamma(t)| = O_p(\frac{1}{\sqrt{nh}} + h). \tag{5.2.8}$$

5.2.3 统计量的渐近性质

以下定理说明 R_n 和 CV_n 的渐近性. 记

$$J(T, X, Y, \beta, U, S, F(X|T), t, x)$$
$$= \varepsilon w(T)\Big\{I(T \leqslant t, X \leqslant x) - E\Big[I(T \leqslant t, X \leqslant x)U(T, X)'w(T)\Big]S^{-1}U(T, X)$$
$$\quad -F(X|T)I(T \leqslant t)\Big\},$$

其中，$F(x|T)$ 是给定 T 时，X 的条件分布.

定理 5.2.2 假定第 5.5.1 节的条件 1～6 成立，在原假设 H_0 下，

$$R_n(t, x) = \frac{1}{\sqrt{n}}\sum_{j=1}^{n} J(t_j, x_j, y_j, \beta, U, S, F(x_j|t_j), t, x,) + o_p(1)$$

在 Skorokhod 空间 $D[-\infty, +\infty]^{(d+1)}$ 上依分布收敛到中心化的连续 Gaussian 过程 R, 对任意 (t_1, x_1) 和 (t_2, x_2), R 的协方差函数是

$$E(R(t_1, x_1)(R(t_2, x_2)) \tag{5.2.9}$$
$$= E\big(J(T, X, Y, \beta, U, S, F(X|T), t_1, x_2,)J(T, X, Y, \beta, U, S, F(X|T), t_2, x_2)\big).$$

因此, CV_n 依分布收敛到 $CV := \int R^2(T, X)\mathrm{d}F(T, X)$, 其中 $F(\cdot, \cdot)$ 表示 (T, X) 的分布函数.

下面研究检验对局部备择假设的敏感性, 考虑指标 n 的备择假设

$$E(Y|X, T) = \alpha + \beta'X + g(T) + g_1(T, X)/\sqrt{n}. \tag{5.2.10}$$

定理 5.2.3   在定理 5.2.1 的假设条件下, 假定 $g_1(T, X)$ 均值为零, 且存在原点的邻域 U, 常数 $c > 0$, 对任意 $u \in U$,

$$|E(g_1(T, X)|T = t + u) - E(g_1(T, X)|T = t)| \leqslant c|u| \text{对所有 } t \text{ 和 } x \text{ 成立}.$$

则在备择假设式 (5.2.10) 下, R_n 依分布收敛到 $R + g_{1*}$, 这里

$$\begin{aligned}
&g_{1*}(t, x)\\
=\ & E\Big\{[g_1(T, X) - E(g_1(T, X)|T)]w(T)I(T \leqslant t, X \leqslant x)\Big\}\\
&- E\Big\{U(T, X)'(g_1(T, X) - E(g_1(T, X)|T))w^2(T)\}S^{-1}\\
&\times E\Big\{U(T, X)w(T)I(T \leqslant t, X \leqslant x)\Big\}
\end{aligned}$$

是非随机漂移函数. 那么 CV_n 依分布收敛到 $\int (B(T, X) + g_{1*}(T, X))^2 \mathrm{d}F(T, X)$.

根据 g_{1*} 的表达式, 只有 $g_1(T, X) = \beta_0'X$ 时, $g_{1*}(t, x) = 0$. 因此, CV_n 可以检测到以 $n^{-1/2}$ 的速度逼近原假设的局部备择假设. 根据附录中定理的证明, 不难看出检验对所有全局备择假设相合.

5.3   NMCT 逼近

记

$$J_1(T, X, Y, t, x, \beta) = \varepsilon w(T)I(T \leqslant t, X \leqslant x),$$
$$J_2(T, X, Y, t, x, U, S) = \varepsilon w^2(T)E[U(T, X)'w(T)I(T \leqslant t, X \leqslant x)]S^{-1}U(T, X),$$
$$J_3(T, X, Y, t, x, \beta, F_{X|T}) = \varepsilon w(T)F(X|T)I(T \leqslant t),$$

则

$$J(T, X, Y, t, x, \beta, U, S, F_{X|T})$$
$$= J_1(T, X, Y, t, x) - J_2(T, X, Y, U, S, t, x) - J_3(T, X, Y, \beta, F(X|T), t, x).$$

根据定理 5.2.2，下式渐近成立：

$$R_n(t, x) = \frac{1}{\sqrt{n}} \sum_{j=1}^{n} J(t_j, x_j, y_j, \beta, U, S, F_{x_j|t_j}, t, x),$$

因此考虑第 1.2.3 节的 NMCT 逼近原假设下的分布. 确定 p 值估计的具体步骤如下：

步骤 1 产生均值为零，方差为 1 的独立随机变量 $e_i(i = 1, \cdots, n)$. 记 $E_n :=$ $(e_1, \cdots, e_n)$，定义相应 R_n 的条件表达式

$$R_n(E_n, t, x) = \frac{1}{\sqrt{n}} \sum_{j=1}^{n} e_j J(t_j, x_j, y_j, \hat{\beta}, \hat{U}, \hat{S}, \hat{F}_{x_j|t_j}, t, x,) \qquad (5.3.1)$$

其中，$\hat{\beta}$，$\hat{U}$，$\hat{S}$，$\hat{F}$ 分别是 $R_n(t, x)$ 中 β，U，S 和 F 的相合估计. 相应的条件统计量为

$$CV_n(E_n) = \int (R_n(E_n))^2 F_n(t, x). \qquad (5.3.2)$$

步骤 2 产生 m 组 E_n，分别记为 $E_n^{(i)}(i = 1, \cdots, m)$，相应地得到 m 个 $CV_n(E_n)$，记为 $CV_n(E_n^{(i)}), i = 1, \cdots, m$.

步骤 3 p 值的估计是 $\hat{p} = k/(m+1)$，其中，k 表示 $CV_n(E_n^{(i)})$ 值大于或者等于 CV_n 值的个数. 对给定的水平 α，如果 $\hat{p} \leqslant \alpha$，拒绝原假设 H_0.

接下来的定理说明 NMCT 逼近的相合性.

定理 5.3.1 在原假设 H_0 或者备择假设 H_1 下，假定定理 5.2.1 的条件成立，对几乎所有序列 $\{(t_1, x_1, y_1), \cdots, (t_n, x_n, y_n), \cdots\}$，$R_n(E_n)$ 的条件分布依分布收敛到 R_n 在原假设下的极限分布.

注释 5.3.1 本章中用 $CV_n(E_n)$ 的条件分布估计检验的 p 值. 很自然，我们希望无论数据来自原假设还是备择假设，条件分布可以逼近原假设下检验统计量的分布. 由于事先并不知道数据的分布，用蒙特卡罗逼近得到在备择假设下的条件分布可能和检验在原假设下的分布相差很远. 如果情况属实，p 值估计不准确且降低检验的功效. 然而，根据定理 5.3.1，基于 NMCT 逼近的条件分布在某种程度上可克服上述问题.

注释 5.3.2 根据定理 5.2.1 可以解释本章所构造的检验统计量为什么不需选择标准化常数. 由定理 5.2.1, 标准化的常数等于

$$C_n = \sup_{t,x} \frac{1}{n} \sum_{j=1}^{n} \left(J(t_j, x_j, y_j, \hat{\beta}, \hat{U}, \hat{S}, \hat{F}_{x_j|t_j}, t, x) \right)^2,$$

也就是, 对所有 t 和 x, 方差 $J(T, X, Y, \beta, U, S, F_{X|T}, t, x,)$ 的样本估计的上确界. 根据式 (5.3.1), 给定 (t_i, x_i, y_i), C_n 恒等于常数. 因此, 如果统计量中含有这个标准化常数, 也就是统计量为 CV_n/C_n, 相应的蒙特卡罗条件值是 $CV_n(E_n)/C_n$. 对 p 值估计而言, 由 NMCT 逼近得到 CV_n 和 CV_n/C_n 的 p 值估计相等.

5.4 数 值 分 析

5.4.1   模拟研究

在本节的模拟分析中, 研究的模型为

$$y = \beta x + bx^2 + (t^2 - 1/3) + \sqrt{12}(t - 1/2)\varepsilon, \tag{5.4.1}$$

其中, t 是 [0,1] 上的均匀分布, x 和 ε 是随机变量, 考虑四种不同组合的 x 和 ε 的分布: ① Uni-Uni: x 和 ε 都是 $[-0.5, 0.5]$ 上的均匀分布; ② Nor-Uni: 标准正态分布 x 和 $[-0.5, 0.5]$ 上的均匀分布 ε; ③ Nor-Nor: x 和 ε 均为标准正态分布; ④ Uni-Nor: $[-0.5, 0.5]$ 上的均匀分布 x 和标准正态分布 ε. 图 5.1 表示四种不同情况所得到的经验功效. 在模拟中 $\beta = 1$, 为了研究检验对备择假设的敏感性, b 的取值为 $b = 0.0, 0.5, 1.0, 1.5$ 和 2.0. $b = 0.0$ 对应于原假设, $b \neq 0.0$ 对应于备择假设. 样本量 $n = 100$, 给定水平 $\alpha = 0.05$. 实验重复 3000 次得到检验的功效. 核函数选择为 $K(t) = (15/16)(1 - t^2)^2 I(t^2 \leqslant 1)$, 如文献 Härdle(1990) 和 Härdle 和 Mammen (1993) 也采用了相同的核函数. 如何选择窗宽是本节中需要考虑的问题. 文献 Fan 和 Li (1996) 并没有讨论这个问题. Gozalo 和 Linton (2001) 用广义交叉验证 (GCV) 选择窗宽, 但并没有讨论这个方法得到的结果如何; Eubank 和 Hart(1993) 给出的结论是: 如果误差同方差, 用 GCV 的方法可以选择得到合理的窗宽; 如果异方差, 这个方法不一定得到合理的窗宽. 在假设检验中, 如何选择合适的窗宽这一问题尚未完全解决, 它超过了本章所研究的范围. 在模拟中, 首先在格子点上搜索使得 GCV 最小的值, 重复计算 1000 次所得 h 的平均值, 记为 h_{egcv}; 然后在区间 $[h_{egcv} - 1, h_{egcv} + 1]$ 的格子点上搜索使 GCV 最小值的点, 如果误差是均匀分布, 计算之后得到的 $h = 0.30$; 如果是正态分布, $h = 0.57$. 在原假设下检验的功效接近给定的水平 0.05. 表 5.1 给出 $h = 0.30$ 和 $h = 0.57$ 时检验的经验功效.

表 5.1 统计量 CV_n 的经验功效 ($\alpha = 0.05$)

	b	0.00	0.50	1.00	1.50	2.00
Uni-Uni 情况	$h = 0.30$	0.0460	0.2350	0.4880	0.7940	0.9600
	h_{egcv}	0.0440	0.2370	0.4970	0.7950	0.9570
Nor-Uni 情况	$h = 0.30$	0.0560	0.6500	0.9800	1.0000	1.0000
	h_{egcv}	0.0540	0.6200	0.9600	1.000	1.000
Nor-Nor 情况	$h = 0.57$	0.0450	0.3350	0.4410	0.5100	0.6040
	h_{egcv}	0.0450	0.3550	0.4440	0.5130	0.6060
Uni-Nor 情况	$h = 0.57$	0.0600	0.0700	0.1000	0.1900	0.2600
	h_{egcv}	0.057	0.0700	0.0800	0.1800	0.2300

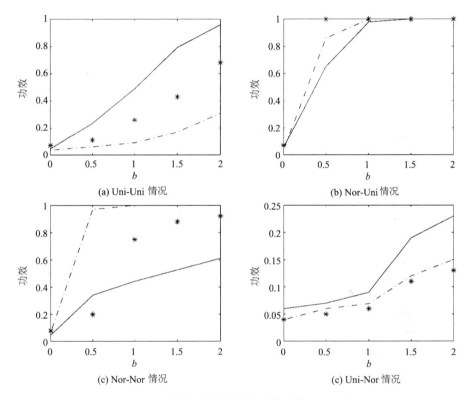

图 5.1　统计量的经验功效

实线：CV_n 检验；点划线：ADJ-FH 检验；$*$：ADJ-FL 检验

下面考虑与 Fan 和 Li(1996)(FL) 的模拟结果作比较. 由于 FL 的检验包含关于所有协变量 (包括 t) 的核估计, 我们用乘积核的形式, 即：它的每个因子为 $K(t) = (15/16)(1-t^2)^2 I(t^2 \leqslant 1)$. 很惊讶的结果是：用 FL 统计量得到的模拟结果基本上没有功效. 造成这个结果的主要原因是：在备择假设下, 方差的估计很大, 明显地降低了检验的功效. 因此, 我们用原假设下得到的方差估计, 调整标准化常数使得检验保持显著性水平. 经验功效的模拟结果见图 5.1. 就我们所知道的而言，除了 Fan 和 Li(1996) , 没有其他文献研究部分线性模型的检验问题. Fan 和 Huang (2001) 研究了在误差服从 Gaussian 分布时, 原假设是参数模型的检验问题, 本节也包含与 Fan 和 Huang (2001) 提出的适应 Neyman 检验比较结果, 统计量中方差的估计也是通过调整得到.

图 5.1 中, Adj-FL 和 Adj-FH 分别表示用调整的方差估计得到的 FL 检验, 以及 Fan 和 Huang 检验的结果. 为了方便比较, 所有的功效函数见图 5.1.

从图 5.1(a) ~ (d) 上看, 如果 x 服从均匀分布, 由 CV_n 得到的功效比 Adj-FL 和 Adj-FH 得到的功效都好. 如果 x 服从正态分布, 由 Adj-FH 得到的功效结果最好, 见图 5.1(b) 和 (c) , 此时本章所提出的检验结果最差. 通过调整方差估计, 在 Nor-Uni 情况下 Adj-FL 检验对备择假设最敏感. 对本节所研究的例子, 这三种类型的检验在这四种情况没有一种类型的检验在任何情况都最好.

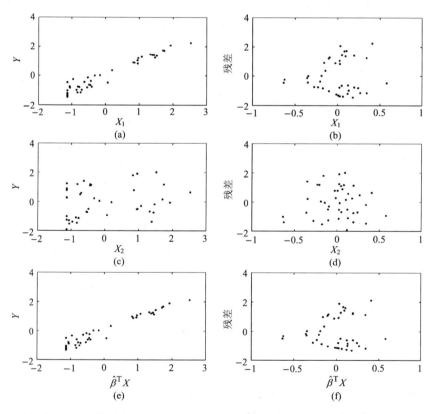

图 5.2 (a), (c) 和 (e) 分别表示 Y 和 X_1, X_2 以及 $\hat{\beta}^\mathrm{T} X$ 的散点图, 其中 $\hat{\beta}$ 是 β 的最小二乘估计; (b), (d) 和 (f) 表示用线性模型拟合 Y 和 X_1, Y 和 X_2, 以及 Y 和 (X_1, X_2) 之后得到残差和 X_1, X_2 和 $\hat{\beta}^\tau X$ 的残差图

5.4.2 实例分析

本节所研究的实际数据是 1965 年 1 月到 1966 年 1 月之间发生在汤加海沟的 43 次地震的深度和位置 (Sykes, Isacks and Oliver, 1969). 变量 X_1 是与平行汤加海沟线的垂直距离；变量 X_2 是与任意垂直汤加海沟线的距离；响应变量 Y 是地震的深度. 根据板块模式, 地震的深度随着远离海沟的距离增加. 根据散点图 5.2 也可得出这样的结论. 本节的目的就是检验变量之间是否满足线性关系. 从图 5.2 中看, Y 和 X_1 之间有明显的线性关系, 且方差具有异方差结构；但 Y 和 X_2 之间没有明显的关系. 用线性模型拟合 Y 和 X_1 可得 $\hat{Y} = -0.295 + 0.949X_1$, 经检验, 接受原假设, 认为它们符合线性关系. 但拒绝 Y 和 X_2 之间是线性关系这一假设. 如果用线性模型拟合响应变量 Y 和协变量 X_1 和 X_2 之间的关系, 有 $Y = \hat{\beta}^\tau X$, 这里 $X = (1, X_1, X_2)^\tau, \hat{\beta} = (\hat{\beta}_0, \hat{\beta}_1, \hat{\beta}_2)^\tau$. 从 Y 和 $\hat{\beta}^\tau X$ 的散点图 5.2(e) 看, 它们之间有这样的线性关系. 图 5.2(f) 关于残差和 $\hat{\beta}^\tau X$ 的残差图和图 5.2(b) 关于 Y 和 X_2 的散点图类似, 这说明 X_1 对 Y 的影响更大一些, 然而, 根据图 5.2(d), X_2 对 Y

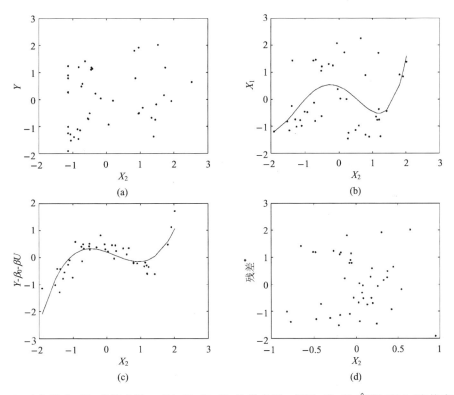

图 5.3 (a) Y 和 X_2 的散点图；(b) X_1 和 X_2 的散点图, 以及 X_2 和 $\hat{E}(X_1|X_2)$ (实线表示) 的关系图；(c) X_2 和 $Y - \beta_0 - \beta U$ 的散点图, X_2 和 $\hat{E}(Y - \beta_0 - \beta U|X_2)$(实线表示) 的关系图；(d) 用部分线性模型 $Y = \beta_0 + \beta X_1 + g(X_2)$ 拟合数据之后的残差和 X_2 的残差图

的影响不能忽略. 综合上述讨论, 考虑用更复杂的模型拟合响应变量 Y 和协变量 X_1, X_2 之间的关系.

本节考虑部分线性模型 $Y = \beta_0 + \beta_1 X_1 + g(X_2) + \varepsilon = \beta_0 + \beta_1 U + r(X_2) + \varepsilon$ 拟合数据, 其中 $U = X_1 - E(X_1|X_2)$, $r(X_2) = E(X_1|X_2) + g(X_2)$. 图 5.3 是关于数据的散点图, 根据图 5.3(b), $E(X_1|X_2)$ 是 X_2 的非线性函数, 图 5.3(c) 说明 $Y - \beta_0 - \beta U$ 是 X_2 的非线性函数. 对部分线性模型, 根据残差图 5.3(d) 得不出明显的关系曲线. 根据本章所提出的方法检验部分线性模型是否成立, 可得统计量值 $T_n = 0.009$, 且 p 值估计为 0.90, 则接受原假设, 即响应变量 Y 和协变量 (X_1, X_2) 之间可以用部分线性模型拟合.

5.5   定理的证明

5.5.1   假设条件

定理的证明需要以下假定条件:

(1) 记 $E(Y|T = t)$ 的一阶导数为 $E^{(1)}(Y|T = t)$, 假定 $E^{(1)}(Y|T = t), E(X|T = t)$, 以及给定 $T = t$, X 的条件分布函数 $F(x|t)$ 满足条件: 存在原点的邻域, 不妨记为 U 和常数 $c > 0$, 对任意 $u \in U$ 和所有 t 和 x, 有

$$\begin{aligned}
|E(X|T = t + u) - E(X|T = t)| &\leqslant c|u|; \\
|E^{(1)}(Y|T = t + u) - E^{(1)}(Y|T = t)| &\leqslant c|u|; \\
|F(x|t + u) - F(x|t)| &\leqslant c|u|.
\end{aligned} \tag{5.5.1}$$

(2) $E|Y|^4 < \infty$ 和 $E|X|^4 < \infty$.

(3) 连续核函数 $K(\cdot)$ 有以下性质:

   1) $K(\cdot)$ 的支集为区间 $[-1, 1]$;

   2) $K(\cdot)$ 关于 0 点对称;

   3) $\int_{-1}^{1} K(u)\mathrm{d}u = 1$, 以及 $\int_{-1}^{1} |u|K(u)\mathrm{d}u \neq 0$;

(4) 当 $n \to \infty$ 时, $\sqrt{n}h^2 \to 0$, 以及 $\sqrt{n}h \to \infty$;

(5) 存在 c_1, 对所有 t 和 x, $E(\varepsilon^2|T = t, X = x) \leqslant c_1$ 成立;

(6) 权重函数 $w(.)$ 在支集 [a,b] 上有界连续 $(-\infty < a < b < \infty)$, 密度函数 $f(\cdot)$ 是大于某个正数的有界函数.

注释 5.5.1   关于上述条件, 条件 (1) 和 (3) 是关于非参数估计收敛速度的常用条件. 条件 (2) 是最小二乘估计渐近正态性的必要条件. 条件 (4) 保证了检验统计量的相合性. 条件 (6) 避免了非参数光滑带来的边界效应.

5.5.2 第 5.2 节定理的证明

定理 5.2.1 的证明 由于 $\hat{E}_i(Y|t)$ 和 $\hat{E}_i(X|t)$ 的收敛性在文献中已有证明, 只需对 Stone (1982) 的证明, 或者 Zhu 和 Fang (1996) 的证明稍做修改, 可得

$$\max_{a \leqslant t_i \leqslant b} |\hat{E}_i(Y|T = t_i) - E(Y|T = t_i)| = o_p(1/\sqrt{nh} + h),$$

$$\max_{a \leqslant t_i \leqslant b} |\hat{E}_i(X|T = t_i) - E(X|T = t_i)| = o_p(1/\sqrt{nh} + h). \tag{5.5.2}$$

其中, "$|\cdot|$" 表示 Euclidean 范数. 关于 $\hat{\beta}$ 的收敛, 根据 $\hat{V}(t_j, y_j) = y_j - \hat{E}_j(Y|T = t_j) = \beta'\hat{U}(t_j, x_j) + (y_j - \beta'x_j) - (\hat{E}_j(Y - \beta'X)|T = t_j)$, 有

$$\hat{\beta} = \beta + \hat{S}^{-1}\frac{1}{n}\sum_{j=1}^{n}\hat{U}(t_j, x_j)((y_j - \beta'x_j) - (\hat{E}_j(Y - \beta'X)|T = t_j))w^2(t_j).$$

联合式 (5.5.2) , 可得 $\hat{S}$ 依概率收敛到 S. 接下来只需证明, 在已知条件下, 下式成立:

$$\frac{1}{\sqrt{n}}\sum_{j=1}^{n}\hat{U}(t_j, x_j)((y_j - \beta'x_j) - (\hat{E}_j(Y - \beta'X)|T = t_j))w^2(t_j)$$

$$= \frac{1}{\sqrt{n}}\sum_{j=1}^{n}U(t_j, x_j)w^2(t_j)\varepsilon_j + o_p\left(\left(\frac{1}{h\sqrt{n}} + h^2\sqrt{n}\right)^{1/2}\right). \tag{5.5.3}$$

也就是证明以下三个表达式成立:

$$r_1 = \left|\frac{1}{\sqrt{n}}\sum_{j=1}^{n}\left(\hat{U}(t_j, x_j) - U(t_j, x_j)\right)\right.$$

$$\times \left(\hat{E}_j((Y - \beta'X)|T = t_j) - E((Y - \beta'X)|T = t_j))w^2(t_j)\right|$$

$$= o_p(1/(\sqrt{nh}) + \sqrt{nh^2})^{1/2},$$

$$r_2 = \left|\frac{1}{\sqrt{n}}\sum_{j=1}^{n}U(t_j, x_j)(\hat{E}_j((Y - \beta'X)|T = t_j) - E((Y - \beta'X)|T = t_j))w^2(t_j)\right|$$

$$= o_p(1/(\sqrt{nh}) + h)$$

和

$$r_3 = \left|\frac{1}{\sqrt{n}}\sum_{j=1}^{n}(\hat{U}(t_j, X_j) - U(t_j, X_j))((y_j - \beta'x_j) - E((Y - \beta'X)|T = t_j))w^2(t_j)\right|$$

$$= o_p(1/(\sqrt{nh}) + h).$$

在以下证明中, 不妨假定 X 是一维变量. 由于 $E(\varepsilon|X, T) = 0$ 和 $(Y - \beta'X) - E((Y - \beta'X)|T) = \varepsilon$, 对 $i \neq j$,

$$\left| E\Big(\big((\hat{U}(t_j, x_j) - U(t_j, x_j))w^2(t_j)\varepsilon_i\big)\big((\hat{U}(t_i, x_i) - U(t_i, x_i))w^2(t_j)\varepsilon_j\big) \Big) \right| = 0.$$

根据第 5.5.1 节已知条件 (5) 和 (6),

$$E(r_3^2) \leqslant c_1 E(\hat{U}(T_1, X_1) - U(T_1, X_1))^2 = c_1 E\{(\hat{E}_1(X_1|T_1) - E(X_1|T_1))^2\}$$
$$= O(1/(nh) + h^2).$$

因此, r_3 以 $o_p((nh)^{-1/2} + h)$ 的速度依概率收敛到零. 记 $\hat{g}_i := \hat{E}_i[(Y - \beta'X)|T = t_i]$. 由于 $Y - \beta'X = g(T) + \varepsilon$ 只依赖于 T 和 ε, 且给定 T_j's 和 $X_j(j \neq i)$, $U(T_i, X_i)$ 的条件期望等于零, 又因为给定 T, $U(T, X)$ 的条件期望为零, 则

$$\left| E[(U(T_i, X_i)(\hat{g}_i - g)w^2(t_j))(U(T_j, X_j)(\hat{g}_j - g)w^2(t_j))] \right| = 0 \qquad (i \neq j).$$

类似于 r_3 的收敛性质的证明, 有

$$E(r_2^2) \leqslant E[U^2(T, X)(\hat{g}(T) - g(T))^2 w^4(T)]$$
$$\leqslant \sup_t [(\hat{g}(t) - g(t))^2 w^2(t)] E[U^2(T, X)w^2(T)]$$
$$= O(1/(nh) + h^2). \tag{5.5.4}$$

因此 $r_2 = o_p(1/\sqrt{nh} + h)$. 接下来证明当 n 趋于无穷时, r_1 趋于零. 根据 Cauchy 不等式, 以及

$$\sup_{i,x} |(\hat{U}(t_i, x) - U(t_i, x))w(t_i)|$$
$$= \sup_i |(\hat{E}_i(X|t_i)) - E(X|t_i))w(t_i)| = o_p(1/(\sqrt{nh}) + h),$$

可得

$$r_1^2 \leqslant \sqrt{n}\sqrt{\frac{1}{n}\sum_{j=1}^n (\hat{U}(t_j, x_j) - U(t_j, x_j))^2 w^2(t_j)} \times \sqrt{\frac{1}{n}\sum_{j=1}^n \hat{g}_j^2 w^2(t_j)}$$
$$\leqslant o_p(1/(\sqrt{nh}) + \sqrt{n}h^2).$$

根据第 5.5.1 节条件 (4), 定理证毕.

定理 5.2.2 的证明 根据定理 5.2.1 的结论, 通过一些初等计算, 有

$$R_n(t,x) = \frac{1}{\sqrt{n}} \sum_{j=1}^{n} \varepsilon_j w(t_j) I(t_j \leqslant t, x_j \leqslant x)$$

$$-E(U(T,X)'w(T)I(T \leqslant t, X \leqslant x)) S^{-1} \frac{1}{\sqrt{n}} \sum_{j=1}^{n} U(t_j, x_j) \varepsilon_j w^2(t_j)$$

$$-\frac{1}{\sqrt{n}} \sum_{j=1}^{n} \hat{g}(t_j) w(t_j) I(t_j \leqslant t, x_j \leqslant x)$$

$$+\frac{1}{\sqrt{n}} \sum_{j=1}^{n} g(t_j) w(t_j) I(t_j \leqslant t, x_j \leqslant x) + o_p\Big(\Big(\frac{1}{h\sqrt{n}} + \sqrt{n}h^2\Big)^{1/2}\Big)$$

$$=: I_1(t,x) - I_2(t,x) - I_3(t,x) + I_4(t,x) + o_p\Big(\Big(\frac{1}{h\sqrt{n}} + \sqrt{n}h^2\Big)^{1/2}\Big).$$

根据经验过程的理论可得 I_1 和 I_2 的收敛性, 见文献 Pollard (1984, 第 7 章). 下面证明 $I_3 - I_4$ 依分布收敛到 Gaussian 过程. 先简化 I_3, 记 $\hat{r}_i(t_i) = n^{-1} \sum_{j \neq i}^{n} (y_j - \beta' x_j) k_h(t_i - t_j)$. 通过一些初等计算, 根据式 (5.5.2), 对 $a \leqslant t_j \leqslant b$,

$$\hat{g}(t_j) = \frac{\hat{r}_j(t_j)}{\hat{f}_j(t_j)} = \frac{\hat{r}_j(t_j)}{f(t_j)} + \frac{r(t_j)}{f(t_j)} \frac{f(t_j) - \hat{f}_j(t_j)}{f(t_j)}$$

$$+ \frac{r(t_j)}{f(t_j)} \frac{(f(t_j) - \hat{f}_j(t_j))^2}{\hat{f}_j(t_j) f(t_j)} + \frac{\hat{r}_j(t_j) - r(t_j)}{f(t_j)} \frac{f(t_j) - \hat{f}_j(t_j)}{\hat{f}_j(t_j)}$$

$$= \frac{\hat{r}_j(t_j)}{f(t_j)} + g(t_j) \frac{f(t_j) - \hat{f}_j(t_j)}{f(t_j)} + o_p(\frac{1}{hn} + h^2),$$

其中, $g(t_j) = r(t_j)/f(t_j)$. 所以,

$$I_3(t,x) = \frac{1}{\sqrt{n}} \sum_{j=1}^{n} \frac{\hat{r}_j(t_j)}{f(t_j)} w(t_j) I(t_j \leqslant t, x_j \leqslant x)$$

$$-\frac{1}{\sqrt{n}} \sum_{j=1}^{n} g(t_j) \frac{\hat{f}_j(t_j)}{f(t_j)} w(t_j) I(t_j \leqslant t, x_j \leqslant x)$$

$$+\frac{1}{\sqrt{n}} \sum_{j=1}^{n} g(t_j) w(t_j) I(t_j \leqslant t, x_j \leqslant x) + o_p(\frac{1}{h\sqrt{n}} + \sqrt{n}h^2)$$

$$=: I_{31}(t,x) - I_{32}(t,x) + I_{33}(t,x) + o_p(\frac{1}{h\sqrt{n}} + \sqrt{n}h^2).$$

现在把 $I_{31}(t,x)$ 写成 U 统计量的形式. 记 $w_1(t) = w(t)/f(t)$, 以及

$$
\begin{aligned}
&U_h(t_i, x_i, y_i; t_j, x_j, y_j; t, x) \\
=\; & \left[(y_i - \beta' x_i) w_1(t_j) I(t_j \leqslant t, x_j \leqslant x) + (y_j - \beta' x_j) w_1(t_i) I(t_i \leqslant t, x_i \leqslant x) \right] \\
& \cdot k_h(t_i - t_j).
\end{aligned}
$$

根据 $k_h(\cdot)$ 的对称性, 对固定的 h(i.e. 固定 n) ,

$$
h I_{31}(t,x) = \frac{1}{2n^{3/2}} \sum_{j=1}^n \sum_{i \neq j}^n h\, U_h(t_i, x_i, y_i; t_j, x_j, y_j; t, x).
$$

为了记号上的方便, 记 $\eta_j = (t_j, x_j, y_j)$. 定义退化 U 统计量

$$
\begin{aligned}
& \frac{\sqrt{n}}{2n(n-1)} \sum_{j=1}^n \sum_{i \neq j}^n I'_{31}(\eta_i, \eta_j, t, x) \\
=:\; & \frac{n}{n-1} h\, I_{31}(t,x) - E(h\, I_{31}(t,x)) \\
& - \frac{1}{\sqrt{n}} \sum_{j=1}^n \left\{ E_1[h\, U_h(\eta; \eta_j; t, x)] - E[h\, U_h(T, X, Y; T_1, X_1, Y_1; t, x)] \right\}
\end{aligned}
$$

其中, "E" 表示对所有变量求期望, "E_1" 表示给定 η_j , 对 η 求条件期望. 由于 $E_1\big(I'_{31}(\eta, \eta_j, t, x)\big) = E_1\big(I'_{31}(\eta_j, \eta, t, x)\big) = 0$, 且由 $h U_h(\cdot, \cdot; t, x) - E_1[h U_h(\eta, \eta_j; t, x)]$ 关于所有 t 和 x 组成的函数族 $\mathcal{G}_n$ 是 VC 函数族. 因此, $\mathcal{G}_n$ 为 P 退化的, 其包迹为

$$
\begin{aligned}
& G_n(\eta_1, \eta_2) \\
=\; & \left| \left[(y_1 - \beta' x_1) w_1(t_2) + (y_2 - \beta' x_2) w_1(t_1) \right] |k((t_1 - t_2)/h)| \right. \\
& + 2 \left| E\left[(Y_1 - \beta' X_1) w_1(T_2) + (Y_2 - \beta' X_2) w_1(T_1) \right] |k(T_1 - T_2)/h)| \right| \\
& + \left| E\left[(Y_1 - \beta' X_1) w_1(t_2) + (y_2 - \beta' x_2) w_1(T_1) \right] |k(T_1 - t_2)/h)| \right|
\end{aligned}
$$

根据 Nolan 和 Pollard (1987) 第 786 页的定理 6 ,

$$
E \sup_x \big| \sum_{i,\,j} I'_{31}(\eta_i, \eta_j, t, x) \big| \leqslant c E(\alpha_n + \gamma_n J_n(\theta_n/\gamma_n))/n^{-3/2}.
$$

其中,

$$
\begin{aligned}
J_n(s) &= \int_0^s \log N_2(u, T_n, \mathcal{G}_n, G_n)\mathrm{d}u, \\
\gamma_n &= (T_n G_n^2)^{1/2}, \quad \alpha_n = \frac{1}{4} \sup_{g \in \mathcal{G}_n} (T_n g^2)^{1/2}.
\end{aligned}
$$

$$(5.5.5)$$

对任意函数 g ,

$$T_n g^2 := \sum_{i \neq j} g^2(\eta_{2i}, \eta_{2j}) + g^2(\eta_{2i}, \eta_{2j-1}) + g^2(\eta_{2i-1}, \eta_{2j}) + g^2(\eta_{2i-1}, \eta_{2j-1})$$

$N_2(\cdot, T_n, \mathcal{G}_n, G_n)$ 表示在测度 T_n ，包迹 G_n ，以及 L_2 距离下的覆盖数. 由于 $\mathcal{G}_n$ 为 VC 族，类似于 Pollard (1984, 27 页) 的逼近引理 II 的证明过程，可得存在独立于 n 和 T_n 的正数 c 和 w_1 ，覆盖数 $N_2(u(T_n G_n^2)/n^2, T_n/n^2, \mathcal{G}_n, G_n)$ 小于或者等于 cu^{-w_1}. 又因为对足够大的 n ，下式依概率成立：

$$T_n G_n^2 = O(h n^2 \log^2 n) \quad \text{a.s.}$$

因此，对足够大的 n ，如果存在 $c > 0$ 使得 $h = n^{-c}$ 成立，则 $T_n G_n^2/n^2 < 1$ ，且 $N_2(u, T_n/n^2, \mathcal{G}_n, G_n) \leqslant cu^{-w_1}$，注意到

$$N_2(u, T_n, \mathcal{G}_n, G_n) = N_2(u/n^2, T_n/n^2, \mathcal{G}_n, G_n),$$

经过推导，可得

$$\begin{aligned}
J_n(\theta_n/\gamma_n) &\leqslant J_n(1/4) \\
&= n^2 \int_0^{1/(4n^2)} \log N_2(u, T_n/n^2, \mathcal{G}_1, G) \mathrm{d} u \\
&= -c n^2 \int_0^{1/(4n^2)} \log u \, \mathrm{d} u = c \log n
\end{aligned}$$

和

$$\gamma_n^2 = T_n G_n^2 = O(h n^2 \log^2 n) \quad \text{a.s.}$$

所以，对足够大的 n ，$E \sup_{t,x} |\sum_{i,\,j} I_{31}'(\eta_i, \eta_j, t, x)| \leqslant c\sqrt{h/n} \log n$. 等价地，

$$I_{31}'(t, x) = \frac{1}{\sqrt{n}} \sum_{j=1}^n \{E_1[U_h(\eta; \eta_j; t, x)]\} + o_p(\log n/\sqrt{nh}). \tag{5.5.6}$$

根据 $(n/(n-1))E(I_{31}(t, x)) = \sqrt{n}/2 E[U_h(\eta; \eta_1; t, x)]$ ，有

$$\begin{aligned}
I_{31}(t, x) &= \frac{1}{\sqrt{n}} \sum_{j=1}^n E_1\Big[U_h(\eta; \eta_j; t, x)\Big] \\
&\quad - \frac{\sqrt{n}}{2} E\Big[U_h(\eta; \eta_1; t, x)\Big] + o_p\left(\frac{1}{\sqrt{nh}}\right). \tag{5.5.7}
\end{aligned}$$

由 U_h 的定义，条件 (1)，以及一些初等计算，可得

$$
\begin{aligned}
&E[U_h(\eta; \eta_1; t, x)]\\
&= 2E\Big[g(T_1)w_1(T)I(T \leqslant t, X \leqslant x)k_h(T_1 - T)\Big]\\
&= 2E[g(T + hu)f(T + hu)w_1(T)I(T \leqslant t, X \leqslant x)K(u)]\\
&= 2E[g(T)w(T)I(T \leqslant t, X \leqslant x)] + O(h^2)
\end{aligned}
\tag{5.5.8}
$$

和

$$
\begin{aligned}
&E_1 U_h(\eta; \eta_j; t, x)\\
&= w_1(t_j)I(t_j \leqslant t, x_j \leqslant x) \int g(hu + t_j)f(hu + t_j)K(u)\mathrm{d}\, u\\
&\quad + (y_j - \beta' x_j) \int F(x|T)f(T)w_1(T)I(T \leqslant t)K((T - t_j)/h)/h\,\mathrm{d}\, T\\
&=: a_j^{(1)}(t, x) + a_j^{(2)}(t, x),
\end{aligned}
$$

其中，$F(X|T)$ 是给定 T 时 X 的条件分布.

　　记

$$
\begin{aligned}
b_j^{(1)}(t, x) &= g(t_j)f(t_j)w_1(t_j)I(t_j \leqslant t, x_j \leqslant x),\\
b_j^{(2)}(t, x) &= (y_j - \beta' x_j)F(x|t_j)f(t_j)w_1(t_j)I(t_j \leqslant t).
\end{aligned}
\tag{5.5.9}
$$

根据条件 (1)$\sim$(4) 和 (6)，

$$
\begin{aligned}
\sup_{t,x} E(a_1^{(1)}(t, x) - b_1^{(1)}(t, x))^2 &= O(h^2),\\
\sup_{t,x} E(a_1^{(2)}(t, x) - b_1^{(2)}(t, x))^2 &= O(h^2).
\end{aligned}
\tag{5.5.10}
$$

注意到 $w_1(t) = w(t)/f(t)$，则

$$
\begin{aligned}
E(b_j^{(1)}(t, x)) = E(b_j^{(2)}(t, x)) &= E[g(t)w(T)I(T \leqslant t, X \leqslant x)],\\
E(a_j^{(1)}(t, x) + a_j^{(2)}(t, x)) &= E[U_h(T, X, Y; T_1, X_1, Y_1; t, x)].
\end{aligned}
\tag{5.5.11}
$$

记 $c_j(t, x) = (a_j^{(1)}(t, x) + a_j^{(2)}(t, x) - b_j^{(1)}(t, x) - b_j^{(2)}(t, x))$，接下来证明下式关于 t 和 x 一致成立：

$$
\frac{1}{\sqrt{n}} \sum_{j=1}^{n} (c_j(t, x) - Ec_j(t, x)) = o_p(h^{1/2} \log n + h^2 \sqrt{n}).
\tag{5.5.12}
$$

由于

$$\sup_{t,x} \operatorname{Var}(c_j(t,x)) \leqslant \sup_{t,x} E(c_j^2(t,x))$$

$$\leqslant 2\sup_{t,x} E\left[\left(a_1^{(1)}(t,x) - b_1^{(1)}(t,x)\right)^2 + \left(a_1^{(2)}(t,x) - b_1^{(2)}(t,x)\right)^2\right]$$

$$\leqslant O(h^2),$$

又因为指标集为 (t,x) 的所有函数 $c_j(t,x) = c(t_j,x_j,y_j,t,x)$ 组成的函数族依多项式的速度可识别有限个点, 也就是, 函数族属于 VC 族, 见 Gaenssler (1983). 用对称化的方法和 Hoeffding 不等式, 见文献 Pollard (1984, p14~16), 对任意 $\delta > 0$, 存在 $w > 0$,

$$P\{\sup_{t,x} \frac{1}{\sqrt{n}} \sum_{j=1}^n (c_j(t,x) - Ec_j(t,x)) \geqslant \delta\}$$

$$\leqslant 4E\{P\{\sup_{t,x} \frac{1}{\sqrt{n}} \sum_{j=1}^n \sigma_j(c_j(t,x) - Ec_j(t,x)) \geqslant \delta/4 | (T_j,X_j,Y_j), j=1,\cdots,n\}\}$$

$$\leqslant E\{(cn^w \sup_{t,x} \exp\left(\left[-\frac{\delta^2}{32\frac{1}{n}\sum_{j=1}^n (c_j(t,x) - Ec_j(t,x))^2}\right]\right)) \wedge 1\}.$$

根据条件 (1) 和一致强大数定理, 见 Pollard (1984, p25, 第 2 章定理 24),

$$\sup_{t,x} \frac{1}{n} \sum_{j=1}^n (c_j(t,x) - Ec_j(t,x))^2 = o_p(h).$$

如果 δ 的取值为 $\delta = h^{1/2}\log n$, 则式 (5.5.12) 成立. 根据式 (5.5.10), $\sqrt{n}E[c_i(t,x)] = O(\sqrt{n}h^2) = O(1)$, 以及式 (5.5.9) 和式 (5.5.12), 可得

$$I_{31}(t,x) = \frac{1}{\sqrt{n}} \sum_{j=1}^n (b_j^{(1)}(t,x) + b_j^{(2)}(t,x) - Eg(T)w(T)I(T \leqslant t, X \leqslant x))$$

$$+ o_p(\frac{1}{\sqrt{nh}} + h)$$

$$= I_4(t,x) + \frac{1}{\sqrt{n}} \sum_{j=1}^n (b_j^{(2)}(t,x) - Eg(T)w(T)I(T \leqslant t, X \leqslant x))$$

$$+ o_p(\frac{1}{\sqrt{nh}} + h). \tag{5.5.13}$$

$I_{32}(t,x)$ 与 $I_{31}(t,x)$ 的处理过程一致, 可以证明

$$
\begin{aligned}
& I_{32}(t,x) \\
&= \frac{1}{\sqrt{n}} \sum_{j=1}^{n} g(t_j)w(t_j)I(t_j \leqslant t, x_j \leqslant x) \\
&\quad + \frac{1}{\sqrt{n}} \sum_{j=1}^{n} \Big(g(t_j)w(t_j)F(x|t_j)I(t_j \leqslant t) - E\big[g(T)w(T)I(T \leqslant t, X \leqslant x)\big] \Big) \\
&\quad + o_p\Big(\frac{1}{\sqrt{nh}} + h\Big) \\
&= I_{33}(t,x) \\
&\quad + \frac{1}{\sqrt{n}} \sum_{j=1}^{n} \Big(g(t_j)w(t_j)F(x|t_j)I(t_j \leqslant t) - E\big[g(T)w(T)I(T \leqslant t, X \leqslant x)\big] \Big) \\
&\quad + o_p\Big(\frac{1}{\sqrt{nh}} + h\Big).
\end{aligned} \tag{5.5.14}
$$

由 $I_3(t,x)$ 的表达式, 式 (5.5.13) 和式 (5.5.14),

$$
I_3(t,x) - I_4(t,x) = \frac{1}{\sqrt{n}} \sum_{j=1}^{n} \varepsilon w(t_j)F(x|t_j)I(t_j \leqslant t) + o_p\Big(\frac{1}{\sqrt{nh}} + h\Big). \tag{5.5.15}
$$

显然上式依分布收敛到 中心化的 Gaussian 过程. 定理证毕.

定理 5.2.3 的证明 根据定理 5.2.1 的结论, 有

$$
\sqrt{n}(\hat{\beta} - \beta) = S^{-1} \left\{ \frac{1}{\sqrt{n}} \sum_{j=1}^{n} U(t_j, x_j)\varepsilon_j w^2(t_j) \right\} + C_1 + o_p(1),
$$

其中, $C_1 = S^{-1}E[U(T,X)(g_1(T,X) - E(g_1(T,X)|T))w^2(T)]$. 类似于在原假设下的证明, 经过计算可得

$$
\begin{aligned}
& R_n(t,x) \\
&= \frac{1}{\sqrt{n}} \sum_{j=1}^{n} \varepsilon_j w(t_j)I(t_j \leqslant t, x_j \leqslant x) \\
&\quad - E(U(T,X)'w(T)I(T \leqslant t, X \leqslant x))S^{-1}\Big[\frac{1}{\sqrt{n}} \sum_{j=1}^{n} U(t_j,x_j)\varepsilon_j w^2(t_j) + C\Big] \\
&\quad - \frac{1}{\sqrt{n}} \sum_{j=1}^{n} (\hat{g}(t_j) - g(t_j))w(t_j)I(t_j \leqslant t, x_j \leqslant x) + o_p\Big(\frac{1}{h\sqrt{n}} + \sqrt{n}h^2\Big)
\end{aligned}
$$

$$+ \frac{1}{n} \sum_{j=1}^{n} (g_1(t_j, x_j) - E(g_1(T, X)|T = t_j)) w(t_j) I(t_j \leqslant t, x_j \leqslant x)$$

$$= \frac{1}{\sqrt{n}} \sum_{j=1}^{n} \varepsilon_j w(t_j) I(t_j \leqslant t, x_j \leqslant x)$$

$$- E(U(T, X)' w(T) I(T \leqslant t, X \leqslant x)) S^{-1} [\frac{1}{\sqrt{n}} \sum_{j=1}^{n} U(t_j, x_j) \varepsilon_j w^2(t_j)]$$

$$- \frac{1}{\sqrt{n}} \sum_{j=1}^{n} (\hat{g}(t_j) - g(t_j)) w(t_j) I(t_j \leqslant t, x_j \leqslant x)$$

$$+ g_{1*}(t, x) + o_p(\frac{1}{h\sqrt{n}} + \sqrt{n} h^2)$$

$$=: J_1(t, x) - J_2(t, x) - J_3(t, x) + g_{1*}(t, x) + o_p\Big(\big(\frac{1}{h\sqrt{n}} + \sqrt{n} h^2\big)^{1/2}\Big), \quad (5.5.16)$$

其中，$g_{1*}(t, x)$ 的定义见定理 5.2.3. 记 $\tilde{Y} = \beta' X + g(T) + \varepsilon$，$g_2(t) = E(\tilde{Y} - \beta' X | T = t)$，及其在点 t_i 的估计为 $\hat{g}_2(t_i) = \hat{E}_i(\tilde{Y} - \beta' X | T = t_i)$. 显然 $g(t_i) = g_2(t_i) + E(g_1(T, X)|T = t_i)/\sqrt{n}$，$\hat{g}(t_i) = \hat{g}_2(t_i) + \hat{E}_i(g_1(T, X)|T = t_i)/\sqrt{n}$. 又因为当 $n \to \infty$ 时，$\sup_i |\hat{E}_i(g_1(T, X)|T = t_i) - E(g_1(T, X)|T = t_i)| \to 0$ 依概率成立. 所以

$$J_3(t, x)$$

$$= \frac{1}{\sqrt{n}} \sum_{j=1}^{n} (\hat{g}_2(t_j) - g_2(t_j)) w(t_j) I(t_j \leqslant t, x_j \leqslant x)$$

$$+ \frac{1}{n} \sum_{j=1}^{n} \big[\hat{E}_j(g_1(T, X)|T = t_j) - E(g_1(T, X)|T = t_j)\big] w(t_j) I(t_j \leqslant t, x_j \leqslant x)$$

$$= \frac{1}{\sqrt{n}} \sum_{j=1}^{n} \big[\hat{g}_2(t_j) - g_2(t_j)\big] w(t_j) I(t_j \leqslant t, x_j \leqslant x) + o_p(1).$$

因此，J_3 渐近等于 $I_3(t, x) - I_4(t, x)$，J_1 和 J_2 分别等于定理 5.2.2 中的 I_1 和 I_2. 根据定理 5.2.2 的证明过程，得到该定理的结论. 证毕.

5.5.3 第 5.3 节定理的证明

定理 5.3.1 的证明 根据 Wald 理论，只需证明，对几乎所有序列 $\{(t_1, x_1, y_1), \cdots, (t_n, x_n, y_n), \cdots\}$，① $R_n(E_n)$ 的协方差函数收敛到 R 的协方差函数；②对任意有限指标 $(t_1, x_1), \cdots, (t_k, x_k)$，$R_n(E_n)$ 的有限分布收敛；③ $R_n(E_n)$ 一致紧. 即使在局部备择假设下，$\hat{\beta}$, $\hat{U}$, $\hat{S}$ 和 $\hat{F}(X|T)$ 分别是 β, U, S 和 $F(X|T)$ 的相合估计，所以很容易验证性质①和②成立，具体细节不再赘述. 接下来证明性质③成立.

　　由指标集是 (t,x) 的所有函数 $J(\cdot,t,x)$ 组成的函数族是 VC 族. 给定 $\{(t_1,x_1,y_1)\cdots,$ $(t_n,x_n,y_n)\}$，定义 $L^2(P_n)$ 半范 $d_n((t,s),(t',s')) = (P_n(J(T,X,Y,t,s) - J(T,X,Y,$ $t',s'))^2)^{1/2}$，其中 P_n 是经验测度, 对 (T,X,Y) 的任意函数 $f(\cdot)$，$P_n\,f(T,X,Y)$ 表示 $f(T_1,X_1,Y_1),\cdots,f(T_n,X_n,Y_n)$ 这 n 个值的平均数. 关于一致紧的证明, 只需证明本度连续引理成立, 见 Pollard (1984, p150). 根据 Pollard (1984, p157) 的定理 VII 21，$R_n(E_n)$ 依分布收敛到 Gaussian 过程 R. 也就是, 对任意 $\eta > 0$ 和 $\epsilon > 0$, 存在 $\delta > 0$ 满足

$$\limsup_{n\to\infty} P\{\sup_{[\delta]} |R_n(E_n,t,s) - R_n(E_n,t',s')| > \eta | T_n,X_n,Y_n\} < \epsilon, \qquad (5.5.17)$$

其中，$[\delta] = \{((t,s),(t',s')) : d_n((t,s),(t',s')) \leqslant \delta\}$, $(T_n,X_n,Y_n) = \{(t_1,x_1,y_1),\cdots,$ $(t_n,x_n,y_n)\}$.

　　由于我们所关心的是 $n \to \infty$ 时变量的极限性质, 为了简化证明过程, 以下总假定 n 足够大. $J'(\cdot,t,s)$ 表示 $J(\cdot,t,s)$ 中未知量取真值, 记 $\mathcal{G} = \{J'(\cdot,t,s) : t \in R^1, s \in R^d\}$ 和 $d((t,s),(t',s')) = [P_n(J'(T,X,Y,t,s) - J'(T,X,Y,t',s'))^2]^{1/2}$. 根据估计的相合性，$\sup_{(t,s),(t',s')} |d_n((t,s),(t',s')) - d((t,s),(t',s'))| \to 0$ 依概率成立. 因此, 对足够大的 n,

$$P\{\sup_{[\delta]} |R_n(E_n,t,s) - R_n(E_n,t',s')| > \eta | T_n,X_n,Y_n\}$$
$$\leqslant P\{\sup_{<2\delta>} |R_n(E_n,t,s) - R_n(E_n,t',s')| > \eta | T_n,X_n,Y_n\} \qquad (5.5.18)$$

这里 $2\delta >= \{(t,s) : d(t,s) \leqslant 2\delta\}$.

　　为了用链引理 (Pollard (1984, p144)) 的结论, 只需验证下述两个条件是否成立, 即:

$$P\{|R_n(E_n,t,s) - R_n(E_n,t',s')| > \eta\,d((t,s),(t',s')) | T_n,X_n,Y_n\}$$
$$< 2\exp(-\eta^2/2), \qquad (5.5.19)$$

以及存在 $\delta > 0$，使得下式有限

$$J_2(\delta,d,\mathcal{G}) = \int_0^\delta \{2\log\{(N_2(u,d,\mathcal{G}))^2/u\}\}^{1/2}\mathrm{d}u. \qquad (5.5.20)$$

其中, 覆盖数 $N_2(u,d,\mathcal{G})$ 的定义为: 存在 m 个点, 对任意 (t,s)，有 $\min_{1\leqslant i\leqslant m} d((t,s),$ $(t^i,s^i)) \leqslant u$，使得不等式成立的最小整数 m 就是覆盖数. 根据 Hoeffding 不等式, 式 (5.5.19) 成立. 由于 $\mathcal{G}$ 属于 VC 族, 且存在常数 c 和 w, 满足 $N_2(u,d,\mathcal{G}) \leqslant cu^w$, 则式 (5.5.20) 成立. 根据链引理, 以及 $J_2(\delta,d,\mathcal{G}) \leqslant c\,u^{1/2}$ 对某些 $c > 0$ 成立, 存在

$< 2\delta >$ 的可数稠密子集 $< 2\delta >^*$，满足

$$P\{ \sup_{<2\delta>^*} \sqrt{n}|R_n(E_n,t,s) - R_n(E_n,t',s')| > 26cd^{1/2}|T_n,X_n,Y_n\}$$
$$\leqslant 2c\delta. \tag{5.5.21}$$

由于 $R_n(E_n,t,s) - R_n(E_n,t',s')$ 关于 t 和 s 右连续，可数稠密子集 $< 2\delta >^*$ 可用 $< 2\delta >$ 本身代替. 联合式 (5.5.18)，只要选择足够小的 δ，就可以得到定理的结论. 证毕.

第 6 章　多维回归模型的拟合优度检验

6.1　引　　言

对响应向量 $Y = (y_1, \cdots, y_q)^{\mathrm{T}}$ 和协变量 $X = (x_1, \cdots, x_p)^{\mathrm{T}}$，其中 T 表示矩阵的转置. 假定 Y 可以分解成 X 的函数向量 $m(X) = (m_1(X), \cdots, m_q(X))^{\mathrm{T}}$ 以及和 X 正交的误差向量 ε 之和，即给定 X，ε 的条件期望 $E(\varepsilon|X) = 0$. 在实际情况中，关于 m 的统计推断很重要. 如果 $m(x)$ 为参数结构，它完全由未知参数确定. 例如，对线性回归，$m(x) = \beta^{\mathrm{T}}x$，其中 $\beta = (\beta_1, \cdots, \beta_q)$ 是 $p \times q$ 的未知矩阵，它的估计依赖于具体数据. 对 $m(x)$，考虑更一般的非线性结构 $m(x) = \Phi(\beta, x) = (\phi_1(\beta_1, x), \cdots, \phi_q(\beta_q, x))^{\mathrm{T}}$，这里函数向量 $\Phi(\cdot)$ 可能是非线性的，但函数本身是确定的.

正如第 4 和第 5 章所讨论的，在回归分析中，为了避免由事先假定的参数模型得出错误结论，首先应该对数据是否符合这类模型做检验. 目前对参数模型的拟合优度检验是统计分析中的重要问题之一，如果响应变量是一维的，也就是 $q = 1$，此类参数检验问题在第 4 和第 5 章已经做了相关研究.

第 4 和第 5 章的研究结果都是基于响应变量是一维的情况. 原则上，通过对一维响应变量中所使用的方法做一些修改，也可以处理多维参数回归模型的检验问题. 然而，在响应变量是多维的情况，构造统计量时应该考虑响应变量元素之间的相关性. 任何现有检验方法的直接推广很难得到功效较好的检验. 如何在多维响应变量的情况下构造统计量，是本章研究的问题之一.

对本章研究的检验问题，构造得分类型的统计量，且给出了检验的渐近性质. 为了增强检验的功效，本章讨论了统计量中权重函数的最优选择.

本章另外一个关心的问题是如何确定 p 值. 如果用统计量的渐近分布确定，在样本比较小时，所得到的结果可能不好. 在文献中，已经有很多关于用蒙特卡罗逼近原假设下统计量分布的研究，如著名的自助法 (Efron, 1979). 现有的研究方法是针对参数 (如参数自助法，Beran and Ducharme, 1991) 或者完全非参数分布. 正如第 2 章所研究的，很多常用的分布具有半参数结构. 如果协变量或者误差的分布是半参数结构，应该考虑用半参数方法逼近检验在原假设下的分布，而不是简单地把它看作完全非参数分布. 因此，本章用第 2 章所提出的 NMCT 方法估计检验的 p 值. 而且如果分布结构未知，用第 1 章，第 1.2.3 节中所提出的 NMCT 方法也可以逼近统计量的分布，此逼近法的相合性证明在下文给出.

对本章构造的得分类型检验，包含统计量 T_n 的协方差矩阵极限的估计. 这是因为, 如果不包含这个估计, 原假设下的极限分布不是卡方分布, 这说明检验不是刻度不变的. 然而, 在一般情况下, 备择假设下得到的这个矩阵的估计比原假设下的估计大, 此时可能会降低检验的功效. 但是很难选择不受备择假设影响的估计. 有趣的是: NMCT 方法完全避免了这个问题, 统计量中并不需要含有 T_n 协方差矩阵, 这无疑可以增加检验的功效.

NMCT 方法可以很容易地应用到传统的多元线性模型检验中, 比如研究哪个协变量对响应变量的影响不大, 教科书上常用的标准检验是被称为 Wilks lambda 的似然比检验. 通过卡方分布确定 p 值, 见文献 Johnson 和 Wichern (1992). 在误差的分布是正态分布的前提下, Wilks lambda 统计量被证明是很有效的. 然而, 如果不满足正态分布, 这个结论并不正确. 本章用 NMCT 法逼近统计量分布, 通过理论和模拟说明 NMCT 法有很好的逼近效果. 在数值模拟中, 即使误差为正态分布, 由 NMCT 法得到的功效比由 Wilks lambda 得到的功效好.

本章的大部分内容来自文献 Zhu 和 Zhu (2005).

6.2 检验统计量及其渐近性

6.2.1 得分类型的检验

假定 $\{(x_1, y_1), \cdots, (x_n, y_n)\}$ 是来自总体分布的样本, 满足模型

$$Y = m(X) + \varepsilon, \tag{6.2.1}$$

其中, $\boldsymbol{\varepsilon} = (\varepsilon_1, \cdots, \varepsilon_q)^{\mathrm{T}}$ 为独立于 X 的 q 维误差向量. 本章研究的检验问题为, 在原假设下, 存在矩阵 $\boldsymbol{\beta} = (\beta_1, \cdots, \beta_q)^{\mathrm{T}}$,

$$H_0: \quad \boldsymbol{m}(\cdot) = \Phi(\boldsymbol{\beta}, \cdot), \tag{6.2.2}$$

也就是, 对任意 i $(1 \leqslant i \leqslant q)$, $m_i(\cdot) = \phi_i(\beta_i, \cdot)$. 备择假设为, 对任意 β

$$H_1: \quad m(\cdot) \neq \Phi(\boldsymbol{\beta}, \cdot).$$

记 $e = Y - \Phi(\beta, X)$, 在原假设 H_0 下, $e = \varepsilon$, 且 $E(e|X) = 0$. 对 X 的任意 q 维权重函数 $W(\beta, \cdot)$, $E(e \cdot W(\beta, X)) = 0$, 其中 "$\cdot$" 表示向量的各个分量分别乘积. 基于这个结论, 通过 $T = E(e \cdot W(\beta, X))$ 的经验形式定义得分类型的检验. 记

$$T_n = \frac{1}{n} \sum_{j=1}^{n} \hat{e}_j \cdot W(\hat{\beta}, x_j), \tag{6.2.3}$$

其中, $\hat{e}_j = y_j - \Phi(\hat{\beta}, x_j)$, $\hat{\beta}$ 是 β 的估计. 定义统计量 $TT_n = n T_n^{\mathrm{T}} \hat{\Sigma}^{-1} T_n$, 这里 "T" 表示转置, $\hat{\Sigma}$ 是协方差矩阵 T_n 的相合估计.

如何估计检验中的 $\hat{\beta}$ 将在后文给出, 权重函数 $W(\beta, \cdot)$ 的选择非常重要, 合适的权重函数可以使检验的功效很好, 否则可能会使功效很差. 比如, 在模型是线性的情况, β 的估计 $\hat{\beta}$ 是最小二乘估计, 如果权重函数 $W(x) = x$, 因为残差 $\hat{e}_j$ 和 x_j 正交, 此时检验没有功效. 在 6.3 节, 我们将重新讨论这个问题.

6.2.2 渐近性和功效研究

β 的估计通过最小二乘法得到, 也就是下述和式关于 β 的最大值记为 β 的估计 $\hat{\beta}$,

$$\sum_{j=1}^{n}(y_j - \Phi(\beta, x_j))^{\mathrm{T}}(\boldsymbol{y}_j - \Phi(\beta, x_j)).$$

显然, $\hat{\beta}$ 的每列元素 $\hat{\beta}_i(i = 1, \cdots, q)$ 是

$$\sum_{j=1}^{n}(y_j^{(i)} - \phi_i(\beta_i, x_j))^{\mathrm{T}}(y_j^{(i)} - \phi_i(\beta_i, x_j))$$

关于 β_i 的最大值.

在一些正则化条件下, $\hat{\beta}_i$ 是以下方程组的解:

$$\sum_{j=1}^{n}\phi_i'(\beta_i, x_j)(y_j^{(i)} - \phi_i(\beta_i, x_j))^{\mathrm{T}} = 0. \tag{6.2.4}$$

其中, ϕ' 是 ϕ 关于 β_i 的导数得到的 p 维向量. 不难得到 $\hat{\beta}_i$ 的渐近线性表达式. 对模型式 (6.2.1), $y_j^{(i)} = m_i(x_j) + e_j^{(i)}(j = 1, \cdots, n)$. 记 $\eta = \Phi(\beta, X) - m(X)$, $\eta_j = \Phi(\beta, x_j) - m(x_j)$, 则 $\eta_1, \cdots, \eta_n$ 是 i.i.d. 随机变量. $\hat{\beta}_i$ 的渐近线性表达式为

$$\hat{\beta}_i - \beta_i = \frac{1}{n}\sum_{j=1}^{n}S_{ni}^{-1}\phi_i'(\beta_i, x_j)e_j^{(i)} + \frac{1}{n}\sum_{j=1}^{n}S_{ni}^{-1}\phi_i'(\beta_i, x_j)\eta_j^{(i)} + o_p(1/\sqrt{n})$$

$$= : B_{ni} + C_{ni} + o_p(1/\sqrt{n}) \tag{6.2.5}$$

其中, $S_{ni} = n^{-1}\sum_{j=1}^{n}(\phi_i'(\beta_i, \boldsymbol{x}_j))(\phi_i'(\beta_i, \boldsymbol{x}_j))^{\mathrm{T}}$. 关于线性表达式的相关工作可参考 Stute, Xu 和 Zhu(2007).

由于 $B_{ni} = O(1/\sqrt{n})$ 依概率成立, 而且在备择假设下, S_{ni} 和 C_{ni} 分别满足 $S_{ni} \to S_i = E\left((\phi_i'(\beta_i, X))(\phi_i'(\beta_i, X))^{\mathrm{T}}\right)$ 和 $C_{ni} \to C_i = S_i^{-1}E\left(\phi_i'(\beta_i, X)\boldsymbol{\eta}^{(i)}\right)$, 所以 $\hat{\beta}_i$ 收敛到 $\beta_i + C_i$. 显然 $C_i \neq 0$, 对应于备择假设 H_1. 下面分别研究统计量在原假设和备择假设下的渐近性质.

接下来的定理说明 $T_n = (T_{n1}, \cdots, T_{nq})^{\mathrm{T}}$ 的渐近性质.

定理 6.2.1 假设

(1) ϕ_i 关于 β 的二阶导数和 $W^{(i)}$ 关于 β 的一阶导数连续, 且有界于函数 $M(\cdot)(E(M(x))^2 < \infty)$.

(2) ϕ_i, $W^{(i)}$ 和 $e^{(i)}$ 的二阶距有限.

(3) 关于 $\hat{\beta}$ 的渐近表达式 (6.2.5) 成立, 则

$$\sqrt{n}T_{ni} =: \frac{1}{\sqrt{n}}\sum_{j=1}^{n} V_j^{(i)} e_j^{(i)} + \frac{1}{\sqrt{n}}\sum_{j=1}^{n} V_j^{(i)}\eta_j^{(i)} + o_p(1), \qquad (6.2.6)$$

其中, $V_j^{(i)} = \left(W^{(i)}(\beta_i, x_j)) - E[(W^{(i)}(\beta_i, X))(\phi_i'(\beta_i, X))^{\mathrm{T}}]S_i^{-1}(\phi_i'(\beta_i, x_j)) \right)$.

- 在原假设 H_0 下, $\sqrt{n}(T_{ni} - T_i)$ 依分布收敛到 $N(0, \sigma_{ii})$, σ_{ii} 为 $V_j^{(i)} e_j^{(i)}$ 的方差. 则 $\sqrt{n}(T_n - T)$ 依分布收敛到 $N(0, \Sigma)$, 其中 $\Sigma = (\sigma_{lm})_{1 \leqslant l, m \leqslant q}$, 对任意一组 $l, m (1 \leqslant l, m \leqslant q)$, σ_{lm} 是 $V_j^{(l)} e_j^{(l)}$ 和 $V_j^{(m)} e_j^{(m)}$ 的协方差. 根据这个结论, TT_n 是自由度为 q 的渐近卡方分布.

- 在备择假设 H_1 下, 如果存在 $i(1 \leqslant i \leqslant q)$, 有 $\left[n^{-1/2}\sum_{j=1}^{n} V_j^{(i)}\eta_j^{(i)} \right]^2 \to \infty$, 则 $TT_n \to \infty$ 依概率成立; 如果 $\left[n^{-1/2}\sum_{j=1}^{n} V_j^{(i)}\eta_j^{(i)} \right] \to S_i$(常数), 则 T_{ni} 依分布收敛到 $T_i + S_i$. 记 $S = (S_1, \cdots, S_q)^{\mathrm{T}}$, 则 TT_n 依分布收敛到 $(T + S)^{\mathrm{T}}\Sigma^{-1}(T + S)$, 也就是自由度为 q 的, 非中心值为 $S^{\mathrm{T}}\Sigma^{-1}S$ 的卡方分布.

根据这个定理, 检验可以检测到依 $n^{-1/2}$ 的速度逼近原假设的备择假设. 接下来讨论权重函数 W 的选择.

6.2.3 权重函数 W 的选择

首先考虑 $q = 1$ 的情况, $(T + S)^{\mathrm{T}}\Sigma^{-1}(T + S)$ 的分布是非中心为 $S^{\mathrm{T}}\Sigma^{-1}S$ 的卡方分布, 见文献 Stute 和 Zhu (2005), Zhu 和 Cui(2005). 如果考虑单边检验问题, 它的势函数为 $\Phi(-c_\alpha/2 + \Sigma^{-1/2}S) + \Phi(-c_\alpha/2 - \Sigma^{-1/2}S)$, 其中 c_α 是正态分布的 $(1 - \alpha)$ 分位点, 不难证明势函数是 $|\Sigma^{-1/2}S|$ 的单调函数. 对多维响应变量的情况, 有如下类似结果.

引理 6.2.1 假定定理 6.2.1 的条件成立, $(T + S)^{\mathrm{T}}\Sigma^{-1}(T + S)$ 分布的势函数为 $S^{\mathrm{T}}\Sigma^{-1}S$ 的单调函数.

根据引理 6.2.1, 如果要使检验的功效最好, 应该选择使 $\sum_{i=1}^{q} v_i^2 = S^{\mathrm{T}}\Sigma^{-1}S$ 最大的权重函数 W.

引理 6.2.2 在定理 6.2.1 的条件下, W 的最优选择满足方程 $\Sigma^{-1/2}V = [E(\eta^2)]^{-1/2}\eta$, 其中 $[E(\eta^2)]$ 是对角线元素是 $E(\eta^{(i)})^2$ 的对角矩阵, $V = (V^{(1)}, \cdots, V^{(q)})^{\mathrm{T}}$, $V^{(i)}$ 的定义见定理 6.2.1.

注释 6.2.1   引理 6.2.2 给出如何通过解方程的办法寻找最优权重函数. 在某些特殊的情况, 可以给出解的表达式. 如果 W 和 ϕ' 正交, 此时 V 等于 W. 如果 W 的分量相互正交, ε 与 X 独立, 且它的所有分量具有相同的方差 σ^2, 则 Σ 是对角线元素为 $\sigma^2 E(W^{(i)})$ 的对角矩阵, $\Sigma^{-1/2}V = \sigma^2[E(W^2)]^{-1/2}W = [E(\eta^2)]^{-1/2}\eta$. 由于 σ^2 是常数, 权重函数 W 可选为 η. 根据上述假定得到的权重函数和我们直觉上选择的权重函数相吻合, 也就是如果权重函数 W 和 η 成比例, 检验的功效应该较好. 而且假定 W 和 ϕ' 正交是比较合理的, 因为偏离原假设模型的部分应该在由 $\phi'(\beta, X)$ 对所有 X 扩张成的空间的正交空间中. 如果 $\phi'(\beta, X) = X$, 权重函数应该与由 X 组成的线性空间正交. 如果响应向量是一维的, 类似的讨论见 Zhu 和 Cui (2005) 以及 Stute 和 Zhu (2005). 另一方面, 如果对备择假设知道的先验信息比较少, η 未知, 甚至不可估, 此时, 就不能用这种选择权重的方法. 在实际情况中可以通过画残差图, 或者 Y 和 Φ 的散点图来选择权重函数. 在第 6.4 节对这种通过画图的方法选择权重函数做更详细的描述.

6.2.4   回归参数的似然比检验

首先回顾一下传统的对回归函数的似然比推断问题, 此方法在很多多元分析教材中都有讲解, 如 Johnson 和 Wichern (1992). 考虑线性模型

$$Y = \beta^{\mathrm{T}}X + \varepsilon, \tag{6.2.7}$$

其中, ε 与 X 独立. 检验 X 的部分分量是否对 Y 有影响, 即在原假设下

$$H_0: \ \beta_{(1)}^{\mathrm{T}} = 0,$$

其中, $\beta^{\mathrm{T}} = (\beta_{(1)}^{\mathrm{T}}, \beta_{(2)}^{\mathrm{T}})$, $\beta_{(1)}^{\mathrm{T}}$ 和 $\beta_{(2)}^{\mathrm{T}}$ 分别是 $q \times l$ 和 $q \times (p-l)$ 的矩阵. 记 $x^{\mathrm{T}} = ((x^{(1)})^{\mathrm{T}}, (x^{(2)})^{\mathrm{T}})$, $(x^{(1)})^{\mathrm{T}}$ 和 $(x^{(2)})^{\mathrm{T}}$ 分别是 l 和 $(p-l)$ 维向量. 在原假设下, 模型为

$$Y = \beta_{(2)}^{\mathrm{T}}X^{(2)} + \varepsilon.$$

对样本 $\{(x_1, y_1), \cdots, (x_n, y_n)\}$, 根据最小二乘估计, 不难分别得出 β^{T} 和 $\beta_{(2)}^{\mathrm{T}}$ 的估计 $\hat{\beta}^{\mathrm{T}}$ 和 $\hat{\beta}_{(2)}^{\mathrm{T}}$. 记

$$\hat{\Sigma} = \sum_{j=1}^{n}(y_j - \hat{\beta}^{\mathrm{T}}x_j)(y_j - \hat{\beta}^{\mathrm{T}}x_j)^{\mathrm{T}};$$

$$\hat{\Sigma}_2 = \sum_{j=1}^{n}(y_j - \hat{\beta}_{(2)}^{\mathrm{T}}x_j^{(2)})(y_j - \hat{\beta}_{(2)}^{\mathrm{T}}x_j^{(2)})^{\mathrm{T}}.$$

似然比统计量的修正, 也称为 Wilks lambda 检验, 定义为

$$\Lambda_n = -[n - p - 1 - 1/2(q - p + l + 1)]\ln\left(|\hat{\Sigma}|/|\hat{\Sigma}_2|\right). \tag{6.2.8}$$

在原假设 H_0 下, 统计量收敛到自由度是 $q(p-l)$ 的卡方分布.

6.3 NMCT 的步骤

根据定理 6.2.1 关于 TT_n 的极限性质和 6.2.4 小节中 Λ_n 的极限性质, 检验的 p 值可以通过它们的极限分布, 即卡方分布, 估计. 然而在小样本的情况下, 用极限分布估计 p 值得到的功效可能不好. 而且, 对统计量 TT_n, 用代入的方法估计协方差矩阵 Σ 也会降低功效, 因为在备择假设下, ε 不再是中心化的分布, 且协方差矩阵的估计要比在原假设下得到的估计大. 研究原假设下 TT_n 和 Λ_n 的分布的逼近已经有一些相关文献, 其中, 自助法是最常用的逼近方法. 自从 Efron (1979) 关于自助法的工作之后, 文献中出现了很多不同的自助法, 其中, 对模型检验的自助法包括 Wild 自助法 (Wu, 1986; Härdle, Mammen, 1993; Stute, González Manteiga, Presedo Quindimil, 1998). 然而, 上述自助法同样要求估计 Σ.

6.3.1 关于 TT_n 分布的 NMCT 逼近

由于误差 ε 不可观测, 不可能产生和 ε 具有同分布的参考数据, 上述的算法不能直接应用到回归问题的检验. 注意到统计量是基于残差的, 为了逼近检验在原假设下的分布, 我们不能像第 2 章那样简单地模拟残差, 因为在备择假设下, 基于模拟残差得到的蒙特卡罗检验的分布并不是对原假设下分布的逼近, 而是对备择假设下分布的逼近. 我们必须首先研究检验的结构, 然后确定如果构造蒙特卡罗检验.

根据式 (6.2.6) 关于 T_{ni} 的渐近表达式, T_{ni} 的第一项与误差有关, 第二项和备择假设的回归函数有关. 所以基于第一项逼近检验在原假设下的分布. 本节只给出误差是椭球对称分布的算法. 类似地, 可以得到第 2 章其他分布族的算法.

步骤 1 产生 i.i.d. 的随机变量 $u_i = N_i/\|N_i\|, i = 1, \cdots, n$, 其中 N_i 是正态分布 $N(0, I_q)$. 显然, u_i 是球面上的均匀分布. 记 $U_n := \{u_i, i = 1, \cdots, n\}$, 定义 T_n 的条件表达式

$$\tilde{T}_n(U_n) = \frac{1}{\sqrt{n}} \sum_{j=1}^{n} \hat{V}_j \cdot u_j \cdot \|\hat{e}_j\|, \tag{6.3.1}$$

其中, $\hat{V}_j = \left\{ W(\hat{\beta}, x_j) - \hat{E}[(W(\hat{\beta}, X))(\phi'(\hat{\beta}, X))^{\mathrm{T}}] \hat{S}^{-1}(\phi'(\hat{\beta}, x_j)) \right\}$.

得到的统计量 $TT_n' = T_n^{\mathrm{T}} T_n$ 的条件统计量

$$TT_n'(U) = [\tilde{T}_n(U_n)]^{\mathrm{T}} [\tilde{T}_n(U_n)]. \tag{6.3.2}$$

步骤 2   产生 m 组 U_n ，记为 $U_n^{(i)}, i = 1, \cdots, m$ ，得到 m 个 $TT_n'(U_n)$ 的值，记为 $(TT_n'(U_n))^{(i)}, i = 1, \cdots, m$.

步骤 3 p 值的估计是 $\hat{p} = k/(m+1)$ ，k 是 $(TT_n'(U_n))^{(i)}$ 值大于或者等于 TT_n' 值的个数. 对给定的水平 α ，如果 $p \leqslant \alpha$ ，拒绝原假设 H_0.

注释 6.3.1   根据以上步骤，可以用与 TT_n 不同的统计量 TT_n' 得到 TT_n 的功效，而且 TT_n' 并不是刻度不变的. 这是因为用 NMCT 法得到的条件统计量估计检验的 p 值时，统计量中的常数部分对 p 值估计不会造成影响. 所以，在这种情况下，刻度不变并不重要. 接下来的定理给出逼近的相合性.

定理 6.3.1   假定 $n^{-1} \sum\limits_{j=1}^{n} (V_j \cdot \eta_j)(V_j \cdot \eta_j)^{\mathrm{T}}$ 依概率收敛到零，如果定理 6.2.1 的条件成立，则对几乎所有序列 $\{(x_i, y_i)(i = 1, \cdots, n, \cdots)\}$ ，$TT_n'(U_n)$ 的条件分布收敛到 TT_n 在原假设下的极限分布. 如果 $(1/n) \sum\limits_{j=1}^{n} (V_j \cdot \eta_j)(V_j \cdot \eta_j)^{\mathrm{T}}$ 依概率收敛到常数矩阵，$TT_n'(U_n)$ 依分布收敛到 TT ，TT 的分布与 TT_n 在原假设下的极限分布不同.

如果 ε 的分布完全是非参数的，基于 1.2.3 小节的思想我们可以很容易构造如下 NMCT 步骤：

步骤 1'   产生均值为 0 ，协方差矩阵为 1 的 i.i.d. 随机向量 $u_i, i = 1, \cdots, n$ ，且其支集有界. 记 $U_n := \{u_i, i = 1, \cdots, n\}$ ，定义 T_n 的条件对应表达式为

$$\tilde{T}_n(U_n) \;=\; \frac{1}{\sqrt{n}} \sum_{j=1}^{n} \hat{V}_j \cdot u_j \cdot \hat{e}_j, \tag{6.3.3}$$

其中，$\hat{V}_j = \left\{ W(\hat{\beta}, x_j) - \hat{E}[(W(\hat{\beta}, X))(\Phi'(\hat{\beta}, X))^{\mathrm{T}}]\hat{S}^{-1}(\Phi'(\hat{\beta}, x_j)) \right\}$.

相应 TT_n' 的条件统计量是

$$TT_n'(U_n) = \left[\tilde{T}_n(E_n)\right]^{\mathrm{T}} \left[\tilde{T}_n(U_n)\right]. \tag{6.3.4}$$

步骤 2'   产生 m 组 U_n ，不妨记为 $U_n^{(i)}, i = 1, \cdots, m$ ，相应地得到 m 个 $TT_n'(U_n)$ 值，记为 $(TT_n'(U_n))^{(i)}, i = 1, \cdots, m$.

步骤 3' p 值的估计为 $\hat{p} = k/(m+1)$ ，其中 k 是 $(TT_n'(U_n))^{(i)}$ 值大于或者等于 TT_n 值的个数. 对给定的水平 α ，如果 $p \leqslant \alpha$ ，拒绝原假设 H_0.

定理 6.3.2   假定 $(1/n) \sum\limits_{j=1}^{n} (V_j \cdot \eta_j)(V_j \cdot \eta_j)^{\mathrm{T}}$ 依概率收敛到零，且定理 6.2.1 的条件成立，则对几乎所有序列 $\{(x_i, y_i), i = 1, \cdots, n, \cdots,\}$ ，由上述步骤 1' 得到的条件统计量 $TT_n'(U_n)$ 的条件分布收敛到 TT_n 在原假设下的极限分布. 如果 $(1/n) \sum\limits_{j=1}^{n} (V_j \cdot \eta_j)(V_j \cdot \eta_j)^{\mathrm{T}}$ 依概率收敛到常数矩阵，$TT_n'(U_n)$ 依分布收敛到 TT ，TT 的分布与 TT_n 在原假设下的极限分布不同.

6.3.2 关于 Λ_n 分布的 NMCT 逼近

首先研究统计量 Λ_n 的结构. 令 $\mathcal{Y} = (y_1, \cdots, y_n)$, $\mathcal{X} = (x_1, \cdots, x_n)$, $\mathcal{X}_{(2)} = (x_1^{(2)}, \cdots, x_n^{(2)})$, $\mathcal{E} = (e_1, \cdots, e_n)$ 分别表示 $q \times n$ 的响应变量矩阵, $p \times n$ 和 $(p-l) \times n$ 的协变量矩阵, 以及 $q \times n$ 的误差矩阵. 根据 $\hat{\beta} = \left(\mathcal{X}\mathcal{X}^{\mathrm{T}} \right)^{-1} \mathcal{X}\mathcal{Y}^{\mathrm{T}}$ 和 $\hat{\beta}_{(2)} = \left(\mathcal{X}_{(2)}\mathcal{X}_{(2)}^{\mathrm{T}} \right)^{-1} \mathcal{X}_{(2)}\mathcal{Y}^{\mathrm{T}}$,

$$\mathcal{Y} - \mathcal{Y}\mathcal{X}^{\mathrm{T}}\left(\mathcal{X}\mathcal{X}^{\mathrm{T}} \right)^{-1}\mathcal{X} = \mathcal{E}\left[I - \mathcal{X}^{\mathrm{T}}\left(\mathcal{X}\mathcal{X}^{\mathrm{T}} \right)^{-1}\mathcal{X} \right],$$

$$\mathcal{Y} - \mathcal{Y}\mathcal{X}_{(2)}^{\mathrm{T}}\left(\mathcal{X}_{(2)}\mathcal{X}_{(2)}^{\mathrm{T}} \right)^{-1}\mathcal{X}_{(2)} = \mathcal{E}\left[I - \mathcal{X}_{(2)}^{\mathrm{T}}\left(\mathcal{X}_{(2)}\mathcal{X}_{(2)}^{\mathrm{T}} \right)^{-1}\mathcal{X}_{(2)} \right],$$

其中, I 表示 $n \times n$ 的单位矩阵. 从第 6.2.4 节关于 $\hat{\Sigma}$ 和 $\hat{\Sigma}_2$ 的定义, 有

$$\begin{aligned}
\hat{\Sigma} &= \left[\mathcal{Y} - \mathcal{Y}\mathcal{X}^{\mathrm{T}}\left(\mathcal{X}\mathcal{X}^{\mathrm{T}} \right)^{-1}\mathcal{X} \right]\left[\mathcal{Y} - \mathcal{Y}\mathcal{X}^{\mathrm{T}}\left(\mathcal{X}\mathcal{X}^{\mathrm{T}} \right)^{-1}\mathcal{X} \right]^{\mathrm{T}} \\
&= \mathcal{E}\left[I - \mathcal{X}^{\mathrm{T}}\left(\mathcal{X}\mathcal{X}^{\mathrm{T}} \right)^{-1}\mathcal{X} \right]\mathcal{E}^{\mathrm{T}};
\end{aligned}$$

$$\begin{aligned}
\hat{\Sigma}_2 &= \left[\mathcal{Y} - \mathcal{Y}\mathcal{X}_{(2)}^{\mathrm{T}}\left(\mathcal{X}_{(2)}\mathcal{X}_{(2)}^{\mathrm{T}} \right)^{-1}\mathcal{X}_{(2)} \right]\left[\mathcal{Y} - \mathcal{Y}\mathcal{X}_{(2)}^{\mathrm{T}}\left(\mathcal{X}_{(2)}\mathcal{X}_{(2)}^{\mathrm{T}} \right)^{-1}\mathcal{X}_{(2)} \right]^{\mathrm{T}} \\
&= \mathcal{E}\left[I - \mathcal{X}_{(2)}^{\mathrm{T}}\left(\mathcal{X}_{(2)}\mathcal{X}_{(2)}^{\mathrm{T}} \right)^{-1}\mathcal{X}_{(2)} \right]\mathcal{E}^{\mathrm{T}}.
\end{aligned}$$

根据上面的两个公式, 如同第 6.3.1 小节, 产生 $q \times n$ 维随机矩阵 $\mathcal{U}_n = (u_1, \cdots, u_n)$, 定义 $\hat{\Sigma}$ 和 $\hat{\Sigma}_2$ 的条件表达式:

$$\hat{\Sigma}(\mathcal{U}_n) = \left(\mathcal{U}_n \cdot \hat{\mathcal{E}} \right)\left[I - \mathcal{X}^{\mathrm{T}}\left(\mathcal{X}\mathcal{X}^{\mathrm{T}} \right)^{-1}\mathcal{X} \right]\left(\mathcal{U}_n \cdot \hat{\mathcal{E}} \right)^{\mathrm{T}};$$

$$\hat{\Sigma}_2(\mathcal{U}_n) = \left(\mathcal{U}_n \cdot \hat{\mathcal{E}} \right)\left[I - \mathcal{X}_{(2)}^{\mathrm{T}}\left(\mathcal{X}_{(2)}\mathcal{X}_{(2)}^{\mathrm{T}} \right)^{-1}\mathcal{X}_{(2)} \right]\left(\mathcal{U}_n \cdot \hat{\mathcal{E}} \right)^{\mathrm{T}}$$

这里, "·" 表示点乘, 见第 1 章第 1.2.2 小节关于点乘的定义, 相应得到 Λ_n 的条件统计量 $\Lambda_n(\mathcal{U}_n)$; 重复这个步骤 m 次产生 m 个 $\Lambda_n(\mathcal{U}_n) = -[n - p - 1 - 1/2(q - p + l + 1)]\ln\left(|\hat{\Sigma}(\mathcal{U}_n)|/|\hat{\Sigma}_2(\mathcal{U}_n)| \right)$ 值, 不妨记为 $\Lambda_n(\mathcal{U}_n^{(1)}), \cdots, \Lambda_n(\mathcal{U}_n^{(m)})$; 计算 $\Lambda_n(\mathcal{U}_n^{(i)})$ 大于或者等于 Λ_n 的个数 k, 得到 p 值的估计 $k/(m+1)$.

类似于定理 6.3.1 的结论, 以下定理说明 $\Lambda_n(\mathcal{U}_n)$ 和 Λ_n 的渐近等价性.

定理 6.3.3 假定 X 和 Y 的 4 阶距存在, 则对几乎所有序列 $\{(x_1, y_1), \cdots, (x_n, y_n)\}$, $\Lambda_n(\mathcal{U}_n)$ 的条件分布收敛到 Λ_n 在原假设下的极限分布.

6.4   模拟和应用

6.4.1   关于得分类型的模型检验

例 6.4.1   分析以下模型

$$Y = \beta^{\mathrm{T}} X + c X^2 + \varepsilon \tag{6.4.1}$$

其中，Y 和 X 分别是 q 维和 p 维向量，X 和 ε 独立，且 X 服从多元正态分布 $N(0, I_p)$. 为了说明 NMCT 功效，考虑误差 ε 的三种不同类型的分布：正态分布 $N(0, I_q)$；$(-0.5, 0.5)^q$ 上的均匀分布 $U_q(-0.5, 0.5)$；以及所有分量为自由度 1 的卡方分布 $\chi_q^2(1)$. 原假设成立当且仅当 $c = 0$，在模拟中，为了研究检验对备择假设的敏感性，c 的不同取值分别为 $c = 0, 0.1, 0.2, \cdots, 1$. $p = 3$，$q = 2$ 以及 $\boldsymbol{\beta} = B = [1, 0; 1, 1; 0, 1]$.

如果认为备择假设有方向性，权重函数选择为 X^2. 正如上述所讨论的，ε 和 X 的残差图可以对选择合适的权重函数提供信息. 在 $c = 0.5$ 时，产生 300 个数据之后，在原假设下拟合模型式 (6.4.1) 得到的残差 $Y_i - \hat{\beta}_i^{\mathrm{T}} X$ 和 $\hat{\beta}_i^{\mathrm{T}} X (i = 1, 2)$ 的散点图见图 6.1. 从图中看它们之间有平方关系，因此权重函数可选为 X^2. 在具体模拟计算中，权重函数选择为 $W(X) = X^2$.

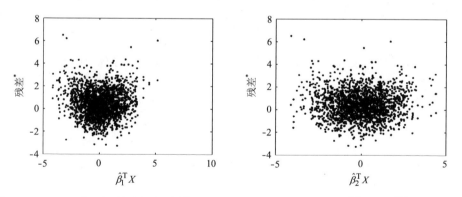

图 6.1 $c = 0.5$ 时，在原假设下拟合模型式 (6.4.1) 得到的残差 $Y_i - \hat{\beta}_i^{\mathrm{T}} X$ 和 $\hat{\beta}_i^{\mathrm{T}} X$ $(i = 1, 2)$
的散点图

由于本文首次研究多元响应变量的检验问题，文献中没有相关研究，模拟部分只比较由统计量的极限分布确定临界值和由 NMCT 法确定临界值时，检验的经验功效. 样本量的大小分别为 $n = 20, 40, 60$. 根据图 6.2，如果样本 $n = 20$ 时，很明显由 NMCT 法得到的功效更好. 另外一个有趣的发现是：虽然在样本较大的情况下两个方法得到的功效非常接近, 对误差的所有不同分布, 由 NMCT 法得到的功效比由分布的极限得到的功效好.

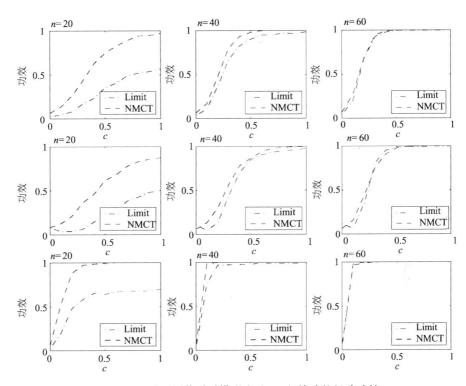

图 6.2 c 取不同值时对模型式 (6.4.1) 检验的经验功效

第一列是误差服从正态分布的功效; 第二列是误差服从卡方分布的功效; 第三列是误差服从均匀分布的功效

6.4.2 用 Λ_n 统计量的诊断

考虑如下的线性模型:

$$Y = c(\boldsymbol{\beta}_{(1)} X^{(1)}) + \boldsymbol{\beta}_{(2)}^{\mathrm{T}} X^{(2)} + \varepsilon, \tag{6.4.2}$$

其中, Y 是 q 维向量, $X = (X^{(1)}, (X^{(2)})^{\mathrm{T}})^{\mathrm{T}}$ 服从多元正态分布 $N(0, I_p)$, $X^{(1)}$ 和 $X^{(2)}$ 分别是独立于 ε 的 1 和 $(p-1)$ 维向量. 研究三种不同类型的误差分布: 正态分布 $N(0, I_q)$; $(-0.5, 0.5)^q$ 上的均匀分布 $U_q(-0.5, 0.5)$; 以及分量是自由度 1 的卡方分布组成的 $\chi_q^2(1)$ 分布. 原假设成立当且仅当 $c = 0$. 在模拟中, 为了研究检验对备择假设的敏感性, c 的不同取值分别为 $c = 0, 0.1, 0.2, \cdots, 1$. $p = 3$, $q = 2$, $\beta_{(2)} = (1, 1; 0, 1)$ 以及 $\beta_1 = (1, 0)$. 模拟结果见图 6.3, 从图中看, 在所有情况下, 由 NMCT 逼近得到的检验功效比由渐近分布得到的功效好, 在样本量小的时候尤其明显.

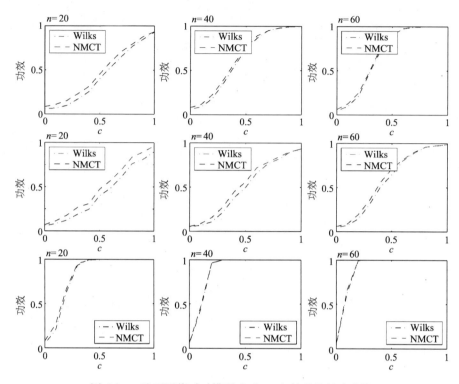

图 6.3 c 取不同值时对模型式 (6.4.2) 检验的经验功效

第一列是误差服从正态分布的功效; 第二列是误差服从卡方分布的功效; 第三列是误差服从均匀分布的功效

6.4.3   实例分析

Johnson 和 Wichern (1992) 分析了在 1984 年奥林匹克运动会的各种田径比赛成绩. 对有关的女子比赛成绩, Dawkins (1989) 用主成分分析的方法研究在各种田径比赛中, 不同国家运动员的强项, 以及相对强项. Zhu (2003) 研究了长跑成绩和短跑成绩之间的关系. Johnson 和 Wichern (1992) 给出 55 个国家的女子分别在 100 米, 200 米, 400 米, 800 米, 1500 米, 3000 米, 以及马拉松比赛中的最快获胜的时间. 本章关心的问题是如果国家女子的长跑成绩好, 是不是意味着短跑成绩也很好? 为了使分析更合理, 把获胜的最快时间转化为速度, 分别记为 $x_1, \cdots, x_7$. 假定 100 米, 200 米和 400 米是短跑, 1500 米及以上的距离为长跑. 100 米, 200 米和 400 米的速度 (x_1, x_2, x_3) 为协变量, 1500 米, 3000 米和马拉松的速度 (Y_1, Y_2, Y_3) 为响应变量. 在原假设下, 变量之间是线性关系.

用第 6.2 小节提出的统计量 TT_n 检验该模型. 关于 NMCT 逼近, 假定误差分布为两种情况, 即椭球对称分布和完全非参数分布两种情况. 因此, 分别用第 6.3 小节中对应的两种算法估计检验的 p 值. 从图 6.4 看, 马拉松速度 Y_3 和协变量 X_i

$(i = 1, 2, 3)$ 之间有非线性关系，他们之间也许存在平方关系．因此，选择 X_3^2 为权重函数 W．由 TT_n 的渐近分布得到的 p 值为 0.09．在误差是椭球对称分布和完全非参数分布假定下，由第 6.3 小节中两种算法分别得到的 p 值为 0.0001 和 0.03．显然，拒绝原假设，认为模型不符合线性关系．另一方面，从图 6.4 中看，非线性部分主要来自 Y_3，且 Y_3 和 X_i $(i = 1, 2, 3)$ 之间可能存在平方关系，这说明国家在短跑上的强项或者弱项与国家在长跑上的强项或者弱项之间没有线性关系．如果用 X_1, X_2, X_3 和 X_3^2 为协变量做线性拟合，由 TT_n 渐近分布得到的 p 值为 0.97；在误差是椭球对称分布和完全非参数假定下，由第 6.3 小节中两种算法分别得到的 p 值分别为 0.34 和 0.99．检验结果对模型中是否包括 X_3^2 项给出了根据．

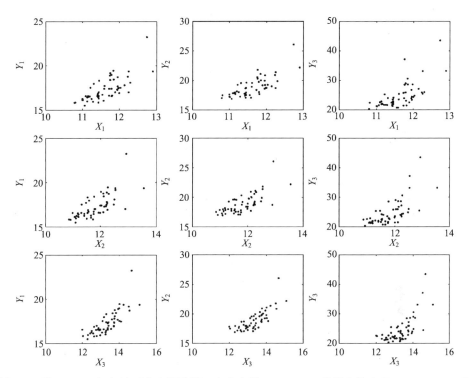

图 6.4 关于 1984 年奥林匹克比赛数据，响应变量 Y_1, Y_2, Y_3 分别和协变量 X_1, X_2, X_3 的散点图

接下来讨论用似然比统计量研究传统的检验问题．注意到 100 和 200 米的速度是相关系数为 0.9528 的变量，X_1 关于 X_2 做回归，可得 $\hat{X}_2 = 1.1492 X_1$．因此，考虑新的模型

$$Y = a\tilde{X}_1 + b\tilde{X}_2 + dX_3 + cX_3^2 + \varepsilon, \tag{6.4.3}$$

这里，$\tilde{X}_1 = X_2 - 1.1492X_1$，$\tilde{X}_2 = X_2 + 1.1492X_1$. 检验 $\tilde{X}_1$ 对 Y 是否有显著影响，也就是系数是否满足 $a = 0$. 由 Λ_n 的渐近分布得到的 p 值为 0.08；如果误差服从均匀分布或正态分布，由 NMCT 逼近得到的 p 值分别为 0.20 和 0.38. 所有的检验结果表明 $\tilde{X}_1$ 对 Y 的影响很小. 因此，可以用模型

$$Y = b\tilde{X}_2 + dX_3 + cX_3^2 + \varepsilon$$

建立 Y 和 $\tilde{X}_2, X_3, X_3^2$ 之间的关系.

6.5   定理的证明

证明引理 6.2.1   由于 $\Sigma^{-1/2}(T+S)$ 服从正态分布 $N(\Sigma^{-1/2}S, I_q)$，这里 I_q 表示 $q \times q$ 维单位矩阵, 因此 $\Sigma^{-1/2}(T+S)$ 的分量, 不妨记为 $u_i(i = 1, \cdots, q)$，是均值为 v_i，方差为 1 的正态分布, 其中 v_i 是矩阵 $\Sigma^{-1/2}S$ 的分量. 因此 $(T+S)^T\Sigma^{-1}(T+S)$ 可以写为 $\sum_{i=1}^{q}(u_i+v_i)^2$，也就是非中心值为 v_i^2 的独立非中心卡方分布之和. 如果响应向量是一维的, 对任意 $c > 0$，在 $|v_i|$ 很大时，$P\{(u_i+v_i)^2 \geqslant c\}$ 很小. 考虑 $q = 2$ 的情况, $(u_1+v_1)^2 + (u_2+v_2)^2$ 的分布是两个分布的卷积, 由于 $P\{(u_1+v_1)^2 + (u_2+v_2)^2 > c\} = \int(1 - F_{1,v_1}(c-x_2))\mathrm{d}F_{2,v_2}(x_2) = \int(1 - F_{2,v_2}(c-x_1))\mathrm{d}F_{1,v_1}(x_1)$. 那么对任意满足 $|v_i| \geqslant |v_i'|$ 的两组向量 (v_1, v_2) 和 (v_1', v_2')，由于 u_1 和 u_2 独立, 可得

$$P\{(u_1 + v_1)^2 + (u_2 + v_2)^2 > c\} = \int (1 - F_{1,v_1}(c - x_2))\mathrm{d}F_{2,v_2}(x_2)$$

$$\geqslant \int (1 - F_{1,v_1'}(c - x_2))\mathrm{d}F_{2,v_2}(x_2) = \int (1 - F_{2,v_2}(c - x_1))\mathrm{d}F_{1,v_1'}(x_1)$$

$$\geqslant \int (1 - F_{2,v_2'}(c - x_2))\mathrm{d}F_{1,v_1'}(x_2) = P\{(u_1 + v_1')^2 + (u_2 + v_2')^2 > c\}.$$

用归纳法很容易把它推广到一般情况, 细节不再赘述.

证明引理 6.2.2   记 $V' = \Sigma^{-1/2}V = ((V')^{(1)}, \cdots, (V')^{(q)})$. 由于 $S_i = E(V^{(i)}\eta^{(i)})$，则 $\sum_{i=1}^{q} v_i^2 = \sum_{i=1}^{q} E[(V')^{(i)}\eta^{(i)}]^2$. 根据 Cauchy-Schwarz 不等式和 $E[(V')^{(i)}]^2 = 1$，可得 $S^T\Sigma^{-1}S \leqslant \sum_{i=1}^{q}(E[\eta^{(i)}])^2$，等式成立当且仅当 $(V')^{(i)} = \eta^{(i)}/\sqrt{(E(\eta^{(i)})^2)}$.

证明定理 6.3.1   在原假设下

$$\tilde{T}_n = \frac{1}{\sqrt{n}}\sum_{j=1}^{n} V_j \cdot e_j + o_p(1). \tag{6.5.1}$$

不难看出, 给定序列 $\{(x_i, \|\varepsilon_i\|), i = 1, \cdots, n, \cdots, \}$，因为 $\varepsilon_j/\|\varepsilon_j\|$ 和 $\|\varepsilon_j\|$ 独立, 且 $\varepsilon_j/\|\varepsilon_j\|$ 和 u_j 同分布, $n^{-1/2}\sum_{j=1}^{n} V_j \cdot e_j$ 和 $n^{-1/2}\sum_{j=1}^{n} V_j \cdot u_j \cdot \|e_j\|$ 同分布. 这说明 $\tilde{T}_n$

的极限分布和 $n^{-1/2}\sum\limits_{j=1}^{n}V_j\cdot u_j\cdot\|e_j\|$ 同分布. 如果 $n^{-1/2}\sum\limits_{j=1}^{n}V_j\cdot u_j\cdot\|e_j\|$ 的渐近分布是 $\tilde{T}_n(U_n)$, 可得, $\tilde{T}_n$ 和 $\tilde{T}_n(U_n)$ 渐近同分布. 接下来说明 $n^{-1/2}\sum\limits_{j=1}^{n}V_j\cdot u_j\cdot\|e_j\|$ 和 $\tilde{T}_n(U_n)$ 渐近同分布.

注意到

$$\tilde{T}_n(U_n) = \frac{1}{\sqrt{n}}\sum_{j=1}^{n}\hat{V}_j\cdot u_j\cdot\|\hat{e}_j\|, \tag{6.5.2}$$

u_j 和 $\{(x_j,y_j), j=1,\cdots,n\}$ 独立, 而且包含在 $\hat{V}_j$ 和 $\hat{e}_j$ 中的所有估计都相合. 根据 Taylor 展开式, 很容易证明

$$\frac{1}{\sqrt{n}}\sum_{j=1}^{n}\Big[\hat{V}_j\cdot u_j\cdot\|\hat{e}_j\|-V_j\cdot u_j\cdot\|e_j\|\Big]=\frac{1}{\sqrt{n}}\sum_{j=1}^{n}u_j\cdot\Big[\hat{V}_j\cdot\|\hat{e}_j\|-V_j\cdot\|e_j\|\Big]$$

依概率成立. 定理证毕.

证明定理 6.3.2 要得到定理的结论, 只需证明两件事情, 即: ① $\tilde{T}_n(U_n)$ 的渐近正态性; ② $\tilde{T}_n(U_n)$ 的协方差矩阵收敛到 $\tilde{T}_n$ 极限的协方差矩阵. 由于 u_j 独立于 $\{(x_j,y_j), j=1,\cdots,n\}$, 则给定 $\{(x_j,y_j)\}$, $\tilde{T}_n(U_n)$ 的协方差矩阵是 $(1/n)\sum\limits_{j=1}^{n}(\hat{V}_j\cdot\hat{e}_j)(\hat{V}_j\cdot\hat{e}_j)^{\mathrm{T}}$. 由于所含估计的相合性, 用 Taylor 展开式和弱大数定理, 和式收敛到 $E\big[(V\cdot\varepsilon)(V\cdot\varepsilon)^{\mathrm{T}}\big]$, 它也是 $\tilde{T}_n$ 极限的协方差. 关于渐近正态性, 由于给定 $\{(x_j,y_j)\}$, $\tilde{T}_n(U_n)$ 为 i.i.d. 随机向量之和, 根据中心极限定理, 极限分布服从正态分布 $N(0, E\big[(V\cdot\varepsilon)(V\cdot\varepsilon)^{\mathrm{T}}\big])$, 此极限分布和 $\tilde{T}_n$ 的极限分布相同, 定理证毕.

证明定理 6.3.3 这个定理的证明过程和前面的定理证明过程基本上相同, 细节就不再赘述.

第 7 章　回归模型的异方差性检验

7.1 引　　言

假定回归模型同方差之前, 应该检验模型的异方差性, 观察残差图是一种经常使用的方法. 残差分析也可以用来构造异方差性检验, 关于这方面检验得比较全面的讨论可参考文献 Carroll 和 Ruppert (1988, 3.4 节).

对于参数形式的回归函数和方差函数, 关于异方差检验的研究文献有 Cook 和 Weisberg(1983) 的得分类型检验, Davidian 和 Carroll(1987), 及 Carroll 和 Ruppert (1988) 的伪似然检验. 大部分的研究工作是基于正态误差分布的假定下. Bickel (1978) 把传统的检验框架扩展到非正态误差的情况. 在回归函数是线性的情况下, Carroll 和 Ruppert (1981) 进一步研究了 Bickel 检验的性质.

近来, 对非参数回归函数的情况, 也有一些关于这方面问题的研究. 如果误差是正态分布, 在回归函数是非参数的情况下, Eubank 和 Thomas (1993) 构造了得分检验的统计量. 在正态误差和线性模型情况下, Diblasi 和 Bowman (1997) 基于非参数光滑方法构造检验统计量, 它实际上就是对残差做变换之后的得分检验. Dette 和 Munk (1998) 对固定设计的非参数回归模型构造统计量, 检验具有比较好的性质, 它不要求直接估计回归函数, 也不依赖光滑参数的选择. 在高维的情况, Müller 和 Zhao (1995) 提出了关于误差异方差性的检验, 除了对误差的阶数做一些限制, 实际上就是误差的 8 阶距存在, 没有对误差的分布做任何限制, 文章也研究了在原假设下检验的极限分布, 但是并没有通过理论和数据模拟研究检验的功效. Eubank 和 Thomas(1993) 在有方向的局部备择假设下研究了检验的性质.

本章对高维参数和非参数回归模型提出统一的方法构造检验统计量. 除了假定方差函数连续且 4 阶距存在, 对误差分布没有其他任何的假定. 所以, 模型具有更一般性, 且模型的假定比文献 Müller 和 Zhao(1995) 的模型假定弱. 对研究的所有的回归函数和方差函数, 统计量可以检测到依 $1/\sqrt{n}$ 的速度逼近原假设的备择假设. 值得一提的是, 本章关于随机设计模型的研究结果很容易推广到固定设计模型的情况.

如果研究的是非参数模型, 需要用非参数光滑的方法估计回归函数, 同时包含有光滑参数的选择. 一般来说, 要考虑不同的光滑参数是否很明显地影响估计的有效性. 对本章所提出的统计量, 光滑参数的选择并不是非常重要. 在光滑参数较广的取值范围, 统计量的极限分布相同. 如果协变量是一维的, 且给定协变量时误差的条件 4 阶距为常数 (如误差和协变量独立), 检验的渐近分布不依赖误差的分布. 在高维的情况, 检验的渐近分布一般不具有这样的性质. 为了确定临界值, 蒙特卡罗逼近原假设下统计量的分布是其中常用的方法之一. 本章同时研究了传统自助法和 NMCT 法的性质. 相关的工作可参考文献 Stute, González Manteiga 和 Presedo Quindimil(1998) 以及 Stute, Thies 和 Zhu (1998).

7.2 检验的构造及其性质

7.2.1 检验统计量的构造

考虑如下回归模型

$$Y = \phi(X) + \varepsilon,$$

其中, X 为 d 维协变量, $E(\varepsilon|X=x) = 0$, $E(\varepsilon^2|X=x) = \sigma^2(x)$. 本章所研究的检验问题是: 在原假设下,

$$H_0: \quad \sigma^2(\cdot) = \sigma^2(常数) 成立;$$

在备择假设下,

$$H_1: \quad \sigma^2(\cdot) 是非常数函数.$$

显然, 如果原假设成立, σ^2 就是 ε 的方差 $E\varepsilon^2$. 因此, H_0 成立等价于对几乎所有 x,

$$E(\varepsilon^2|x) - E(\varepsilon^2) = 0.$$

假定 X 的分布函数 $F(\cdot)$ 连续, 上式等价于

$$
\begin{aligned}
T(x) &:= \int I(X \leqslant x)(E(\varepsilon^2|X) - E(\varepsilon^2))\mathrm{d}F(X) \\
&= E(\varepsilon^2(I(X \leqslant x) - F(x))) = 0,
\end{aligned}
\tag{7.2.1}
$$

其中, "$X \leqslant x$" 表示 X 的各个分量小于或者等于 x 的相应分量. 记 $(x_1, y_1), \cdots, (x_n, y_n)$ 为观测数据, 基于这组数据拟合模型 $\hat{y}_i = \hat{\phi}(x_i)$ 得到残差 $\hat{\varepsilon}_i = y_i - \hat{y}_i$, 其中 $\hat{\phi}(x)$ 为 $\phi(x)$ 的估计. $T(x)$ 的经验形式为

$$T_n(x) = \frac{1}{n} \sum_{j=1}^{n} \hat{\varepsilon}_j^2 (I(x_j \leqslant x) - F_n(x)), \tag{7.2.2}$$

其中, F_n 是 $\{x_1, \cdots, x_n\}$ 的经验分布函数. 根据上述结论, 统计量可定义为 T_n 的函数. 本章定义 Cramér-von Mises 类型的检验统计量, 即 T_n 的平方形式

$$W_n = nC_n^{-2} \int [T_n(x)]^2 \mathrm{d}F_n(x), \tag{7.2.3}$$

其中，C_n^2 是 ε_j^2 的样本方差，它使得统计量是标准化的检验.

上述检验的思想可以应用到很多类型模型的检验中. 对不同类型的模型，在估计回归函数的同时研究它们的性质，以便证明检验的性质. 本章只考虑两种类型的模型，也就是以下参数和非参数回归模型.

1) 参数模型：$Y = \phi_\beta(X) + \varepsilon$，其中 ϕ 为已知函数. 首先根据数据估计 β 得到 $\phi_{\hat\beta}(x_j)$，以及残差 $y_j - \phi_{\hat\beta}(x_j)$. 根据式 (7.2.2) 和 (7.2.3) 构造统计量.

2) 非参数模型：$Y = \phi(X) + \varepsilon$，其中 ϕ 是未知函数. 用非参数光滑的方法得到 $\phi(\cdot)$ 的估计 $\hat\phi(\cdot)$ 和残差 $y_j - \hat\phi(x_j)$，然后根据式 (7.2.2) 和 (7.2.3) 构造统计量.

7.2.2 T_n 和 W_n 的渐近性质

本章只详细讨论线性和非参数模型中，检验的极限性质. 对参数模型可以得到类似的结果. 假定 $(x_1, y_1), \cdots, (x_n, y_n)$ 是 i.i.d. 的观测数据.

1) 线性模型的情况

对线性模型 $Y = \alpha + \beta'X + \varepsilon$，$\beta$ 的最小二乘估计为 $\hat\beta = \hat{S}^{-1} \sum_{j=1}^{n} (x_j - \bar{x})(y_j - \bar{y})$，其中 $\hat{S}$ 表示 x_j 的样本协方差矩阵. 假定 X 的协方差矩阵，不妨记为 S，有限且正定，则 $\hat\beta$ 是 β 的 $\sqrt{n}$ 相合估计，也就是 $\hat\beta - \beta = o_p(1/\sqrt{n})$. α 的估计 $\hat\alpha = \bar{y} - \hat\beta'\bar{x}$，残差 $\hat\varepsilon_i = y_i - \hat\alpha - \hat\beta'x_i$. 接下来的定理分别给出式 (7.2.2) 和 (7.2.3) 中关于 T_n 和 W_n 的渐近性质.

定理 7.2.1   假定 X 的分布 F 连续，X 和 ε 的 4 阶矩有限，且 X 的协方差矩阵 S 正定，则在原假设 H_0 下，

$$T_n \Longrightarrow B_1, \tag{7.2.4}$$

在 Skorohod 空间 $D[-\infty, \infty)^d$ 成立，且

$$W_n \Longrightarrow W := C^{-2} \int B_1^2(x)\mathrm{d}\, F(x),$$

其中，"$\Longrightarrow$"表示弱收敛，d 是 X 的维数，B_1 为中心化的 Gaussian 过程，对任意 x 和 x_1，它的协方差函数是

$$\begin{aligned}
E(B_1(x)B_1(x_1)) = E\Big[&(\varepsilon^2 - \sigma^2)^2\big(I(X \leqslant x \wedge x_1) - F(x)I(X \leqslant x_1)\\
&- F(x_1)I(X \leqslant x) + F(x)F(x_1)\big)\Big].
\end{aligned} \tag{7.2.5}$$

C^2 是 ε^2 的方差. 如果 x 和 x_1 为一维变量，"$\wedge$"表示这两个变量取最小，否则表示两个向量的对应分量取最小.

2) 非参数情况

对非参数模型, 情况相对比较复杂. 在线性模型中, 参数的估计可以达到 $\sqrt{n}$ 的收敛速度. 在非参数回归模型中, 估计达不到 $\sqrt{n}$ 的收敛速度. 如果协变量 X 的维数是 d, m 表示回归函数和 X 分布函数光滑程度, 函数的估计可能只能达到 $n^{-(m+1)/(2(m+1)+d)}$ 的速度收敛到真实的回归函数 (参考后面的 7.5.1 小节). 本章用核函数定义非参数函数 ϕ 的估计, 记 $g(x) = \phi(x)f(x)$, $g(x)$, $f(x)$ 和 $\phi(x)$ 的核估计 $\hat{g}(x)$, $\hat{f}(x)$ 和 $\hat{\phi}(x)$ 分别具有下述形式:

$$\hat{g}(x) = \frac{1}{n}\sum_{j=1}^{n} y_j K_h(x - x_j), \quad \hat{f}(x) = \frac{1}{n}\sum_{j=1}^{n} K_h(x - x_j),$$

$$\hat{\phi}(x) = \hat{g}(x)/\hat{f}(x), \tag{7.2.6}$$

其中, h 为窗宽, $K(\cdot)$ 为核函数, $K_h(\cdot) = K(\cdot/h)/h^d$. 此时残差 $\hat{\varepsilon}_i = y_i - \hat{\phi}(x_i)$.

定理 7.2.2 假定 7.5.1 小节中的条件 1)~5) 成立, 则在原假设 H_0 下, 对由残差 $\hat{\varepsilon}_i = y_i - \hat{\phi}(x_i)$ 构造得到的 T_n 和 W_n, 定理 7.2.1 的结论仍然成立.

下面的推论说明在一些特别情况下统计量的性质.

推论 7.2.1 假定定理 7.2.1 或者定理 7.2.2 的条件成立, 如果在原假设下 $E((\varepsilon^2 - \sigma^2)^2 | X)$ 为常数. 则 T_n 弱收敛到中心化的 Gaussian 过程 B_1, 对任意 x 和 x_1, 它的协方差函数是

$$E(B_1(x)B_1(x_1)) = C^2 E[(I(X \leqslant x \wedge x_1) - F(x)F(x_1))], \tag{7.2.7}$$

其中, C^2 是 ε^2 的方差. 特别的, 如果协变量是一维的, W_n 弱收敛到 $\int_0^1 B^2(x)\mathrm{d}x$, B 表示 Brownian 桥.

接下来研究检验对备择假设的敏感性, 考虑下述备择假设

$$\sigma^2(x) = \sigma^2 + s(x)/n^a, \quad a \geqslant 0. \tag{7.2.8}$$

以下定理说明检验对全局备择假设 (对应于 $a = 0$) 相合, 而且它可以检测到以 $1/\sqrt{n}$ 的速度 (对应于 $0 < a \leqslant 1/2$) 逼近原假设的局部备择假设.

定理 7.2.3 假定定理 7.2.1 关于参数模型或者定理 7.2.2 关于非参数模型的条件成立, 则在备择假设式 (7.2.8) 下, 如果 $0 \leqslant a < 1/2$, $W_n \to \infty$ 依概率成立. 如果 $a = 1/2$,

$$T_n \Longrightarrow B_1 + SF,$$

其中, "$\Longrightarrow$" 表示弱收敛, $SF(x) = E(s(X)(I(X \leqslant x) - F(x)))$ 表示非随机漂移函数. 因此, 对连续的分布函数 F, $W_n \Longrightarrow C^{-2} \int (B_1 + SF)^2 \mathrm{d}F$.

关于统计量的临界值的确定, 如果协变量是一维的, 且在原假设下误差和 X 独立, 可通过已有的表格查找渐近分布的分位点, 见 Shorack 和 Wellner (1986). 但

是在通常情况下，特别是高维协变量时，W_n 的渐近分布并不是自由分布. 本章用蒙特卡罗逼近的方法估计检验的 p 值.

7.3   蒙特卡罗逼近

我们考虑三种类型的蒙特卡罗逼近，即传统的自助法、Wild 自助法和 NMCT 方法.

1. 传统自助法

(1) 线性模型的情况

从残差 $\hat{\varepsilon}_i$ 中有放回的独立抽取 b_i ，记 $y_i^* = \hat{\alpha} + \hat{\beta}' x_i + b_i$ ，用传统自助法得到 β 的最小二乘估计 (Efron, 1979)

$$\beta^* = \hat{S}^{-1} \sum_{j=1}^{n} (x_j - \bar{x})(y_j^* - \bar{y^*}), \quad \alpha^* = \bar{y^*} - (\beta^*)' \bar{x}.$$

记 $b_i^* = b_i - (1/n) \sum_{j=1}^{n} b_j$ ，则由传统自助法得到的残差是

$$\hat{\varepsilon}_j^* = y_j^* - \alpha^* - \beta^{*\prime} x_j = -(\beta^* - \hat{\beta})'(x_j - \bar{x}) + b_j^*.$$

由此可分别得到 T_n 和 W_n 的条件表达式：

$$T_{n1}^*(x) = \frac{1}{\sqrt{n}} \sum_{j=1}^{n} (\hat{\varepsilon}_j^*)^2 (I(x_j \leqslant x) - F_n(x))$$

以及

$$W_{n1}^* = C_n^{-2} \int (T_{n1}^*(x))^2 \mathrm{d}\, F_n(x). \tag{7.3.1}$$

(2) 非参数模型的情况

e_i^* 表示有放回的从 $\hat{\varepsilon}_i = y_i - \hat{\phi}(x_i)$ 中独立抽取的样本，记 $y_i^* = \hat{\phi}(x_i) + e_i^*$，$\hat{\phi}^*(x) = n^{-1} \sum_{j=1}^{n} y_j^* K_h(x - x_j)/\hat{f}(x)$ ，则相应的残差是 $\hat{e}_j^* = y_j^* - \hat{\phi}^*(x)$. 由此可分别得到 T_n 和 W_n 的条件表达式

$$T_{n1}^*(x) \;=\; \frac{1}{\sqrt{n}} \sum_{j=1}^{n} (e_j^*)^2 (I(x_j \leqslant x) - F_n(x))$$

和

$$W_{n1}^* = C_n^{-2} \int (T_{n1}^*(x))^2 \mathrm{d}\, F_n(x). \tag{7.3.2}$$

定理 7.3.1 在定理 7.2.1 或者定理 7.2.2 的条件下, 对几乎所有序列 $\{(x_1, y_1), \cdots, (x_n, y_n), \cdots, \}$, 式 (7.3.1) 或式 (7.3.2) 的条件统计量 W_{n1}^* 的极限分布等于统计量 W_n 在原假设下 $E((\varepsilon^2 - \sigma^2)^2|X)$ 为常数时的极限分布, 分布的协方差函数见推论 7.2.1.

注释 7.3.1 根据定理 (7.3.1), 可知无论原假设是否成立, 由式 (7.3.1) 或式 (7.3.2) 得到的条件统计量 W_{n1}^* 的极限, 等于在原假设下 $E(\varepsilon^4|X)$ 为常数时 W_n 的极限分布. $E(\varepsilon^4|X)$ 为常数这一结论只有协变量和误差独立的情况成立, 所以由传统自助法得到的条件检验在一般情况下是不相合的, 它只适用于一些特殊的情况.

2. Wild 自助法

对本章构造的统计量, Wild 自助法 (Wu, 1986; Härdle, Mammen, 1993) 不相合. 通过线性模型说明它的不相合性. w_i 表示由计算机模拟产生的, 均值为 0, 方差为 1 的 i.i.d. 的伪数据, 记 $\varepsilon_i^* = w_i\hat{\varepsilon}_i$, $y_i^* = \hat{\beta}'x_i + \varepsilon_i^*$, 由自助数据 $(x_1^*, y_1^*), \cdots, (x_n^*, y_n^*)$ 得到 β 的最小二乘估计 $\hat{\beta}^*$ 满足 $\hat{\beta}^* - \hat{\beta} = \hat{\beta} - \beta + o_p(1/\sqrt{n})$, 见 Liu (1988) 或者 Härdle 和 Mammen (1993). 相应的残差为 $y_i^* - (\hat{\beta}^*)'x_i = \varepsilon_i^* - (\hat{\beta}^* - \hat{\beta})'x_i$, 由 Wild 自助法得到对应 T_n 的条件表达式 T_n^* 为

$$T_n^*(x) = \frac{1}{\sqrt{n}} \sum_{j=1}^n (y_i^* - (\hat{\beta}^*)'x_i)^2 (I(x_j \leqslant x) - F_n(x))$$

$$= \frac{1}{\sqrt{n}} \sum_{j=1}^n ((y_i^* - (\hat{\beta}^*)'x_i)^2 - \hat{\sigma}^2)(I(x_j \leqslant x) - F_n(x)).$$

类似于 T_n 的分解,

$$\frac{1}{\sqrt{n}} \sum_{j=1}^n (w_i^2\hat{\varepsilon}_j^2 - \hat{\sigma}^2)(I(x_j \leqslant x) - F_n(x))$$

$$-(\hat{\beta}^* - \hat{\beta})'\frac{2}{\sqrt{n}} \sum_{j=1}^n w_i\hat{\varepsilon}_j x_j(I(x_j \leqslant x) - F_n(x))$$

$$+\sqrt{n}(\hat{\beta}^* - \hat{\beta})'\frac{1}{n} \sum_{j=1}^n x_j x_j'(I(x_j \leqslant x) - F_n(x))(\hat{\beta}^* - \hat{\beta})$$

$$=: I_1^*(x) - I_2^*(x) + I_3^*(x). \tag{7.3.3}$$

直观上讲, 由于 $\hat{\beta}^*$ 是 $\sqrt{n}$ 相合估计, 过程 $I_3^* = \{I_3^*(x), x \in R^d\}$ 收敛到零. 对过程 $I_2^* = \{I_2^*(x), x \in R^d\}$, 求和项是中心化的过程且极限有限, 又因为 $\hat{\beta}^*$ 为 $\sqrt{n}$ 相合, I_2^* 收敛到零. 如果 $w_i^2 = 1$, 过程 $I_1^* = \{I_1^*(x), x \in R^d\}$ 等于 T_n. 如果 w_i^2 不是常数, I_1^* 的极限不等于 T_n 的极限. 因此, 由 Wild 自助法得到的 W_n 的条件统计量 W_n^* 并不是渐近相合的.

3. NMCT 方法

考虑简单的情况, 记 $e_1, \cdots, e_n$ 为等概率取值 ± 1 的 i.i.d. 随机变量. 由 NMCT 法得到的对应 T_n 的表达式为

$$T_n(E_n, x) = \frac{1}{\sqrt{n}} \sum_{j=1}^{n} e_j (\hat{\varepsilon}_j^2 - \hat{\sigma}^2)(I(x_j \leqslant x) - F_n(x)), \tag{7.3.4}$$

其中, $E_n := (e_1, \cdots, e_n)$. 相应的条件统计量为

$$W_n(E_n) = C_n^{-2} \int (T_n(E_n, x))^2 \mathrm{d} F_n(x). \tag{7.3.5}$$

产生 m 组 E_n, 不妨记为 $E_n^{(i)} (i = 1, \cdots, m)$, 得到 m 个 $W_n(E_n)$ 值, 记为 $W_n(E_n^{(i)})(i = 1, \cdots, m)$. $W_n(E_n^{(i)})$ 的 $1 - \alpha$ 分位点就是 W_n 的水平为 α 的临界值的估计.

定理 7.3.2 假定定理 7.2.1 关于参数模型或者定理 7.2.2 关于非参数模型的条件成立, 如果存在 $a > 0$, 使得 $\sigma^2(x) = \sigma^2 + s(x)/n^a$ 成立, 则对几乎所有序列 $\{(x_1, y_1), \cdots, (x_n, y_n), \cdots\}$, 条件统计量 $W_n(E_n)$ 收敛到定理 7.2.1 中 W_n 在原假设下的极限分布.

在定理 7.3.2 中, $s(\cdot) = 0$ 对应于原假设, $s(\cdot) \neq 0$ 对应于局部备择假设. 根据定理的结论, 在局部备择假设下由条件统计量 $W_n(E_n)$ 确定的临界值渐近等于在原假设下确定的临界值. 因此, 在大样本的情况下, 如果条件方差 $\sigma^2(x)$ 以一定的速度逼近原假设, 此时在备择假设下确定的临界值可以近似统计量的临界值.

对全局备择假设, 也就是 $a = 0$, $W_n(E_n)$ 的极限有限, 然而 W_n 趋于无穷. 因此统计量也是相合的.

7.4 模 拟 分 析

本节对本章所得到的理论结果通过模拟说明检验的功效, 并且和文献中已有一些检验比较模拟结果.

与文章 Diblasi 和 Bowman (1997) 选取的方差函数一致, 即 $\sigma_1(x) = 1$, $\sigma_2(x) = 0.25 + x$, $\sigma_3(x) = 0.25 + 4(x - 0.25)^2$ 以及 $\sigma_4(x) = 0.25 \exp(x \log(5))$.

在模拟分析中, 试验重复 500 次, 给定水平 $\alpha = 0.05$. 表 7.1 中给出 500 次试验中拒绝原假设的比例. 模拟中需要考虑窗宽的选择. 类似于 Eubank 和 Thomas (1993) 用样条估计时遇到的问题, 理论研究并不支持用数据驱动的方法选择窗宽 h. 在同方差的情况, 广义交叉验证法 (GCV) 可以得到较好的窗宽估计, 然而在异方差的情况, 得到的窗宽不一定合适. 正如 Diblasi 和 Bowman(1997) 的做法, 我们考虑在较宽范围, 经验地选取 h 的不同值. 模拟结果见表 7.1 和 7.3. 通过 500

次试验, 在原假设下用 GCV 方法得到窗宽的平均值确定窗宽的选择范围. 在模型式 (7.4.1) 中, 与 Diblasi 和 Bowman (1997) 选择的窗宽的方法一致, 分别研究 $h = 0.08, 0.16$ 和 0.32 时检验的经验功效.

在表 7.1~ 表 7.4 中, 行 "线性" 表示在线性模型中用最小二乘方法估计参数. "非参数" 表示把模型看作非参数的, 用核方法对非参数回归函数估计得到的结果. 核函数选为 $(15/16)(1 - t^2)^2 I(t^2 \leqslant 1)$(Härdle 和 Mammen (1993)). 考虑协变量为一维的模型,

$$y_i = \beta_0 + \beta_1 x_i + \varepsilon_i \ (i = 1, \cdots, n), \tag{7.4.1}$$

其中, ε_i 是均值为零的独立正态随机变量, x_i 为 $[0, 1]$ 上的均匀分布. 在模拟中, 参数的值分别为 $\beta_0 = 1$ 和 $\beta_1 = 2$.

由于模型式 (7.4.1) 中 ε 和 X 独立, 检验的渐近分布的临界值可参见文献 Shorack 和 Wellner (1986) 的第 748 页. 在表 7.1 和表 7.2 中, C&W 表示 Cook 和 Weisberg(1983) 的 Cook & Weisberg 检验; D&B 表示 Diblasi 和 Bowman (1997) 的自助法检验; NEW 表示本章中的检验根据统计量渐近分布确定临界值的渐近检验; NMCT 表示 NMCT 逼近确定临界值方法; CBT 表示传统的自助法逼近确定临界值.

表 7.1 在原假设下拒绝 H_0 的百分比 ($\sigma_1(x) = 1$)

$n = 50$	C&W	D&B	New	NMCT	CBT
线性	4.4		5.0	6.4	5.6
非参数 $h = 0.08$		4.6	6.0	7.6	9.2
非参数 $h = 0.16$		4.4	5.0	5.8	6.4
非参数 $h = 0.32$		4.8	5.0	4.4	4.8
$n = 70$	C&W	D&B	New	NMCT	CBT
线性	5.0		3.8	4.6	5.0
非参数 $h = 0.08$		4.6	5.4	6.6	8.2
非参数 $h = 0.16$		4.2	5.6	5.8	6.8
非参数 $h = 0.32$		5.2	4.4	4.6	5.2

从表 7.1 看, 在原假设下, 由渐近检验得到的功效比其他检验得到的功效好. 在较宽的窗宽范围内, 由渐近检验得到的功效和给定水平非常接近. 模拟结果和理论结果吻合. 对线性模型, C&W 的功效较好. 对 D&B 检验, NMCT 和 CBT 检验, 需要选择合适的窗宽. 根据表 7.1, 窗宽 $h = 0.32$ 时条件检验 NMCT 和 CBT 得到的功效不错. 在样本 $n = 50$ 和 $n = 70$ 时, 由 GCV 选择得到的平均窗宽分别是 $\bar{h}_{\mathrm{GCV}} = 0.30$ 和 $\bar{h}_{\mathrm{GCV}} = 0.28$.

备择假设下功效的模拟结果见表 7.2, 在非参数情况下选择窗宽 $h = 0.32$. C&W 检验假定误差的方差是 $\sigma_0^2 \exp(\lambda x)$, 其中 λ 未知. C&W 的得分函数选择

为方差函数导数的中心化表达式. 检验的功效依赖于具体的方差函数. 如果参数假定合理， C&W 检验功效最好. 但是没有任何一种检验结果在任何情况下比其他的检验结果都好. 由于渐近检验的数值计算相对比较简单, 而且适用于很多不同的模型， 所以推荐用渐近检验的方法.

表 7.2 H_0被拒绝的百分比

$n = 50$	C&W	D&B	New	NMCT	CBT
$\sigma_2(x) = 0.25 + x$					
线性	92.2		85.4	91.4	87.0
非参数		84.8	85.4	87.0	85.4
$\sigma_3(x) = 0.25 + 4(x - 0.25)^2$					
线性	37.6		41.4	19.2	44.8
非参数		83.2	39.4	17.2	45.8
$\sigma_4(x) = 0.25\exp(x\log 5)$					
线性	97.0		93.6	96.4	94.4
非参数		90.6	92.4	91.6	93.0
$n = 70$	C&W	D&B	New	NMCT	CBT
$\sigma_2(x) = 0.25 + x$					
线性	97.0		95.4	96.4	96.0
非参数		94.4	94.2	94.8	94.6
$\sigma_3(x) = 0.25 + 4(x - 0.25)^2$					
线性	40.8		59.8	23.0	60.8
非参数		96.4	59.8	21.6	59.6
$\sigma_4(x) = 0.25\exp(x\log 5)$					
线性	98.8		99.2	99.4	99.0
非参数		98.4	98.6	98.2	98.2

接下来分析模型

$$y_i = \beta_0 + \beta_1 x_{i1} + \beta_2 x_{i2} + \varepsilon_i, \ (i = 1, \cdots, n). \tag{7.4.2}$$

在模拟中, 参数 $\beta_0 = 1, \beta_1 = 2$ 和 $\beta_2 = 3$. ε_i 是均值为零的正态随机变量. 记 $\tilde{x}_{i1}$ 表示 $[0,1]$ 上的均匀分布, $\tilde{x}_{i2} = (2\tilde{x}_{i1})^2$, 协变量 x_{i1} 和 x_{i2} 分别为 $x_{i1} = \tilde{x}_{i1} + 0.5\tilde{x}_{i2}$ 和 $x_{i2} = 0.5\tilde{x}_{i1} + \tilde{x}_{i2}$. 因此模型式 (7.4.2) 只和变量 $\tilde{x}_{i1}$ 有关, 渐近检验 NEW 仍然适用. 模拟分析了 NMCT 和 CBT 逼近的功效. 与 Diblasi 和 Bowman(1997) 对窗宽的选择方法一样, $h = 0.16, 0.32$ 和 0.64. 在样本 $n = 50$ 和 $n = 70$ 时, 根据 500 次试验得到窗宽的平均值分别为 $\bar{h}_{GCV} = 0.38$ 和 $\bar{h}_{GCV} = 0.34$.

在原假设下, 检验的经验功效见表 7.3, 从表中看, 渐近检验 NEW 的模拟结果仍然不错.

表 7.4 中给出窗宽 $h = 0.32$ 时检验的功效. 渐近检验和 NMCT 比其他两种类型的检验结果要好一些. C&W 的得分选择为方差函数 $\sigma_0^2 \exp(\lambda x_1)$ 导数的中心化

表达式. 即使在参数假定的情况, 得分类型的检验比其他方法都要差一些. 在一维的情况, 注意到 Eubank 和 Thomas (1993) 提出的检验是 C& W 检验的一般化形式, 根据 Eubank 和 Thomas (1993) 表 1 的结果, 可知 $\sigma_0^2 \exp(\lambda x_1)$ 的导数并不总是最优的选择.

表 7.3   在原假设下拒绝 H_0 的百分比 $(\sigma_1(x) = 1)$

$n = 50$	C&W	NEW	NMCT	CBT
线性	4.6	5.0	6.4	5.8
非参数 $h = 0.16$		6.4	9.8	16.2
非参数 $h = 0.16$		6.6	10.2	14.6
线性	5.8	5.2	6.8	5.8
非参数 $h = 0.32$		5.2	4.4	6.2
$n = 70$	C&W	NEW	NMCT	CBT
非参数 $h = 0.32$		5.4	4.2	6.4
非参数 $h = 0.64$		4.8	1.8	4.0
非参数 $h = 0.64$		5.0	3.6	6.0

表 7.4 H_0 被拒绝的百分比

$n = 50$	C&W	NEW	NMCT	CBT
$\sigma_2(x) = 0.25 + x_1$	$n = 50$			
线性	78.4	82.0	82.4	73.8
非参数 $h = 0.32$		81.4	80.8	77.2
$\sigma_3(x) = 0.25 + 4(x_1 - 0.25)^2$				
线性	92.4	99.8	99.6	97.8
非参数 $h = 0.32$		99.8	99.8	99.2
$\sigma_4(x) = 0.25 \exp(x_1 \log 5)$				
线性	95.2	98.4	99.8	94.4
非参数 $h = 0.32$		98.6	99.8	98.2
$n = 70$	C&W	NEW	WBT	CBT
$\sigma_2(x) = 0.25 + x_1$				
线性	90.6	93.2	93.2	89.2
非参数 $h = 0.32$		92.0	92.4	91.8
$\sigma_3(x) = 0.25 + 4(x_1 - 0.25)^2$				
线性	94.4	100.0	99.8	99.8
非参数 $h = 0.32$		100.0	100.0	100.0
$\sigma_4(x) = 0.25 \exp(x_1 \log 5)$				
线性	97.0	99.4	99.6	96.4
非参数 $h = 0.32$		100.0	99.4	98.6

此外, 如果协变量是一维的, 且误差服从正态分布, Eubank 和 Thomas (1993) 检验在原假设下的渐近分布是自由度 1 的卡方分布. 他们的检验定义为加权残差平方和的形式, 也属于 Cramér-von Mises 类型的检验. 统计量需要选择权重函数.

为了得到较好的检验功效, 权重函数的选择和备择假设有关. 在他们的模拟中, 选择三种形式的权重函数, 相应的统计量分别记为 T_1, T_2 和 T_3. 本章分析四种不同形式的方差函数, 即 $v_0(x) = 1, v_1(x) = \exp(x), v_2(x) = \exp(x^2)$ 以及 $v_3(x) = 2$ 如果 $x > 0.5$, 否则 $v_3(x) = 1$, 1000 次试验拒绝原假设的百分比见表 7.5. 样本大小 $n = 100$ 和 $n = 200$. 考虑了两类回归函数 $\phi_1(x) = 3 + 2.7x + 3x^2$ 和 $\phi_2(x) = 3\exp(-2x)$. 类似于 Eubank 和 Thomas (1993) 第 149 页 T_1 和 T_2 检验结果, 渐近检验对回归函数 ϕ 的选择并不敏感, 所以表 7.5 只给出回归函数是 ϕ_1, 窗宽 $h = 0.32$ 时的模拟结果.

表 7.5 H_0被拒绝的百分比

方差函数	v_0	v_1	v_2	v_3
$n = 100$	5.4	46.0	46.3	51.0
$n = 200$	5.0	76.5	78.0	82.0

在原假设下, 渐近检验的结果和给定水平很接近. 然而正如 Eubank 和 Thomas (1993) 所指出的, 在 $n = 100$ 时他们的检验很难保持临界水平. 在相同的情况下, T_2 比渐近检验对备择假设更敏感.

总结起来, 如果协变量是一维变量且 ε 和 X 独立, 检验的渐近分布的临界值通过查表可得, 此时可考虑用渐近检验的方法. 否则, NMCT 方法值得推荐.

7.5 定理的证明

7.5.1 假定条件

为了证明 7.2 和 7.3 小节中的定理, 首先给出一些条件.

(1) 存在非零的整数 $m_1, \cdots, m_d$, $g(x) = \phi(x)f(x)$ 和 $f(x)$ 关于 x 的第 i 个分量 x_i 为 m_i 次可微. 记 $m = m_1 + \cdots + m_d$, g 和 f 的 m 次导数满足条件: 存在原点的邻域, 不妨记为 U, 以及常数 $c > 0$, 对任意 $u \in U$,

$$|f^{(m)}(x+u) - f^{(m)}(x)| \leqslant c|u|,$$
$$|g^{(m)}(x+u) - g^{(m)}(x)| \leqslant c|u|.$$

(2) $E|Y|^4 < \infty$ 和 $E|X|^4 < \infty$.

(3) 连续核函数 $K(\cdot) = \prod\limits_{i=1}^{d} K^{(i)}(\cdot)$ 满足条件:

    (a) 对 $i = 1, \cdots, d$, $K^{(i)}(\cdot)$ 的支集为区间 $[-1, 1]$;

    (b) $K^{(i)}(\cdot)$ 关于 0 对称;

(c) $\int_{-1}^{1} K^{(i)}(u)\mathrm{d}u = 1, \int_{-1}^{1} u^l K^{(i)}(u)\mathrm{d}u = 0, l = 0, \cdots m_i, i = 1, \cdots d.$

(4) 当 $n \to \infty$ 时, $h \sim n^{-c_1}$, 其中正数 c_1 满足 $1/(4(m+1)) < c_1 < 1/(2d)$ 且 $d < 2(m+1)$, 符号 "$\sim$" 表示两个量有相同的收敛速度.

(5) $0 < c_1 \leqslant \inf f(x) \leqslant \sup f(x) \leqslant c_2 < \infty.$

注释 7.5.1 条件 (1) 是关于 x 的密度函数和回归函数 $\phi(x)$ 的光滑度的要求. 条件 (2) 为了证明 T_n 和 W_n 的渐近收敛性. 在满足条件 (4) 的情况下, 定理 7.2.2 中 T_n 的渐近性不依赖于窗宽 h 的选择, 即 h 的选择相对比较灵活. 比如在一维的情况, $d = 1$, $m = 0$ 时, h 的变化范围为 $n^{-\frac{1}{2}}$ 到 $n^{-\frac{1}{r}}$, 包含了最优收敛速度 $h = o_p(n^{-\frac{1}{3}})$. 从这个意义上讲, 统计量 W_n 对光滑参数 h 的选择并不是很敏感. 条件 (5) 是为了避免边界效应问题常用的条件.

接下来的证明针对协变量是一维的情况, 类似的证明可以推广到多维的情况.

7.5.2 第 7.2 节中定理的证明

证明定理 7.2.1 正如上述所提到的, 假定 x_j 是一维变量. 由于 $\hat{S} \to S$ 依概率成立, $\sup_x |F_n(x) - F(x)| = o_p(1/\sqrt{n})$, 又因为 $\hat{\varepsilon}_j = (\epsilon_j - \bar{\varepsilon}) - (\hat{\beta} - \beta)(x_j - \bar{x})$, $\hat{\varepsilon}_j^2 = (\epsilon_j - \bar{\varepsilon})^2 - 2(\hat{\beta} - \beta)(x_j - \bar{x})(\varepsilon_j - \bar{\varepsilon}) + (\hat{\beta} - \beta)^2(x_j - \bar{x})^2$, $(\bar{x} - EX) = o_p(1/\sqrt{n})$, 以及 $\bar{\varepsilon} = o_p(1/\sqrt{n})$, 则

$$T_n(x) = \frac{1}{\sqrt{n}} \sum_{j=1}^{n} (\varepsilon_j^2 - \sigma^2)(I(x_j \leqslant x) - F(x))$$

$$- \frac{2}{\sqrt{n}}(\hat{\beta} - \beta) \sum_{j=1}^{n} \varepsilon_j(x_j - EX)(I(x_j \leqslant x) - F(x))$$

$$+ \frac{1}{\sqrt{n}}(\hat{\beta} - \beta)^2 \sum_{j=1}^{n} (x_j - EX)^2(I(x_j \leqslant x) - F(x)) + o_p(1/\sqrt{n})$$

$$=: I_1(x) - I_2(x) + I_3(x) + o_p(1/\sqrt{n}). \tag{7.5.1}$$

由所有 x 为指标集组成的函数族 $f_x(X) = X^2(I(X \leqslant x) - F(x))$ 属于 VC 族 (Pollard, 1984; Giné, Zinn, 1984), $(1/n) \sum_{j=1}^{n} x_j^2(I(x_j \leqslant x) - F(x)) \to E(X^2(I(X \leqslant x) - F(x)))$ 几乎处处关于 x 一致成立 (Pollard, 1984, p25), 则 $I_3(x) = o_p(1/\sqrt{n})$ 几乎处处关于 x 一致成立. 由所有 x 为指标集的函数, 族 $f_{1x}(X) = X\varepsilon(I(X \leqslant x) - F(x))$ 也是 VC 族, 因此本度引理 (Pollard, 1984, p150) 成立, 根据定理 VII 21 (Pollard (1984, p157)), $1/\sqrt{n} \sum_{j=1}^{n} \epsilon_j x_j I(x_j \leqslant x)$ 弱收敛到中心化的 Gaussian 过程, 所以 $I_2(x) = o_p(1/\sqrt{n})$ 几乎处处关于 x 一致成立. 根据 Pollard (1984) 的定理 VII 21, 以及 $C_n \to C$ 依概率成立, I_1 弱收敛到式 (7.2.5) 的过程 B_1. 根据这个结论, 在定理 7.2.1 的条件下, 由连续映射定理, W_n 弱收敛到 W. 定理证毕.

证明定理 7.2.2 类似于式 (7.5.1) 关于 T_n 的分解, 有

$$
\begin{aligned}
T_n(x) = {} & \frac{1}{\sqrt{n}} \sum_{j=1}^{n} (\varepsilon_j^2 - \sigma^2)(I(x_j \leqslant x) - F(x)) \\
& - \frac{2}{\sqrt{n}} \sum_{j=1}^{n} \varepsilon_j (\hat{\phi}(x_j) - \phi(x_j))(I(x_j \leqslant x) - F(x)) \\
& + \frac{1}{\sqrt{n}} \sum_{j=1}^{n} (\hat{\phi}(x_j) - \phi(x_j))^2 (I(x_j \leqslant x) - F(x)) + o_p(1) \\
=: {} & I_4(x) - I_5(x) + I_6(x) + o_p(1).
\end{aligned}
\tag{7.5.2}
$$

接下来只要证明 I_5 和 I_6 依概率收敛到零.

关于 I_6 , 有

$$
\sup_x |I_6(x)| \leqslant \frac{1}{\sqrt{n}} \sum_{j=1}^{n} (\hat{\phi}(x_j) - \phi(x_j))^2.
$$

上式等于 $\sqrt{n}$ 乘以 ϕ 的均方误差. 在 7.5.1 节的条件下, 不难得到 ϕ 的均方误差等于 $o_p((1/\sqrt{nh} + h^{m+1})^2)$. 因此 $I_6(x) = o_p(1/\sqrt{nh} + \sqrt{n}h^{2(m+1)})$ 关于 x 一致成立.

接下来证明 I_5 关于 x 一致依概率收敛到零. 通过一些初等计算,

$$
\begin{aligned}
\hat{\phi}(x) - \phi(x) &= \frac{\hat{g}(x)}{\hat{f}(x)} - \frac{g(x)}{f(x)} \\
&= \frac{\hat{g}(x) - g(x)}{f(x)} - \phi(x)\frac{\hat{f}(x) - f(x)}{f(x)} \\
&\quad - \frac{(\hat{g}(x) - g(x))(\hat{f}(x) - f(x))}{\hat{f}(x)f(x)} + \frac{\phi(x)(\hat{f}(x) - f(x))^2}{\hat{f}(x)f(x)}.
\end{aligned}
\tag{7.5.3}
$$

类似于计算估计 $\hat{\phi}(x)$ 的均方误差, 根据条件 (1)~(3) , 可得

$$
\sum_{j=1}^{n} (\hat{g}(x) - g(x))^2 = o_p((\log n)^4/(nh) + h^{2(m+1)}),
$$
$$
\sum_{j=1}^{n} (\hat{f}(x) - f(x))^2 = o_p((\log n)^4/(nh) + h^{2(m+1)}).
$$

由式 (7.5.3) 和条件 (5) ,

$$I_5(x) = \frac{2}{\sqrt{n}} \sum_{j=1}^{n} \varepsilon_j \left(\frac{\hat{g}(x_j) - g(x_j)}{f(x_j)} \right) (I(x_j \leqslant x) - F(x))$$

$$- \frac{1}{\sqrt{n}} \sum_{j=1}^{n} \varepsilon_j \left(\phi(x_j) \frac{\hat{f}(x_j) - f(x_j)}{f(x)} \right) (I(x_j \leqslant x) - F(x))$$

$$+ o_p((\log n)^4 / \sqrt{nh} + \sqrt{n}h^{2(m+1)})$$

$$=: J_1(x) - J_2(x) + o_p((\log n)^4 / \sqrt{nh} + \sqrt{n}h^{2(m+1)}). \quad (7.5.4)$$

接着证明上式 J_1 和 J_2 依概率关于 x 一致收敛. 由于对这两项的证明过程类似, 只给出 J_1 的证明细节.

记

$$W_h^1(x_i, x_j, y_i, \varepsilon_j, x) = \frac{(y_i K((x_i - x_j)/h) - g(x_j))\phi(x_j)\varepsilon_j}{hf(x_j)}(I(x_j \leqslant x) - F(x)).$$

不难得到,

$$J_1(x) = \frac{1}{2n^{3/2}} \sum_{i \neq j}^{n} W_h^1(x_i, x_j, y_i, \varepsilon_j, x) + W_h^1(x_j, x_i, y_j, \varepsilon_i, x) + o_p\left(\frac{1}{\sqrt{nh}}\right)$$

$$=: J_1'(x) + o_p\left(\frac{1}{\sqrt{nh}}\right). \quad (7.5.5)$$

记 $\eta = (X, Y, \varepsilon)$, 定义

$$W_h(\eta_i, \eta_j, x) = h\left(W_h^1(\eta_i, \eta_j, x) + W_h^1(\eta_j, \eta_i, x)\right)$$

$$- h\left(E(W_h^1(\eta, \eta_j, x)|\eta_j)) + E(W_h^1(\eta_i, \eta, x)|\eta_i))\right),$$

其中, $E(W_h^1(\eta, \eta_j, x)|\eta_j))$ 是给定 η_j, W_h^1 的条件期望. 定义

$$J_1'' = \frac{1}{2n^{3/2}} \sum_{i \neq j}^{n} W_h(\eta_i, \eta_j, x),$$

则 J_1 为 U 过程 (Nolan, Pollard, 1987). 由于示性函数构成的函数族属于 VC 族, 对任意 x, 函数 $W_h^1(\cdot, x)$ 可以看作中心化的示性函数 $(I(\cdot \leqslant x) - F(x))$ 与独立 x 的给定函数的乘积. 对任意固定 n, 函数族 $\mathcal{G}_n = \{W_h(\cdot, x) : x \in R^1\}$ 为实函数的 向量空间, 它的维数等于由所有示性函数组成的空间. 由于 $E(W_h(\eta_1, \eta_2, x) = 0$, $\mathcal{G}_n$ 为 P 退化的且包迹为

$$G_n(\eta_1, \eta_2)$$

$$= \left| \frac{(y_1 K(\frac{(x_1 - x_2)}{h}) - g(x_2))\phi(x_2)\varepsilon_2}{f(x_2)} \right| + \left| \frac{(y_2 K(\frac{(x_2 - x_1)}{h}) - g(x_1))\phi(x_1)\varepsilon_1}{f(x_1)} \right|.$$

根据 Nolan 和 Pollard (1987, p786) 的定理 6 ,

$$E \sup_x | \sum_{i,\,j} W_h(\eta_i, \eta_j, x)| \leqslant cE(\alpha_n + \gamma_n J_n(\theta_n/\gamma_n)),$$

其中,

$$J_n(s) = \int_0^s \lg N_2(u, T_n, \mathcal{G}_n, G_n) \mathrm{d}u,$$

$$\gamma_n = (T_n G_n^2)^{1/2}, \quad \alpha_n = \frac{1}{4} \sup_{g \in \mathcal{G}_n} (T_n g^2)^{1/2},$$

(7.5.6)

对任意函数 g ,

$$T_n g^2 := \sum_{i \neq j} g^2(\eta_{2i}, \eta_{2j}) + g^2(\eta_{2i}, \eta_{2j-1}) + g^2(\eta_{2i-1}, \eta_{2j}) + g^2(\eta_{2i-1}, \eta_{2j-1})$$

其中, $N_2(\cdot, T_n, \mathcal{G}_n, G_n)$ 表示在 L_2 距离, 测度 T_n , 包迹 G_n 时 $\mathcal{G}_n$ 的覆盖数. 由于 $\mathcal{G}_n$ 为 VC 族, 根据逼近引理 II 2.25(Pollard, 1984, p27) 的证明过程, 可得存在独立 n 和 T_n 的正数 c 和 w_1 , 覆盖数 $N_2(uT_n/n^2 G_n^2, T_n/n^2, \mathcal{G}_n, G_n)$ 不大于 cu^{-w_1} . 又因为对足够大的 n , 下式依概率成立:

$$T_n G_n^2 \leqslant 2 \sum_{j=1}^n \sum_{i=1}^n \left(\frac{(y_i K((x_i - x_j)/h) - g(x_j))\phi(x_j)\varepsilon_j}{f(x_j)} \right)^2$$

$$= O(hn^2 \log^2 n) \quad \text{a.s.}$$

所以, 对足够大的 n , $T_n/n^2 G_n^2$ 小于 1 且 $N_2(u, T_n/n^2, \mathcal{G}_n, G_n) \leqslant cu^{-w_1}$. 由于 $N_2(u, T_n, \mathcal{G}_n, G_n) = N_2(u/n^2, T_n/n^2, \mathcal{G}_n, G_n)$, 则

$$J_n(\theta_n/\gamma_n) \leqslant J_n(1/4)$$

$$= n^2 \int_0^{1/(4n^2)} \lg N_2(u, T_n/n^2, \mathcal{G}_1, G) \mathrm{d}u$$

$$= -cn^2 \int_0^{1/(4n^2)} \lg u \mathrm{d}u$$

$$= c \log n,$$

以及

$$\gamma_n^2 = T_n G_n^2 = O(hn^2 \log^2 n) \quad \text{a.s..}$$

所以, 对足够大 n, $E \sup_x | \sum_{i,\,j} W_h(\eta_i, \eta_j, x)| \leqslant c\sqrt{h}n \log n$, 这说明 $E \sup_x |J_1''(x)| \leqslant c\sqrt{h} \log n/\sqrt{n}$, 以及

$$J_1'' = h \frac{1}{\sqrt{n}} \sum_{j=1}^n E(W_h^1(\eta, \eta_j, x)|\eta_j) + o_p(\sqrt{h} \log n/\sqrt{n}).$$

(7.5.7)

等价地,

$$
\begin{aligned}
J_1' &= \frac{1}{\sqrt{n}} \sum_{j=1}^{n} E(W_h^1(\eta, \eta_j, x)|\eta_j) + o_p(\log n/\sqrt{nh}) \\
&= \frac{1}{\sqrt{n}} \sum_{j=1}^{n} E\Big((Y - g(x_j)K_h(X - x_j)\phi(x_j)(I(x_j \leqslant x) - F(x))\frac{\varepsilon_j}{f(x_j)}\Big) \\
&\quad + o_p(\log n/\sqrt{nh}) \\
&=: J_3(x) + o_p(\log n/\sqrt{nh}).
\end{aligned}
\tag{7.5.8}
$$

由第 7.5.1 节条件 (1) 和 (3) , 对任意 x_j,

$$
E(Y - g(x_j))K_h(X - x_j) = E(g(X) - g(x_j))K_h(X - x_j)
$$
$$
= E(g(x_j + hu) - g(x_j))K(u) = O(h^m),
$$

和

$$
\mathrm{Var}(E((Y - g(x_j))K_h(X - x_j)\phi(x_j)(I(x_j \leqslant x) - F(x))\frac{\varepsilon_j}{f(x_j)})))
$$
$$
= O(h^{2(m+1)}).
$$

根据 Zhu (1993) 的定理 3.1 , 或者类似定理 II.37(Pollard, 1984, p34) 的证明过程, 可得

$$
\sup_x |J_3(x)| = O(h^{2(m+1)}(\log n)^2) \qquad \text{a.s.},
$$

联合式 (7.5.5) 、式 (7.5.8) 和条件 (4) , 得出定理的结论.

证明推论 7.2.1 如果 $E((\varepsilon^2 - \sigma^2)^2|X)$ 为常数, 则等于 C^2. 通过变换, 可得 $W = \int_0^1 B(x)^2 \mathrm{d}x$, 其中 B 为 [0,1] 上的 Brownian 桥.

证明定理 7.2.3 对 T_n 的分解, 不难证明式 (7.5.1) 或式 (7.5.2) 成立. 用定理 7.2.1 或 7.2.2 的证明方法可得 I_2 和 I_3 (或者 I_5 和 I_6) 渐近趋于零. 对 I_1 (或者 I_4) , 有

$$
\begin{aligned}
I_1(x) &= \frac{1}{\sqrt{n}} \sum_{j=1}^{n} (\varepsilon_j^2 - (\sigma^2 + s(x_j)/n^a))(I(x_j \leqslant x) - F(x)) \\
&\quad + \frac{n^{1/2-a}}{n} \sum_{j=1}^{n} s(x_j)(I(x_j \leqslant x) - F(x)).
\end{aligned}
$$

上式第一项求和弱收敛到 B_1 ; 第二项收敛到无穷或者定理 7.2.3 中的 SF , 分别对应于 $0 \leqslant a < 1/2$ 和 $a = 1/2$ 两种情况.

7.5.3　第 7.3 节中定理的证明

证明定理 7.3.1　首先在线性模型的情况下计算 T_{n1}^* ，类似于 T_n, T_{n1}^* 可分解为

$$
T_{n1}^*(x) = \frac{1}{\sqrt{n}} \sum_{j=1}^{n} (\hat{\varepsilon}_j^*)^2 (I(x_j \leqslant x) - F_n(x))
$$

$$
- \frac{2}{\sqrt{n}} (\beta^* - \hat{\beta}) \sum_{j=1}^{n} \varepsilon_j^* (x_j - \bar{x})(I(x_j \leqslant x) - F_n(x))
$$

$$
+ \frac{1}{\sqrt{n}} (\beta^* - \hat{\beta})^2 \sum_{j=1}^{n} (x_j - \bar{x})^2 (I(x_j \leqslant x) - F_n(x)) + o_p(1/\sqrt{n})
$$

$$
=: I_1^*(x) - I_2^*(x) + I_3^*(x) + o_p(1/\sqrt{n}). \tag{7.5.9}
$$

由产生自助数据的过程, 给定原始数据, b_i^* 为均值零的独立数据. 如果可证 I_2^* 弱收敛, 根据 $(\beta^* - \hat{\beta}) = o_p(1/\sqrt{n})$, $(\beta^* - \hat{\beta})I_2^*$ 的阶数为 $o_p(1/\sqrt{n})$. 由 I_3^* 的定义, 不难证明 $(\beta^* - \hat{\beta})^2 I_3^*$ 的阶数为 $o_p(1/\sqrt{n})$. 接下来证明对几乎所有序列 $\{(x_1, y_1), \cdots, (x_n, y_n), \cdots\}$, I_2^* 弱收敛到中心化的 Gaussian 过程 I_2, 对任意 x 和 x_1, I_2 的协方差函数是 $\sigma^2 E((X - EX)^2 (I(X \leqslant x) - F(x)(I(X \leqslant x_1) - F(x_1)))$.

首先, 不难验证 I_2^* 的协方差函数收敛到 I_2 的协方差函数. 根据定理 VII 21 的证明 (Pollard, 1984, p157~159) , 或者类似 Zhu (1993) 中定理的证明, 只需验证本度引理 (Pollard, 1984, p150) 的条件 (16). 注意到由所有 x 为指标集的函数族 $(X - EX)\hat{\varepsilon}^*(I(X \leqslant x) - F_n(x))$ 属于 VC 族, 因此本度引理的条件 (16) 成立. 所以条件过程 I_1^* 弱收敛到 B_1, 定理的结论对线性模型成立. 对非参数回归函数, T_{n1}^* 渐近等于线性模型时的 I_1^*, 类似的证明可得定理结论.

证明定理 7.3.2　注意到模型中 $\hat{\beta}$ 和 $\hat{\phi}$ 的收敛性质, 不难得出 $T_n(E_n, \cdot)$ 的协方差函数收敛到 T_n 的协方差函数, 且 $T_n(E_n, \cdot)$ 的有限分布 fidis 收敛也成立. 因此, 只需证明 $T_n(E_n, \cdot)$ 的一致紧性成立. 记 $g_n(X, Y, t) = (\hat{\varepsilon}^2 - \sigma^2)(I(X \leqslant t) - F_n(t))$, 给定 $\{(x_1, y_1), \cdots, (x_n, y_n)\}$,定义 $L^2(P_n)$ 半范 $d_n(t, s) = \sqrt{P_n(g_n(X, Y, t) - g_n(X, Y, s))^2}$, 其中, P_n 表示基于 $\{(x_1, y_1), \cdots, (x_n, y_n)\}$ 的经验测度, 即对任意 (X, Y) 的函数 f , $P_n f(X, Y)$ 为 $f(X_1, Y_1), \cdots, f(X_n, Y_n)$ 这 n 个值的平均数. 关于一致紧性, 需证对任意 $\eta > 0$ 和 $\epsilon > 0$, 存在 $\delta > 0$ 满足

$$
\limsup_{n \to \infty} P\{\sup_{[\delta]} |T_n(E_n, t) - T_n(E_n, s)| > \eta | X_n, Y_n\} < \epsilon, \tag{7.5.10}
$$

其中, $[\delta] = \{(t, s) : d_n(t, s) \leqslant \delta\}$, $(X_n, Y_n) = \{(x_1, y_1), \cdots, (x_n, y_n)\}$.

由于我们所关心的是 $n \to \infty$ 时变量的极限性质, 为了简化证明过程, 总假定 n 足够大. 记 $g(X, Y, t) = (\varepsilon^2 - \sigma^2)(I(X \leqslant t) - F_n(t))$, $\mathcal{G} = \{g(\cdot, t) : t \in R^d\}$ 以及 $d(t, s) = \sqrt{P_n(g(X, Y, t) - g(X, Y, s))^2}$. 根据线性模型中 $\hat{\beta}$ 和非参数模型中 $\hat{\phi}$ 的收

敛性, $\sup_{t,s}|d_n(t,s) - d(t,s)| \to 0$ 依概率成立. 因此, 对足够大 n

$$P\{\sup_{[\delta]}|T_n(E_n,t) - T_n(E_n,s)| > \eta|X_n,Y_n\}$$

$$\leqslant P\{\sup_{<2\delta>}|T_n(E_n,t) - T_n(E_n,s)| > \eta|X_n,Y_n\} \qquad (7.5.11)$$

其中, $<2\delta> = \{(t,s) : d(t,s) \leqslant 2\delta\}$.

为了应用链引理 (Pollard, 1984, p144) 的结论, 需验证下述两个条件是否成立, 即

$$P\{|T_n(E_n,t) - T_n(E_n,s)| > \eta\,d(t,s)|X_n,Y_n\} < 2\exp(-\eta^2/2), \qquad (7.5.12)$$

和

$$J_2(\delta,d,\mathcal{G}) = \int_0^\delta \{2\log\{(N_2(u,d,\mathcal{G}))^2/u\}\}^{1/2}\mathrm{d}u. \qquad (7.5.13)$$

对某些 $\delta > 0$ 有限. 对任意 $t \in A$, 存在 $t_1,\cdots,t_m$ 满足 $\min_{1\leqslant i \leqslant m} d(t,t_i) \leqslant u$, 覆盖数 $N_2(u,d,\mathcal{G})$ 就是满足条件的最小整数 m. 根据 Hoeffding 不等式, 式 (7.5.12) 成立. 由于 $\mathcal{G}$ 属于 VC 族, 且存在常数 c 和 w, 满足 $N_2(u,d,\mathcal{G}) \leqslant cu^w$, 这说明式 (7.5.13) 成立. 根据链引理, 且 $J_2(\delta,d,\mathcal{G}) \leqslant cu^{1/2}$ 对某些 $c > 0$ 成立, 存在 $<2\delta>$ 的可数稠密子集 $<2\delta>^*$, 满足

$$P\{\sup_{<2\delta>^*}\sqrt{n}|T_n(E_n,t) - T_n(E_n,s)| > 26cd^{1/2}|X_n,Y_n\} \leqslant 2c\delta. \qquad (7.5.14)$$

因为 $T_n(E_n,t) - T_n(E_n,s)$ 关于 t 和 s 是右连续函数, 可数稠密子集 $<2\delta>^*$ 可被 $<2\delta>$ 替代. 又由于式 (7.5.11), 选择足够小的 δ, 得到定理的结论.

第 8 章　变系数模型的拟合优度检验

8.1　引　　言

纵向数据分析中典型的特征是, 个体在不同的时间内被重复测量. 对于纵向数据的研究, 其中一个重要的目的就是评价响应变量与协变量之间随着时间的变化关系. 对于纵向数据分析, 由于已有的参数模型对于数据之间的关系有很大的限制, 而非参数模型没有具体的结构, 在很多情况下, 很难得到生物学上很好的解释. 近来, 用变系数模型对纵向数据分析研究的参考文献很多, 其中, Hoover, Rice, Wu 和 Yang (1998), Wu, Chiang 和 Hoover (1998), Fan 和 Zhang (1999), Wu 和 Chiang (2000), Fan 和 Zhang (2000), Huang, Wu 和 Zhou (2002), Chiang, Rice 和 Wu (2001), Wu 和 Liang (2004) 以及 Huang, Wu 和 Zhou (2004).

上述部分参考文献对于变系数模型分析的动机来自 AIDS 病人研究中心 (Multicenter AIDS Cohort Study) 的一组数据. 这组数据包括, 身体的重复检查数据、实验室结果、CD4 细胞量, 以及 1984 年到 1991 年之间 283 个同性恋人是 HIV 阳性的百分比. 正如 Wu 和 Chiang (2004) 提到的, CD4 细胞量和百分比, 即 CD4 细胞量占所有淋巴细胞的比例, 是目前对 HIV 感染病人身体状态检测的最重要指标. 显然, 对于 CD4 细胞量或者比例做统计模型非常重要. 响应变量是 CD4 细胞含量, 协变量为个体的吸烟状况; 感染 HIV 病时个体中心化的年龄; 感染之前中心化的 CD4 比例. 一般来说, 这些协变量与时间非独立. 然而, Wu 和 Chiang (2000) 发现这组由 AIDS 病人研究中心得到的数据的协变量不依赖时间 t. 事实上, 文献 Hoover, Rice, Wu 和 Yang (1998) 的第 5 节中指出, 在很多情况下, 如流行病学研究, 协变量与时间 t 独立, 只有响应变量 Y 和时间相关. 而且, Hoover, Rice, Wu 和 Yang (1998) 的实例分析中所用的例子也属于协变量与时间独立这一特殊情况, 对于这种情况, 也可以参考文献 Chiang, Rice 和 Wu (2000). 因此, 关于变系数模型的很多实际或者理论问题, 在协变量独立与时间的情况, 值得进一步研究. 正如 Wu 和 Chiang (2000), 协变量不依赖于时间的变系数模型可以通过下式表达:

$$Y(t) = X^{\tau}\beta(t) + \varepsilon(t), \tag{8.1.1}$$

其中, $X = (1, X^{(1)}, \cdots, X^{(k)})$, $X^{(l)}(l = 1, \cdots, k)$ 是独立时间的协变量; $\beta(t) = (\beta_0(t), \cdots, \beta_k(t))^{\tau}$ 且 $\beta_r(t)$ t 的光滑函数; $\varepsilon(t)$ 为 0 均值的随机过程, 且方差和协方差分别是 $\mathrm{Var}(\varepsilon(t)) = \sigma^2(t)$ 和 $\mathrm{Cov}(\varepsilon(t), \varepsilon(s)) = \rho_{\varepsilon}(t, s)$; 假定 $X^{(1)}, \cdots, X^{(k)}$ 是

随机变量. 本章中关心的问题是: 检验模型式 (8.1.1) 中的部分协变量效应是否满足某种参数形式? 也就是, 在原假设下, 对 $l = 0, 1, \cdots, k$, $\quad \beta_l(t) = \beta_l(t, \theta_l)$.

对于本章中所关心的问题, 纵向数据包括时间 t, 依赖与时间的响应变量 $Y(t)$, 以及与时间独立的协变量 $X = (X^{(0)}, \cdots, X^{(k)})^{\tau}$, 这里 $X^{(l)}$ 取值范围是实数. 类似于一般的线性模型包括截距项, 这里, 令 $X^{(0)} \equiv 1$, $\quad (Y_{ij}, X_i, t_{ij})$ 表示对于 n 个独立个体, 第 i 个个体的第 j 次观测, 其中, $X_i = (X_i^{(0)}, \cdots, X_i^{(k)})^{\tau}, X_i^{(0)} \equiv 1$ $(j = 1, 2, \cdots, n_i)$. 假定 X_i 是独立同分布的随机变量, 分布函数为 F_X, t_{ij} 是分布函数是 F 的独立同分布的随机变量, 且对于任意 t, X 和 $\epsilon(t)$ 独立.

对模型式 (8.1.1), 如果 $E(XX^{\tau})$ 可逆, $\quad \beta(\cdot)$ 可以被唯一确定, 且

$$\beta(t) = (E(XX^{\tau}))^{-1} E(XY(t)). \tag{8.1.2}$$

上述解也可以参考文献 Hoover, Rice, Wu 和 Yang (1998). 如同前面所述, 检验的问题是, 在原假设下, 对于第 $r (0 \leqslant r \leqslant k)$ 个分量, $\beta_r(\cdot) = \beta_r(\cdot, \theta_l)$, 也就是, 对于任意 $r (0 \leqslant r \leqslant k)$, 记 $\beta_r(\Theta_r) = \{\beta_r(.) \equiv \beta_r(., \theta_r); \theta_r \in \Theta_r\}$ 定义在 $R^{d_r} (d_r \geqslant 1)$ 的子集 Θ_r 上的一族参数函数. 如果关心的系数函数为 $\beta_r(.)$, 检验问题可以写成: 在原假设下,

$$H_0 : \beta_r(\cdot) = \beta_r(\cdot, \theta_r) 对某些 \theta_r \in \Theta_r; \tag{8.1.3}$$

在备择假设下,

$$H_1 : \beta_r(\cdot) \neq \beta_r(\cdot, \theta_r) 对任意 \theta_r \in \Theta_r. \tag{8.1.4}$$

在现有的文献中, 对于独立样本的检验统计量已经有很多研究. 大体上讲, 主要有两类方法做检验. 一类是基于对非参数回归函数局部光滑的方法, 见 Härdle 和 Mammen (1993), Hart(1997) 是关于这个方法比较全面的参考书. 另一类方法是基于残差标志过程的全局光滑方法, 见参考文献 Stute(1997), Stute, Theis 和 Zhu(1998) 以及 Stute 和 Zhu (2002, 2005).

对于本章中所研究的模型拟合优度检验, 我们采用全局光滑的方法构造检验统计量. 由于 t 的取值在实数空间, 可以采用 Stute, Theis 和 Zhu (1998) 提出的更新方法. 通过这种方法, 可以构造具有某些最优性的检验统计量, 见 Stute (1997) 和 Stute, Thies 和 Zhu (1998). 而且, 在本章中, 也考虑用非参数蒙特卡罗逼近检验统计量在原假设下的分布. 与自助法逼近原假设下统计量的渐近分布相比, 非参数蒙特卡罗逼近所用的计算量相对较少, 而且在传统的回归模型中, 被证明具有很好的性质, 见 Zhu (2003). 值得一提的是用这两种方法检验本章中的问题并不是显而易见的, 因为纵向数据中模型的结构比传统回归模型的结构要复杂得多. 所以, 检验统计量的构造和统计量的性质需要仔细推导.

8.2　统计量的构造

记 $(E(XX^\tau))^{-1}$ 的第 $(r+1,l+1)$ 个分量是 e_{rl}，$Z_{ir} = \sum_{l=0}^{k}(e_{rl}X_i^{(l)})$，$Z_{ijr} = Z_{ir}Y_{ij}$. 根据式 (8.1.2)，可以得到，对 $r = 0,1,\cdots,k$，

$$\beta_r(t) = E\{Z_{ijr}|t_{ij} = t\}. \tag{8.2.1}$$

在原假设下，存在 $\theta_r \in \Theta_r$，满足 $\beta_r(\cdot) = \beta_r(\cdot,\theta_r)$，即 $E\{(Z_{ijr} - \beta_r(t_{ij},\theta_r))|t_{ij} = t\} = 0$ $(i = 1,2,\cdots,n; j = 1,2,\cdots,m_i)$，重新整理后可得

$$Z_{ijr} = \beta_r(t_{ij},\theta_r) + \varepsilon_{ij}, \quad (i = 1,2,\cdots,n; j = 1,2,\cdots,m_i). \tag{8.2.2}$$

其中，$E(\varepsilon_{ij}|t_{ij}) = 0$. 在模型 (8.2.2) 中，假定 $\text{Var}(\varepsilon_{ij}|t_{ij}) = \sigma^2(t_{ij})$ 有限. 在原假设下，对所有 t，$E\{(Z_{ijr} - \beta_r(t_{ij},\theta_r))|t_{ij} = t\} = 0$ 等价于 $R(t) = E\{(Z_{ijr} - \beta_r(t_{ij},\theta_r))I(t_{ij} \leqslant t)\} = 0$，所以

$$T = \int R(t)^2 \mathrm{d}F(t) = 0, \tag{8.2.3}$$

其中，F 是 t_{ij} 的分布函数. 显然，检验统计量可以基于 $R(\cdot)$ 的经验形式得到.

记 $N = \sum_{i=1}^{n} m_i$. 如果 Z_{ijr} 和 $\beta_r(t_{ij},\theta_r)$ 已知，$R(t)$ 的经验形式是 $R_N(t) = N^{-1/2}\sum_{i=1}^{n}\sum_{j=1}^{m_i}\{(Z_{ijr} - \beta_r(t_{ij},\theta_r))I(t_{ij} \leqslant t)\}$；否则，$R(t)$ 的经验形式为 $\tilde{R}_N(t) = N^{-1/2}\sum_{i=1}^{n}\sum_{j=1}^{m_i}\{(\hat{Z}_{ijr} - \beta_r(t_{ij},\theta_N))I(t_{ij} \leqslant t)\}$，其中，$\theta_N$ 和 $\hat{Z}_{ijr}$ 分别是 θ_r 和 Z_{ijr} 的估计. 本章中，θ_N 表示 θ_r 的最小二乘估计，也就是

$$\theta_N = \arg\min_{\theta} \frac{1}{N}\sum_{i=1}^{n}\sum_{j=1}^{m_i}(Z_{ijr} - \beta_r(t_{ij},\theta))^2.$$

记 $\hat{\Sigma} = \frac{1}{n}\sum_{i=1}^{n}X_iX_i^\tau$，$\hat{e}_{rl}$ 表示 $\hat{\Sigma}^{-1}$ 的第 $(r+1,l+1)$ 个分量，$\hat{Z}_{ri} = \sum_{l=0}^{k}(\hat{e}_{rl}X_i^{(l)})$，$\hat{Z}_{ijr} = \hat{Z}_{ri}Y_{ij}$.

定义如下的检验统计量：

$$T_N = \int \tilde{R}_N(t)^2 \mathrm{d}F_N(t) = \frac{1}{N}\sum_{i=1}^{n}\sum_{j=1}^{m_i}\tilde{R}_N(t_{ij})^2 \tag{8.2.4}$$

其中，F_N 是 $\{t_{ij}; (i = 1,2,\cdots,n; j = 1,2,\cdots,m_i)\}$ 的经验分布. 从上面的分析中不难知道，如果 T_N 的值较大，应该拒绝原假设 H_0.

8.3 统计量的渐近性质

首先引出基于 Jennrich (1969) 的一个命题.

命题 8.3.1 在原假设 H_0 下, 假设下面的正则条件成立:

(i) 响应变量 Z_{ijr} 具有如下结构:

$$Z_{ijr} = \beta_r(t_{ij}, \theta_r) + \varepsilon_{ij}(i = 1, 2, \cdots, n; j = 1, 2, \cdots, m_i),$$

其中, $\beta_r(\cdot, \cdot)$ 具有某种参数形式, 是定义在 Euclidean 空间的子空间 Θ_r 上的连续函数, ε_{ij} 是独立同分布的误差, 且均值为 0, 方差 $\sigma^2 > 0$ 有限, θ_r 和 σ^2 未知.

(ii) $\beta_r(\theta) = \{\beta_r(t_{ij}, \theta) : i = 1, 2, \cdots, n; j = 1, 2, \cdots, m_i\}$ 的尾交叉乘积存在, 且 $Q(\theta) = |\beta_r(\theta) - \beta_r(\theta_r)|^2$ 有唯一的最小值点 $\theta = \theta_r$. 尾交叉乘积的定义见 Jennrich (1969).

(iii) 记

$$\beta'_{r_k}(\theta) = \{\frac{\partial \beta_r(t_{ij}, \theta)}{\partial \theta_{r_k}} : i = 1, \cdots, n; j = 1, \cdots, m_i\} : k = 1, \cdots, d_r,$$

$$\beta'_{r_{kl}}(\theta) = \{\frac{\partial^2 \beta_r(t_{ij}, \theta)}{\partial \theta_{r_k} \partial \theta_{r_l}} : i = 1, \cdots, n; j = 1, \cdots, m_i\} : k, l = 1, \cdots, d_r.$$

$\beta'_{r_k}(\theta)$ 和 $\beta'_{r_{kl}}(\theta)$ 存在且在 Θ_r 连续. $[f, h]$ 的尾交叉乘积存在, 其中, $f, h = \beta_r, \beta'_{r_k}(\theta), \beta'_{r_{kl}}(\theta)$.

(iv) 真值向量 θ_r 是 Θ_r 的内点, 且 $a(\theta_r)$ 是奇异矩阵, 这里, $a(\theta) = ((\frac{\partial \beta_r(., \theta)}{\partial \theta_{r_i}} \times \frac{\partial \beta_r(., \theta)}{\partial \theta_{r_j}})_{ij})$,

在上述条件下, $N^{\frac{1}{2}}(\theta_N - \theta_r)$ 依分布收敛于中心化的正态分布, 分布的方差为 $\sigma^2 a^{-1}(\theta_r)$.

为了证明 $\tilde{R}_N$ 的收敛性, 给出如下的正则性条件:

(i) $\beta_r(t_{ij}, \theta)$ 关于 Θ_r 的内点 θ 连续可导.

(ii) 记

$$g(t_{ij}, \theta) = \text{grad}_\theta(\beta_r(t_{ij}, \theta)) = (g_1(t_{ij}, \theta), \cdots, g_{d_r}(t_{ij}, \theta))^\tau.$$

假定对于所有 $\theta \in \Theta_r$, $|g_i(t_{ij}, \theta)| \leqslant M(t_{ij})$ $(1 \leqslant i \leqslant d_r)$, 其中, M 是 F 可积函数.

(iii) 对任意 $\theta \in \Theta_r$, $\sigma^{-1}(t_{ij})|g_i(t_{ij}, \theta)| \leqslant M(t_{ij})$ $(1 \leqslant i \leqslant d_r)$, 其中, $\sigma^2(t_{ij}) = \text{Var}\{(Z_r(t) - \beta_r(t))|t_{ij}\}$.

记 $G(x, \theta) = \int_{-\infty}^x g(u, \theta)F(du)$. 接下来的定理给出 $\tilde{R}_N$ 和 T_n 的收敛性质.

定理 8.3.1　在原假设 H_0 和条件 A 下，$\tilde{R}_N = \{\tilde{R}_N(t) : t \in R^1\}$ 在 Skorohod 空间 $D[-\infty, +\infty]$ 中依分布收敛于过程

$$\tilde{R}_\infty = B - G^\tau(x, \theta_r)N,$$

其中，B 是中心化的 Brownian 运动，协方差函数为 $\mathrm{Cov}(B(x_1), B(x_2)) = \psi(x_1 \wedge x_2)$，其中 $\psi(x) = \int_{-\infty}^x \mathrm{Var}(Z_{ij}|t_{ij} = t)F(\mathrm{d}t), t_{ij} \sim F$，$N$ 是均值为 0，方差是 $\sigma^2 a^{-1}(\theta_r)$ 正态分布向量. 由 $\tilde{R}_N$ 的收敛性，不难得到 T_N 依分布收敛于 $T = \int \tilde{R}_\infty(t)^2 \mathrm{d}F(t)$.

显然，T_N 和 T 的分位点很难得到，因此，为了确定统计量的渐近临界值点，可以用重抽样的方法逼近得到临界值点，或者基于 $\tilde{R}_N$，定义检验统计量，统计量的分布或者渐近分布的临界值点通过查表就可以得到. 接下来的两小节，分别介绍两种方法得到临界值.

8.3.1　更新过程的方法

首先引出 R_N 和 $\tilde{R}_N$ 的刻度不变形式，即

$$R_N^0(t) = N^{-1/2} \sum_{i=1}^n \sum_{j=1}^{m_i} I(t_{ij} \leqslant t)\sigma^{-1}(t_{ij})(Z_{ijr} - \beta_r(t_{ij}, \theta_r)),$$

和

$$\tilde{R}_N^0(t) = N^{-1/2} \sum_{i=1}^n \sum_{j=1}^{m_i} I(t_{ij} \leqslant t)\sigma^{-1}(t_{ij})(\hat{Z}_{ijr} - \beta_r(t_{ij}, \theta_N)).$$

用证明 $\tilde{R}_N$ 的收敛性给的正则性条件 (iii) 替代 (ii)，可得 $R_N^0(t)$ 依分布渐近收敛于过程 B_0，其中，B_0 是中心化的 Brownian 运动, 协方差函数是 $\mathrm{Cov}(B_0(t_1), B_0(t_2)) = F(t_1 \wedge t_2)$. 而且，$\tilde{R}_N^0(t)$ 依分布收敛到过程 $B_0 - G_0(t, \theta_r)^\tau N_0$，其中，

$$G_0(t, \theta_r) = \int_{-\infty}^t \sigma^{-1}(s)g(s, \theta_r)F(\mathrm{d}s)$$

且 N_0 是标准正态向量.

关于 $B_0 - G_0(x, \theta_r)^\tau N_0$，首先通过变换把 $B_0 - G_0(x, \theta_r)^\tau N_0$ 转化为 B_0. 也就是，做线性变换 L，它依分布满足 $LB_0 = B_0$ 且 $L(G_0(x, \theta_r)^\tau N_0) \equiv 0$. 接下来，给出变换 L 的表达式. 另

$$A(s) = \int_s^{+\infty} g(t, \theta_r)g(t, \theta_r)^\tau \sigma^{-2}(t)F(\mathrm{d}t)$$

是 $d \times d$ 的正定矩阵. 对于任意函数 f，定义

$$(Lf)(s) = f(s) - \int_{-\infty}^s \sigma^{-1}(t)g(t, \theta_r)^\tau A^{-1}(t)\left[\int_t^{+\infty} \sigma^{-1}(z)g(z, \theta_r)f(\mathrm{d}z)\right]F(\mathrm{d}t).$$

对于这个算子 L ，很容易证明 $L(G_0(s, \theta_r)^\tau N_0) \equiv 0$. 由于 L 是线性算子，LB_0 为中心化的 Gaussian 过程. 为了证明 $LB_0 = B_0$ ，只需说明下式成立：

$$\text{Cov}(LB_0(r), LB_0(s)) = \text{Cov}(B_0(r), B_0(s)) = F(r\Lambda s). \tag{8.3.1}$$

式 (8.3.1) 的证明过程将在第 8.5 节中给出.

定理 8.3.2 在原假设下，在条件 A ，以及命题 8.3.1 中的条件下，假定 $A(x)$ 对于任意 x 可逆，依分布有

$$L(B_0 - G_0(x, \theta_r)^\tau N_0) = L(B_0) = B_0, \tag{8.3.2}$$

且在 Skorohod 空间 $D[-\infty, +\infty]$ 上，$L\tilde{R}_N^0$ 依分布收敛于 B_0.

从统计应用的观点，如拟合优度检验，定理 8.3.2 中的 $\tilde{R}_N^0$ 和 L 仍然包含有未知的量，如 $\sigma^2(t_{ij}), \theta_r$ 和 $F(t_{ij})$. 对于给定的数据，为了使用上述所提出的方法，所有的未知量需要用估计代替，如变换 L 用它的经验形式 L_N 替代. 对于替代后的式子，需证明它与 $L\tilde{R}_N^0$ 有相同的渐近性.

在同方差时，只要用 $\sigma_N^{-1}\tilde{R}_N$ 代替 $\tilde{R}_N^0$ ，其中 σ_N^2 表示均方残差. 但是，在一般的异方差情况，待估计的是函数 $\sigma^2(t_{ij})$ ，而不是常数 σ^2. 因为 $\sigma^2(t_{ij}) = E\{Z_{ijr}^2 | t_{ij} = t\} - \beta_r(t_{ij})^2$ ，任意相合的非参数估计都可以作为条件二阶距的经验估计. 在原假设 H_0 下，$\beta_r(t_{ij})^2$ 估计可为 $\beta_r(t_{ij}, \theta_N)^2$. 对 $\sigma^2(t_{ij})$ 在某些严格的光滑限制下，被估计替代之后仍然可以检验本章中感兴趣的问题. 下面给出一个更好使用的方法，把所有的样本 $\{(t_{ij}, Z_{ijr}), (i = 1, 2, \cdots, n; j = 1, 2, \cdots, m_i)\}$ 分成两部分，记 S_1, S_2. 假定 $S_1 = \{(t_{ij}, Z_{ijr}) : i = 1, \cdots, n_1; j = 1, \cdots, m_i\}$ ，$S_2 = \{(t_{ij}, Z_{ijr}) : i = n_1 + 1, \cdots, n; j = 1, \cdots, m_i\}$ ，S_1 和 S_2 的样本量分别为 $N_1 = \sum_{i=1}^{n_1} m_i$ 和 $N_2 = \sum_{n_1+1}^{n} m_i$ ，假定当 $N \to \infty$ 时，N_1 和 N_2 都趋于无穷. 由第一组样本得到 $\sigma^2(t_{ij})$ 的估计，记为 $\sigma_{N_1}^2(t_{ij})$. 检验统计量的过程基于第二组样本得到，也就是

$$R_N^1(t) = N_2^{-1/2} \sum_{i=n_1+1}^{n} \sum_{j=1}^{m_i} I(t_{ij} \leqslant t) \sigma_{N_1}^{-1}(t_{ij})[Z_{ijr} - \beta_r(t_{ij}, \theta_r)],$$

$$\tilde{R}_N^1(t) = N_2^{-1/2} \sum_{i=n_1+1}^{n} \sum_{j=1}^{m_i} I(t_{ij} \leqslant t) \sigma_{N_1}^{-1}(t_{ij})[\hat{Z}_{ijr} - \beta_r(t_{ij}, \theta_{N_1})].$$

最后，转换 L_N 定义为

$$(L_N f)(s) = f(s) - \int_{-\infty}^{s} \sigma_{N_1}^{-1}(t) g(t, \theta_{N_1})^\tau A_{N_1}^{-1}(t) \left[\int_{t}^{+\infty} \sigma_{N_1}^{-1}(z) g(z, \theta_{N_1}) f(\text{d}z) \right] F_{N_1}(\text{d}t).$$

其中, F_{N_1} 是 $\{Z_{ijr}, (t_{ij}, Z_{ijr}) \in S_2\}$ 的经验分布, 估计 θ_{N_1} 和 $\hat{Z}_{ijr}$ 根据样本 $\{Z_{ijr}, (t_{ij}, Z_{ijr}) \in S_2\}$ 计算得到, 且

$$A_{N_1}(s) = \int_s^{+\infty} g(t, \theta_{N_1}) g(t, \theta_{N_1})^\tau \sigma_{N_1}^{-2}(t) F_1(\mathrm{d}t).$$

为了说明把样本分成两组后的影响, 注意到给定第一组数据 S_1, R_N^1 是独立的中心化的过程, 其方差函数是

$$K_{N_1}(r, s) = \int_{-\infty}^{r \wedge s} \sigma^2(t) / \sigma_{N_1}^2(t) F(t)$$

在一定的条件下,

$$\sup_{r,s} E|K_{N_1}(r, s) - F(r \wedge s)| \to 0 \tag{8.3.3}$$

综合上面提到的独立和, 有

$$R_N^1(t) \to B_0 \quad 依分布.$$

对于 L_N 中的 $\sigma_{N_1}(t)$, Z_{ijr} 的平方可积这一条件保证 $\sigma_N^2(t)$ 存在全局相合估计满足,

$$E \int |\sigma_{N_1}^2(t) - \sigma_N^2(t)| F(\mathrm{d}t) \to 0, \quad \text{a.s.} \quad N_1 \to \infty. \tag{8.3.4}$$

对于协方差函数 K_{N_1} 的收敛性, 需要假定存在 a, 满足 $\sigma^2(t) \geqslant a > 0$.

定理 8.3.3　在定理 8.3.2 的条件下, 假定条件 (8.3.4) 成立, 且 $\sigma_{N_1}^2$ 是 σ^2 一致相合估计, σ^2 满足 $\sigma^2(t) \geqslant a > 0$. 在原假设 H_0 下, 有

$$L_N \tilde{R}_N^1 \to B_0 \text{ 依分布在 } D[-\infty, +\infty] \text{ 成立.} \tag{8.3.5}$$

上述过程的收敛说明 $\tilde{T}_N := \int (L_N \tilde{R}_N^1(t))^2 \mathrm{d}F_N(t) \to \int B_0(t)^2 \mathrm{d}(t).$

8.3.2　NMCT 逼近

Zhu 和 Neuhaus (2000) 提出非参数蒙特卡罗逼近检验统计量在原假设下的分布, 后来这种方法发展成为一种普遍适用的方法论, 见 Zhu (2003), Zhu, Fujikoshi 和 Naito (2001), Zhu 和 Ng (2003) 以及 Zhu (2005). 对于本章中研究的这种特殊情况, 接下来给出非参数蒙特卡罗的具体应用. 在说明这个步骤之前, 首先引出几个表达式. 在原假设 H_0 和命题 8.3.1 的正则性条件成立, 有

$$N^{1/2}(\theta_N - \theta_r) = N^{-1/2} \sum_{i=1}^n \sum_{j=1}^{m_i} l(t_{ij}, Z_{ijr}, \theta_r) + o_p(1)$$

其中，$\quad l(t_{ij}, Z_{ijr}, \theta_r) = (\sum\limits_{i=1}^{n}\sum\limits_{j=1}^{m_i}\{g(t_{ij}, \theta_r)g(t_{ij}, \theta_r)^{\tau}\})^{-1}g(t_{ij}, \theta_r)(Z_{ijr} - \beta_r(t_{ij}))$.

记 $J(Z_r, T, \theta_r, t) = I(T \leqslant t)(Z_r - \beta_r(T, \theta_r)) - E((T \leqslant t)g(T, \theta_r)^{\tau})l(T, Z_r, \theta_r)$，
有

$$\tilde{R}_N(t) \quad = \quad \frac{1}{\sqrt{N}}\sum_{i=1}^{n}\sum_{j=1}^{m_i}J(Z_{ijr}, t_{ij}, \theta_r, t) + o_p(1).$$

具体算法如下：

步骤 1 产生独立同分布的, 有限支撑的随机变量 $e_{ij}(i = 1, \cdots, n; j = 1, \cdots, m_i)$，
且随机变量均值为 0，方差为 1. 在本章的具体模拟中, 选取 e_{ij} 为，$P(e_{ij} = -1) = P(e_{ij} = 1) = 1/2$. 记 $E_N := \{e_{ij}(i = 1, \cdots, n; j = 1, \cdots, m_i)\}$. 定义相应于 R_N 的
条件部分

$$\tilde{R}_N(t, E_N) \quad = \quad \frac{1}{\sqrt{N}}\sum_{i=1}^{n}\sum_{j=1}^{m_i}e_{ij}J(\hat{Z}_{ijr}, t_{ij}, \theta_N, t). \qquad (8.3.6)$$

相应的检验统计量为

$$T_N(E_N) = \int \tilde{R}_N(t, E_N)^2 \mathrm{d}F_N(t). \qquad (8.3.7)$$

步骤 2 产生 B 组 E_N，不妨记为 $E_N^{(i)}(i = 1, \cdots, B)$，得到 B 个 $T_N(E_N)$
值，记为 $T_N(E_N)^{(i)}(i = 1, \cdots, B)$.

步骤 3 p 值估计 $\hat{p} = k_1/(B + 1)$，其中，k_1 是 $T_N(E_N)^{(i)}$ 大于或者等于
$T_N(E_N)$ 的个数. 给定水平 α，如果 $\hat{p} \leqslant \alpha$，则拒绝原假设 H_0.

下面的定理给出非参数蒙特卡罗逼近的相合性.

定理 8.3.4 在定理 8.3.1 的条件下, 对几乎所有的序列 $\{(X_i, Y_{ij}, t_{ij})(i = 1, \cdots, n; j = 1, \cdots, m_i)\}$，$T_N(E_N)$ 的条件分布收敛于原假设下 T_N 的极限分布.

注释 8.3.1 正如大家所知, 传统的自助法即使在传统回归模型中也可能不相
合, 如参考文献 Stute, González 和 Presedo (1998). 就本章所研究的情况而言, 非
参数蒙特卡罗检验类似于 Wild 自助法 (Wu (1986); Mammen (1992)), 都是对变
量随机加权. 然而, 两者主要的不同在于, 非参数蒙特卡罗逼近通过对可加的过程
加权, 而 Wild 自助法给残差加权. 两种不同的加权方法可能导致不同的结果, 相
关的参考文献为 Zhu (2003), 文献中指出, 如果模型非线性, Wild 自助法可能不
相合, 相反, 在检验统计量可以写成线性和的情况下, 非参数蒙特卡罗逼近总是相
合的.

对于本章中提出的两种方法, 更新方法由于不用逼近检验统计量的渐近分布,
相对好实施. 然而, 它通过转化得到渐近分布, 如果样本量比较小的时候, 功效可
能不太好. 在这种情况下, 非参数蒙特卡罗检验效果不错. 从模拟的结果看, 小样
本的时候, 非参数蒙特卡罗检验比较好.

8.4   数 值 分 析

8.4.1   蒙特卡罗模拟

本节中，给出三个模拟结果，分析比较有限样本的情况下，基于更新过程的检验结果和基于非参数蒙特卡罗逼近的结果之间的差异，三个模拟的例子分别为：

例 1 $(\beta_0, \beta_1) = (t + at^2, \sin(2\pi t))$;

例 2 $(\beta_0, \beta_1) = (t + \sin(a\pi t), t(t-1))$;

例 3 $(\beta_0, \beta_1) = (1 + a\cos(2\pi t), t(t-1))$.

对于这三个例子，协变量都是 $X = (1, X^{(1)})^{\tau}$ ，其中 $X^{(1)}$ 是标准的正态随机变量. 假定 $\{t_{ij}\}_{1 \leqslant i \leqslant n, 1 \leqslant m_i}$ 独立的 $[0,1]$ 上的均匀分布，随机误差 $\varepsilon(t)$ 是均值为零的 Gaussian 过程，且协方差函数为

如果 $i_1 = i_2$, $\mathrm{Cov}(\varepsilon(t_{i_1,j_1}), \varepsilon(t_{i_2,j_2})) = \lambda \exp(-\lambda |t_{i_1,j_1} - t_{i_2,j_2}|)$;否则等于 0.

对例 1 和例 2，检验 β_0 是否为 t 的线性函数；例 3 则检验 β_0 是不是常数. 因此，在模拟分析中，令 $\Omega_1 = \{\beta_0(\cdot) \equiv \theta t\}$ 和 $\Omega_2 = \{\beta_0(\cdot) \equiv c\}$ 分别表示线性函数和常数族. 例 1 和 2 的原假设为 $H_0 : \beta_0(t) \in \Omega_1$ ，例 3 的原假设是 $H_0 : \beta_0(t) \in \Omega_2$ ，也就是，对于这三个例子，原假设都对应于 $a = 0$. 本节中，显著性水平为 $\alpha = 0.05$ ，$\lambda = 1$. 个体的个数和每个个体的重复观测分别为 $n = 25, 50$ 和 $m_i = 4, 20$. 为了说明检验统计量对于局部备择假设的敏感性，在这三个模拟例子中，计算 a 分别取不同的值的功效. 如果用更新过程做假设检验，通过查 Shorack 和 Wellner (1986) 的第 748 页的 $\int B_0(t)^2 \mathrm{d}(t)$ 的分布，很容易得出 p 值. 计算检验统计量的功效和水平的重复试验为 1000 次，对于每次试验，用非参数蒙特卡罗法产生 1000 次的参照数据来逼近原假设下，试验结果的临界值.

对于上述所提出的三个模拟例子，估计的功效和用 a 刻画偏离原假设大小的散点图分别为图 8.1，图 8.2 和 图 8.3. 从图中不难看出，即使样本个数 n 较小这两种方法的功效都不错. 在图 8.1 和 图 8.2 中，$m = 20$ 时，功效递增的很快. 这两个图同时给出了本章中所提出的两种方法的比较，如果 $m = 4$ ，非参数蒙特卡罗逼近的模拟结果比更新方法的结果稍好一些. 相反，如果 $m = 20$ ，更新的方法要更好一些. 也就是，在检验系数函数是否为 t 的线性函数例子中，在样本量比较小的时候，非参数蒙特卡罗逼近优于更新方法，反之，用更新方法的结果更好一些. 在例 3 中，非参数蒙特卡罗逼近显然比更新方法要好.

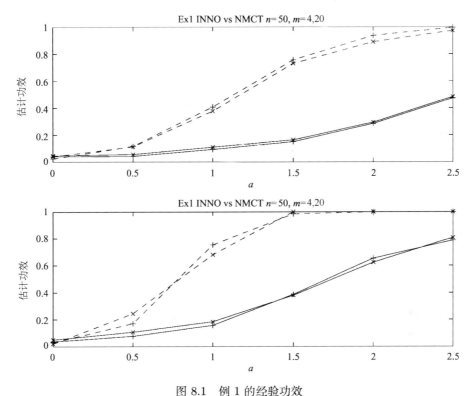

图 8.1 例 1 的经验功效

"+" 号: 由更新过程的检验得到的经验功效; "×" 号: 由 NMCT 法得到的经验功效;

实线: $m = 4$ 的经验功效; 虚线: $m = 20$ 的经验功效

8.4.2 AIDS 数据分析

正如引言中所提到的, 本小节的数据是来自 AIDS 病人研究中心. 数据包括 1984~1991 年 283 个同性恋病人感染 HIV 的情况. 要求所有的病人每半年做一次测试. 由于有些病人没有按照要求做检查, 得不到相应的测量数据, 因此认为 HIV 的感染随机发生, 且得到的重复测量数据对于每个人来说测量的次数可能就不同. 关于试验的具体设计, 方法可以参考 Kasolw et al.(1987).

统计分析的目的是检测吸烟, 感染 HIV 之前 CD4 的百分比, 感染 HIV 时病人的年龄对感染之后 CD4 的平均百分比的影响. 记 t_{ij} 表示感染 HIV 之后第 i 个病人的第 j 次测量的时间 (年), Y_{ij} 表示在时间 t_{ij} 时刻第 i 个病人第 j 次测量得到的 CD4 含量; $X_i^{(1)}$ 表示第 i 个个体的吸烟状态; 如果第 i 个个体吸烟, 则 $X_i^{(1)}$ 等于 1, 否则 $X_i^{(1)}$ 等于 0.

为了给系数函数一个清晰的生物学解释, 定义 $X_i^{(2)}$ 表示感染 HIV 时第 i 个病人中心化的年龄, 也就是第 i 个病人的实际年龄减去所用病人年龄的均值. 类似地，$X_i^{(3)}$ 表示感染之前第 i 个病人中心化的 CD4 百分比. 对于这组数据, 除了时间之外的协变量都是与时间无关的.

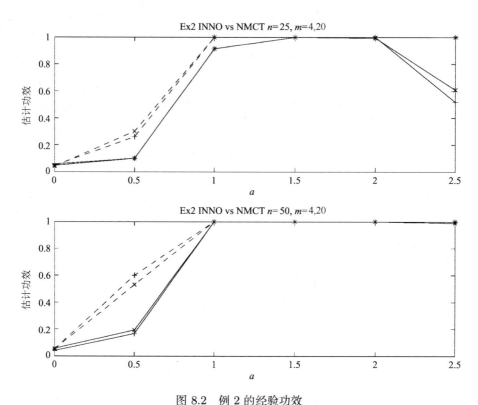

图 8.2   例 2 的经验功效

"+" 号: 由更新过程的检验得到的经验功效;   "×" 号: 由 NMCT 法得到的经验功效;

实线: $m = 4$ 的经验功效;   虚线: $m = 20$ 的经验功效

对于观测 Y_{ij}, t_{ij} , $X_i = (1, X_i^{(1)}, X_i^{(2)}, X_i^{(3)})$, 变系数模型可以表示为

$$Y_{ij} = \beta_0(t_{ij}) + X_i^{(1)}\beta_1(t_{ij}) + X_i^{(2)}\beta_2(t_{ij}) + X_i^{(3)}\beta_3(t_{ij}) + e_{ij},$$

其中, $\beta_0(t)$ 表示 CD4 百分比的基准; $\beta_1(t)$, $\beta_2(t)$ 和 $\beta_3(t)$ 分别表示吸烟, HIV 感染时的年龄, 感染之前 CD4 的百分比对感染之后 CD4 的百分比的影响.

对于这组数据, Wu 和 Chiang (2000), Fan 和 Zhang (2000) 用局部光滑的方法对 $\beta_l(t)(l = 0, 1, 2, 3)$ 做非参数估计. Huang, Wu 和 Zhou (2002) 提出用全局光滑的方法估计 $\beta_l(t)(l = 0, 1, 2, 3)$, 检验 $\beta_l(t)(l = 0, 3)$ 的系数函数是不是常数, 以及 $X_1^{(1)}, X_1^{(2)}$ 的系数函数是否为零. Wu 和 Chiang (2000), Fan 和 Zhang (2000) 以及 Huang, Wu 和 Zhou (2002) 的估计结果基本一致, 具体的比较见 Huang, Wu 和 Zhou (2002).

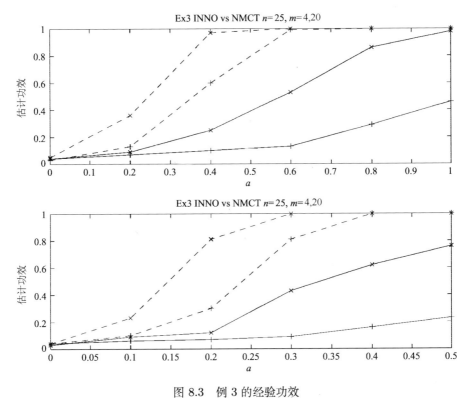

图 8.3 例 3 的经验功效

"+"号: 由更新过程的检验得到的经验功效; "×"号: 由 NMCT 法得到的经验功效;

实线: $m = 4$ 的经验功效; 虚线: $m = 20$ 的经验功效

在本章中, 我们对相同的数据进行分析, 提出两种方法检验某些协变量的系数函数是否为某种参数的形式, 本小节对系数函数考虑 6 种不同的原假设, $\beta_i(t) = a_i + b_i t (i = 0, 1, 2, 3)$ 和 $\beta_i(t) = c_i (i = 0, 1, 2, 3)$. 也就是, 首先检验吸烟, 年龄, 基准, 以及感染之前 CD4 的百分比的系数函数是否是时间的线性函数, 其次, 检验它们是否是常数. 假定显著性水平是 0.05 , 基于非参数蒙特卡罗逼近方法做检验时, 用 1000 重复得到 p 值, 具体的计算结果见表 8.1. 由于 Huang, Wu 和 Zhou (2002) 也对相同的数据做了假设检验的研究, 即 $\beta_1(t) = 0$, $\beta_2(t) = 0$, $\beta_0(t) = c_0$ 和 $\beta_3(t) = c_3$, 为了比较检验结果, 将他们的结果列在表 8.2. 从表中可以看到, 对于检验系数函数 $\beta_i(\cdot)$ 是否为常数的结果, 我们所得到的结果和 Huang , Wu 和 Zhou (2002) 的结果基本相同: 拒绝 β_0 为常数这一原假设, 相反, 没有足够的证据拒绝其他系数函数是常数这一假定. 对于系数函数是时间的线性函数这一假定, 本章所提出的两种检验方法的结果都不能拒绝原假设. 而且, 基于更新方法得到的 p 值比基于非参数蒙特卡罗逼近得到的 p 值要小一些, 也就是, 对于这组数据, 更新过程更敏感. 从上面的分析中, 由于数据包含 283 个个体, 1817 个数据, 样本量较大, 结果是合理的.

表 8.1   AIDS 的数据分析结果 ($\alpha = 0.05$)

原假设	更新方法 p 值	NMCT p 值	原假设	更新方法 p 值	NMCT p 值
$\beta_0(t) = a_0 + b_0 t$	0.2490~0.2878	0.6930	$\beta_0(t) = c_0$	0.0000	0.0000
$\beta_1(t) = a_1 + b_1 t$	0.7012~0.8910	0.8480	$\beta_1(t) = c_1$	0.2490~0.2878	0.3540
$\beta_2(t) = a_2 + b_2 t$	0.7012~0.8910	0.8140	$\beta_2(t) = c_2$	0.0879~0.0999	0.1240
$\beta_3(t) = a_3 + b_3 t$	0.4672~0.5652	0.7450	$\beta_3(t) = c_3$	0.2878~0.3346	0.4100

表 8.2   Huang , Wu 和 Zhou (2002) 的检验结果 ($\alpha = 0.05$)

原假设	p 值
$\beta_1(t) = 0$	0.176
$\beta_2(t) = 0$	0.301
$\beta_0(t) = c_0$	0.000
$\beta_3(t) = c_3$	0.059

8.5   定理的证明

为了证明定理 8.3.2 , 先给出如下的引理.

引理 8.5.1   对于线性变换 L, 有

$$\mathrm{Cov}(LB_0(r), LB_0(s)) = \mathrm{Cov}(B_0(r), B_0(s)).$$

证   不妨假设 $r \leqslant s$, 根据 L 的定义, 有

$$(LB_0)(r) = B_0(r) - \int_{-\infty}^{r} \sigma^{-1}(t) g(t, \theta_r)^{\tau} A^{-1}(t) \left[\int_{t}^{+\infty} \sigma^{-1}(z) g(z, \theta_r) B_0(dz) \right] F(\mathrm{d}t).$$

注意到 LB_0 和 B_0 的均值为零. 通过一些初等运算, 可得

$$
\begin{aligned}
& E(LB_0(r) \times LB_0(s)) \\
= \ & E\{B_0(r) \times B_0(s)\} \\
& - E\left\{ B_0(r) \times \int_{-\infty}^{s} \sigma^{-1}(t) g(t, \theta_r)^{\tau} A^{-1}(t) \left[\int_{t}^{+\infty} \sigma^{-1}(z) g(z, \theta_r) B_0(dz) \right] F(\mathrm{d}t) \right\} \\
& - E\left\{ B_0(s) \times \int_{-\infty}^{r} \sigma^{-1}(t) g(t, \theta_r)^{\tau} A^{-1}(t) \left[\int_{t}^{+\infty} \sigma^{-1}(z) g(z, \theta_r) B_0(dz) \right] F(\mathrm{d}t) \right\} \\
& + E\left\{ \int_{-\infty}^{r} \sigma^{-1}(t) g(t, \theta_r)^{\tau} A^{-1}(t) \left[\int_{t}^{+\infty} \sigma^{-1}(z) g(z, \theta_r) B_0(dz) \right] F(\mathrm{d}t) \right. \\
& \left. \times \int_{-\infty}^{s} \sigma^{-1}(t) g(t, \theta_r)^{\tau} A^{-1}(t) \left[\int_{t}^{+\infty} \sigma^{-1}(z) g(z, \theta_r) B_0(dz) \right] F(\mathrm{d}t) \right\}
\end{aligned}
\tag{8.5.1}
$$

根据随机积分的计算公式, 有

$$
E(LB_0(r) \times LB_0(s))
$$
$$
= \text{Cov}\{B_0(r), B_0(s)\} - \int_{-\infty}^{s} \sigma^{-1}(t)g(t,\theta_r)^{\tau} A^{-1}(t)[\int_{t}^{r} \sigma^{-1}(z)g(z,\theta_r)F(\mathrm{d}z)]F(\mathrm{d}t)
$$
$$
- \int_{-\infty}^{r} \sigma^{-1}(t)g(t,\theta_r)^{\tau} A^{-1}(t)[\int_{t}^{s} \sigma^{-1}(z)g(z,\theta_r)F(\mathrm{d}z)]F(\mathrm{d}t)
$$
$$
- \int_{-\infty}^{r} \int_{-\infty}^{s} \sigma^{-1}(t)g(t,\theta_r)^{\tau} A^{-1}(t) A(t \vee z) A^{-1}(z) \sigma^{-1}(z)g(z)F(\mathrm{d}z)F(\mathrm{d}t)
$$

注意到上式的第 4 个元素为

$$
\int_{-\infty}^{r} \int_{-\infty}^{s} \sigma^{-1}(t)g(t,\theta_r)^{\tau} A^{-1}(z) \sigma^{-1}(z)g(z)I(t \geqslant z)F(\mathrm{d}z)F(\mathrm{d}t)
$$
$$
+ \int_{-\infty}^{r} \int_{-\infty}^{s} \sigma^{-1}(t)g(t,\theta_r)^{\tau} A^{-1}(t) \sigma^{-1}(z)g(z)I(t < z)F(\mathrm{d}z)F(\mathrm{d}t)
$$
$$
= \int_{-\infty}^{s} \int_{-\infty}^{r} \sigma^{-1}(t)g(t,\theta_r)^{\tau} A^{-1}(z) \sigma^{-1}(z)g(z)I(t \geqslant z)F(\mathrm{d}z)F(\mathrm{d}t)
$$
$$
+ \int_{-\infty}^{s} \int_{-\infty}^{r} \sigma^{-1}(t)g(t,\theta_r)^{\tau} A^{-1}(t) \sigma^{-1}(z)g(z)I(t < z)F(\mathrm{d}z)F(\mathrm{d}t)
$$

应用 Fubini 定理, 以及综合以上的分析结果, 引理证毕.

引理 8.5.2 在原假设 H_0 下, 依概率一致有

$$
L\tilde{R}_N^0 = LR_N^0 + o_p(1). \tag{8.5.2}
$$

证 根据 L 的定义,

$$
(L\tilde{R}_N^0)(s) = \tilde{R}_N^0(s) - \int_{-\infty}^{s} \sigma^{-1}(t)g(t,\theta_r)^{\tau} A^{-1}(t)[\int_{t}^{+\infty} \sigma^{-1}(z)g(z,\theta_r)\tilde{R}_N^0(\mathrm{d}z)]F(\mathrm{d}t),
$$
$$
(LR_N^0)(s) = R_N^0(s) - \int_{-\infty}^{s} \sigma^{-1}(t)g(t,\theta_r)^{\tau} A^{-1}(t)[\int_{t}^{+\infty} \sigma^{-1}(z)g(z,\theta_r)R_N^0(\mathrm{d}z)]F(\mathrm{d}t).
$$

根据下面的两个等式,

$$
\int_{-\infty}^{s} \sigma^{-1}(t)g(t,\theta_r)^{\tau} A^{-1}(t)[\int_{t}^{+\infty} \sigma^{-1}(z)g(z,\theta_r)\tilde{R}_N^0(\mathrm{d}z)]F(\mathrm{d}t)
$$
$$
= N^{-1/2} \sum_{i=1}^{n} \sum_{j=1}^{m_j} \int_{-\infty}^{s} \sigma^{-1}(t)g(t,\theta_r)^{\tau} A^{-1}(t) I_{(t,\infty)}(t_{ij}) \sigma^{-2}(t_{ij})g(t_{ij},\theta_r)(Z_{ijr}
$$
$$
- \beta_r(t_{ij},\theta_r))F(\mathrm{d}t)
$$

$$\int_{-\infty}^{s} \sigma^{-1}(t)g(t,\theta_r)^\tau A^{-1}(t)[\int_{t}^{+\infty} \sigma^{-1}(z)g(z,\theta_r)R_N^0(\mathrm{d}z)]F(\mathrm{d}t)$$

$$= N^{-1/2}\sum_{i=1}^{n}\sum_{j=1}^{m_j}\int_{-\infty}^{s} \sigma^{-1}(t)g(t,\theta_r)^\tau A^{-1}(t)I_{(t,\infty)}(t_{ij})\sigma^{-2}(t_{ij})g(t_{ij},\theta_r)(\hat{Z}_{ijr}$$

$$-\beta_r(t_{ij},\theta_N))F(\mathrm{d}t), \tag{8.5.3}$$

可以得到

$$(L\tilde{R}_N^0)(s) - (LR_N^0)(s)$$

$$= \{\tilde{R}_N^0(s) - R_N^0(s)\}$$

$$-\{N^{-1/2}\sum_{i=1}^{n}\sum_{j=1}^{m_j}\int_{-\infty}^{s} \sigma^{-1}(t)g(t,\theta_r)^\tau A^{-1}(t)I_{(t,\infty)}(t_{ij})\sigma^{-2}(t_{ij})g(t_{ij},\theta_r)(\hat{Z}_{ijr}$$

$$-Z_{ijr})F(\mathrm{d}t)\}$$

$$+\{N^{-1/2}\sum_{i=1}^{n}\sum_{j=1}^{m_j}\int_{-\infty}^{s} \sigma^{-1}(t)g(t,\theta_r)^\tau A^{-1}(t)I_{(t,\infty)}(t_{ij})\sigma^{-2}(t_{ij})g(t_{ij},\theta_r)$$

$$\times(\beta_r(t_{ij},\theta_N) - \beta_r(t_{ij},\theta_r))F(\mathrm{d}t)\} \tag{8.5.4}$$

根据已知结果, 存在 s_0 , 在原假设 H_0 以及条件 A , 在 $s \leqslant s_0$ 区间, 一致的有

$$\tilde{R}_N^0 = R_N^0 - G_0(t_{ij},\theta_r)^\tau N^{1/2}(\theta_N - \theta_r) + o_p(1),$$

$$N^{-1/2}\sum_{i=1}^{n}\sum_{j=1}^{m_j}\int_{-\infty}^{s} \sigma^{-1}(t)g(t,\theta_r)^\tau A^{-1}(t)I_{(t,\infty)}(t_{ij})\sigma^{-2}(t_{ij})g(t_{ij},\theta_r)$$

$$\times(\beta_r(t_{ij},\theta_N) - \beta_r(t_{ij},\theta_r))F(\mathrm{d}t)$$

$$= \int_{-\infty}^{s} \sigma^{-1}(t)g(t,\theta_r)^\tau A^{-1}(t)\int_{t}^{\infty} \sigma^{-2}(z)g(z,\theta_r)g(z,\theta_r)^\tau F(\mathrm{d}z)F(\mathrm{d}t)N^{1/2}(\theta_N$$

$$-\theta_r) + o_p(1)$$

$$= G_0^\tau(s,\theta_r)N^{1/2}(\theta_N - \theta_r) + o_p(1)$$

和

$$N^{-1/2}\sum_{i=1}^{n}\sum_{j=1}^{m_j}\int_{-\infty}^{s} \sigma^{-1}(t)g(t,\theta_r)^\tau A^{-1}(t)I_{(t,\infty)}(t_{ij})\sigma^{-2}(t_{ij})g(t_{ij},\theta_r)(\hat{Z}_{ijr}$$

$$-Z_{ijr})F(\mathrm{d}t) = o_p(1).$$

至此, 引理证毕.   □

接下来给出本章中定理的证明过程.

证明定理 8.3.1   注意到

$$\tilde{R}_N(t) = \frac{1}{\sqrt{N}}\sum_{i=1}^{n}\sum_{j=1}^{m}\{(\hat{Z}_{ijr} - \beta_r(t_{ij},\theta_N))I(t_{ij} \leqslant t)\}$$

$$= \frac{1}{\sqrt{N}} \sum_{i=1}^{n} \sum_{j=1}^{m} \{(Z_{ijr} - \beta_r(t_{ij}, \theta_r))I(t_{ij} \leqslant t)\} - \frac{1}{\sqrt{N}} \sum_{i=1}^{n} \sum_{j=1}^{m} \{(\beta_r(t_{ij}, \theta_N)$$

$$- \beta_r(t_{ij}, \theta_r))I(t_{ij} \leqslant t)\} + \frac{1}{\sqrt{N}} \sum_{i=1}^{n} \sum_{j=1}^{m} \{(\hat{Z}_{ijr} - Z_{ijr})I(t_{ij} \leqslant t)\}.$$

不难证明 $N^{-1/2} \sum_{i=1}^{n} \sum_{j=1}^{m} \{(Z_{ijr} - \beta_r(t_{ij}, \theta_r))I(t_{ij} \leqslant t)\}$ 依分布收敛于中心化

的 Brownian 运动 B, 且 B 的协方差函数是 $\mathrm{Cov}(B(x_1), B(x_2)) = \psi(x_1 \wedge x_2)$.

$N^{-1/2} \sum_{i=1}^{n} \sum_{j=1}^{m} \{(\beta_r(t_{ij}, \theta_N) - \beta_r(t_{ij}, \theta_r))I(t_{ij} \leqslant t)\}$ 依分布收敛于 $G^{\tau}(x, \theta_r)N$, 以及

$N^{-1/2} \sum_{i=1}^{n} \sum_{j=1}^{m} \{(\hat{Z}_{ijr} - Z_{ijr})I(t_{ij} \leqslant t)\}$ 依分布收敛于 $o_p(1)$. 至此, 定理证毕. □

证明定理 8.3.2 根据引理 8.5.1, 不难得到, 下式依分布成立,

$$L(B_0 - G_0(x, \theta_r)^{\tau} N_0) = L(B_0) = B_0. \tag{8.5.5}$$

和 $LR_N^0 \to B_0$. 根据引理 8.5.2, 依分布 $L\tilde{R}_N^0 \to B_0$. 定理 8.3.2 证毕. □

证明定理 8.3.3 首先, 类似于引理 8.5.2 的证明过程, 可得

$$L_N \tilde{R}_N^1 = L_N R_N^1 + o_p(1)$$

在 $s \leqslant s_0$ 上一致成立. 接下来证明

$$L_N R_N^1 = LR_N^1 + o_p(1).$$

注意到

$$LR_N^1 - L_N R_N^1 + o_p(1)$$

$$= \int_{-\infty}^{s} \sigma_{N_1}^{-1}(t) g^{\tau}(t, \theta_{N_1}) A_{N_1}^{-1}(t) \int_{t}^{\infty} \sigma_{N_1}^{-1}(z) g(z, \theta_{N_1}) R_N^1(\mathrm{d}z) F_{N_1}(\mathrm{d}t)$$

$$- \int_{-\infty}^{s} \sigma_{N_1}^{-1}(t) g^{\tau}(t, \theta_r) A^{-1}(t) \int_{t}^{\infty} \sigma_{N_1}^{-1}(z) g(z, \theta_r) R_N^1(\mathrm{d}z) F(\mathrm{d}t)$$

$$= \int_{-\infty}^{s} \sigma_{N_1}^{-1}(t) g^{\tau}(t, \theta_r) A^{-1}(t) \int_{t}^{\infty} \sigma_{N_1}^{-1}(z) g(z, \theta_r) R_N^1(\mathrm{d}z) \{F_{N_1}(\mathrm{d}t) - F(\mathrm{d}t)\}$$

$$+ \int_{-\infty}^{s} \{\sigma_{N_1}^{-1}(t) g^{\tau}(t, \theta_{N_1}) A_{N_1}^{-1}(t) \int_{t}^{\infty} \sigma_{N_1}^{-1}(z) g(z, \theta_{N_1}) R_N^1(\mathrm{d}z)$$

$$- \sigma_{N_1}^{-1}(t) g^{\tau}(t, \theta_r) A^{-1}(t) \int_{t}^{\infty} \sigma_{N_1}^{-1}(z) g(z, \theta_r) R_N^1(\mathrm{d}z)\} F_{N_1}(\mathrm{d}t)$$

$$=: I_1 + I_2. \tag{8.5.6}$$

令

$$\alpha_N(t) = \sigma_{N_1}^{-1}(t) g^{\tau}(t, \theta_r) A^{-1}(t) \int_{t}^{\infty} \sigma_{N_1}^{-1}(z) g(z, \theta_r) R_N^1(\mathrm{d}z)$$

根据式 (8.3.3) 和 σ_{N_1} 的有界性, 不难得出序列 α_N 是紧的. 所以, 式 (8.5.5) 的第一部分 I_1 在 $s \leqslant s_0$ 上一致趋于零.

根据条件 (A) 和 σ_{N_1} 的有界性, 定义如下的过程 β_N:

$$\beta_N(s, \theta) = \int_{-\infty}^{s} \sigma_{N_1}^{-1}(t) g^{\tau}(t, \theta) A_{N_1}^{-1}(t, \theta) \int_{t}^{\infty} \sigma_{N_1}^{-1}(z) g(z, \theta) R_N^1(\mathrm{d}z) F_{N_1}(\mathrm{d}t).$$

关于 θ 一致紧且连续. 由于以概率 $\theta_{N_1} \to \theta_r$, 当 N 和 $N_1 \to \infty$ 时, 式 (8.5.5) 的第二部分 I_2 以概率趋于零.

如果把 L 中的 σ 用 σ_{N_1} 替代, 类似于定理 8.3.2 的证明过程, 得到定理 8.3.3 的结果.

证明定理 8.3.4   根据 Wald 定理, 对几乎所有的序列 $\{(X_i, Y_{ij}, t_{ij}) : i = 1, \cdots, n; j = 1, \cdots, m_i; N \to \infty\}$, 我们只需要证明① $R_N(., E_N)$ 的协方差函数收敛到 R_N 的协方差函数; ②对于有限指标 $\{t_{ij} : i = 1, \cdots, k; j = 1, \cdots, m_i\}$, $R_N(., E_N)$ 的有限分布 fidis 收敛; ③一致紧性. 性质①和②不难证明, 具体细节不再赘述. 关于一致紧性的证明, 类似于文献 Zhu, Fujikoshi 和 Naito (2001) 的证明过程, 这里就不再详细阐述, 定理证毕.

第 9 章 平均剩余寿命回归模型的检验

9.1 引   言

均值有限的非负随机变量 X 的 平均剩余生命 (MRL) 函数定义为：如果 $x < T$ ，

$$e(x) = E(X - x | X > x) = S(x)^{-1} \int_x^T S(u)\mathrm{d}u, \qquad (9.1.1)$$

否则 $e(x) = 0$. 这里 $S(x) = P(X > x)$ 为生存函数， $T = \inf\{x : S(x) = 0\} \leqslant \infty$. 类似于风险函数， MRL 函数根据逆转公式

$$S(x) = \frac{e(0)}{e(x)} \exp\left(- \int_0^x e(u)^{-1}\mathrm{d}u \right), \ x < T \qquad (9.1.2)$$

完全决定分布, 式 (9.1.2) 由式 (9.1.1) 不难得到. 这个函数在研究替换准则时非常有用, 因为根据分量剩余生命的期望可知是否替代它. 此函数在其他研究领域, 如精算、生物医学、人口统计学、也被广泛运用.

Oakes 和 Dasu (1990) 提出一种新的半参数比例 MRL 模型. 之后不久, Maguluri 和 Zhang (1994) 把这个模型推广到回归问题的研究中. 条件 MRL 函数满足

$$e(x|z) = \exp(-\beta'z)e_0(x), \qquad (9.1.3)$$

其中， $z' = (z_1, \cdots, z_p)$ 是 $p-$ 维协变量， $\beta' = (\beta_1, \cdots, \beta_p)$ 是 p 维回归参数向量， $e_0(x)$ 表示对应于基线生存函数 S_0 的 MRL 函数. Maguluri 和 Zhang (1994) 提出两种方法估计 β: 其中一个估计是基于模型的比例风险结构得到；另外一个称为简单估计, 基于指数回归模型的极大似然方程得到. 两种估计方法只针对未删失数据.

本章研究 MRL 回归模型的拟合优度检验问题, 用两种蒙特卡罗方法逼近检验在原假设下的分布. 本章的部分内容来自文献 Zhu , Yuen 和 Tang (2002), 理论证明结果来自文献 (Zhu, Yuen 和 Tang, 2000). 9.2 节, 基于渐近分布是 Gaussian 过程的随机过程, 构造检验统计量. 由于统计量在原假设下的极限分布的分位点很难确定, 9.3 节用两种蒙特卡罗方法, 即传统自助法和 NMCT 法, 逼近原假设下的统计量分布估计 p 值, 且两种逼近方法都渐近有效. 9.4 节通过模拟研究本章提出的检验方法, 评价两种逼近方法. 定理的证明过程见 9.5 节.

9.2　检验统计量的渐近性质

假定 $(X_1, Z_1), \cdots, (X_n, Z_n)$ 是分布函数为 $F(x, z) = P(X \leqslant x, Z \leqslant z)$ 的 i.i.d. 的观测数据，"$Z \leqslant z$" 表示 Z 的各个分量不大于 z 的相应分量. 通过一些计算，根据式 (9.1.3) 可得

$$e_0(x) = G(x, z)^{-1} \int_x^T \int_0^z \exp(\beta' u)(t - x) F(\mathrm{d}t, \mathrm{d}u), \tag{9.2.1}$$

其中，$\int_0^z = \int_0^{z_1} \cdots \int_0^{z_p}$，$G(x, z) = F(T, z) - F(x, z)$. 记式 (9.2.1) 右边项为 $A(x, z)$. 本章的检验问题为，在原假设下

$$H_0: \ e_0(x) = A(x, z) \ \text{对所有 } z \text{ 和所有 } x < T \text{ 成立}. \tag{9.2.2}$$

特别地，如果原假设成立，函数 $A(x, z)$ 与 z 独立.

参数 β 的简单估计 $\hat{\beta}$ 定义为下述方程的解：

$$-\hat{U}(\beta) = n^{-1} \sum_{i=1}^n Z_i - \frac{\displaystyle\sum_{i=1}^n X_i Z_i \exp(\beta' Z_i)}{\displaystyle\sum_{i=1}^n X_i \exp(\beta' Z_i)} = 0. \tag{9.2.3}$$

记 $t = (t_1, \cdots, t_p)'$，$\|t\|$ 表示 t 的 L_2- 范数. 假定：① 对 $\epsilon > 0$ 且 $\|t\| < \epsilon$，$E(\exp(t'Z)) < \infty$ 成立；② $E((Z'Z + 1) \exp(2\beta'Z) X^2) < \infty$. 如果这两个条件成立，Maguluri 和 Zhang (1994) 得到 $\hat{\beta}$ 的强相合性和渐近正态性. 本章不再证明 $\hat{\beta}$ 的性质，直接假定这两个性质成立.

对任意 z_0，所有 $x < T$ 和 $z > z_0$，定义

$$V_n(x, z, z_0) = n^{\frac{1}{2}} (\hat{A}_n(x, z) - \hat{A}_n(x, z_0)), \tag{9.2.4}$$

其中，

$$\hat{A}_n(x, z) = \frac{\displaystyle\sum_{i=1}^n \exp(\hat{\beta}' Z_i)(X_i - x) I(X_i > x, Z_i \leqslant z)}{\displaystyle\sum_{i=1}^n I(X_i > x, Z_i \leqslant z)} \tag{9.2.5}$$

是式 (9.2.2)$A(x, z)$ 的经验估计. 在原假设下，过程 V_n 等于

$$V_n(x, z, z_0) = M_n(x, z) - M_n(x, z_0), \tag{9.2.6}$$

其中，$M_n(x, z) = \sqrt{n}(\hat{A}_n(x, z) - A(x, z))$. 对检验问题式 (9.2.2)，构造基于 V_n 的 Cramér-von Mises 类型的检验统计量

$$W_n = \int_0^b \int_{z_0}^b \int_0^T V_n^2(x, z, z_0) F_{Xn}(\mathrm{d}x) F_{Zn}(\mathrm{d}z) F_{Zn}(\mathrm{d}z_0), \tag{9.2.7}$$

其中, F_{Xn} 和 F_{Zn} 分别表示 X 和 Z 的边际分布 F_X 和 F_Z 的经验分布. 上式前两个积分的上限 $b = (b_1, \cdots, b_p)$ 的各个分量理论上可选择为任意大的常数向量, 但在实际运算中, 通常情况下是把样本 Z 的第 j 分量的最大值作为 b_j. 如果统计量的值太大, 拒绝原假设.

对 $x < T$ 和 $z > z_0$, 定义

$$
\begin{aligned}
&f(x, z, z_0, X, Z; \beta, G) \\
&= \frac{(X - x)\exp(\beta'Z)I(X > x, z_0 < Z \leqslant z) - G(\beta, x, z, z_0)}{G(x, z)} \\
&\quad - \frac{(I(X > x, z_0 < Z \leqslant z) - G(x, z, z_0))G(\beta, x, z_0)}{G(x, z)G(x, z_0)} \\
&\quad + \left(Z' - \frac{XZ'\exp(\beta'Z)}{E(X\exp(\beta'Z))}\right)\Theta^{-1}(\beta)\left(\frac{\dot{G}(\beta, x, z, z_0)}{G(x, z)} - \frac{\dot{G}(\beta, x, z_0)G(x, z, z_0)}{G(x, z)G(x, z_0)}\right) \\
&\quad - \frac{((X - x)\exp(\beta'Z)I(X > x, Z \leqslant z_0) - G(\beta, x, z_0))G(x, z, z_0)}{G(x, z)G(x, z_0)} \\
&\quad + \frac{(I(X > x, Z \leqslant z_0) - G(x, z_0))G(x, z, z_0)G(\beta, x, z_0)}{G(x, z)G(x, z_0)^2},
\end{aligned} \tag{9.2.8}
$$

其中,

$$
\begin{aligned}
G(\beta, x, z) &= \int_x^T \int_0^z \exp(\beta'u)(t - x)F(\mathrm{d}t, \mathrm{d}u), \\
G(\beta, x, z, z_0) &= G(\beta, x, z) - G(\beta, x, z_0), \\
G(x, z, z_0) &= G(x, z) - G(x, z_0), \\
\Theta(\beta) &= \left[\frac{\partial}{\partial \beta_1}U(\beta), \cdots, \frac{\partial}{\partial \beta_p}U(\beta)\right]_{p \times p} \\
U(\beta) &= \frac{E(XZ\exp(\beta'Z))}{E(X\exp(\beta'Z))} - E(Z), \\
\dot{G}(\beta, x, z_0) &= \left(\frac{\partial}{\partial \beta_1}G(\beta, x, z_0), \cdots, \frac{\partial}{\partial \beta_p}G(\beta, x, z_0)\right)', \\
\dot{G}(\beta, x, z, z_0) &= \left(\frac{\partial}{\partial \beta_1}G(\beta, x, z, z_0), \cdots, \frac{\partial}{\partial \beta_p}G(\beta, x, z, z_0)\right)'.
\end{aligned} \tag{9.2.9}
$$

假定 $\Theta(\beta)$ 为 $p \times p$ 的非奇异矩阵, 接下来的定理说明 V_n 和 W_n 的收敛性质.

定理 9.2.1 在原假设 H_0 下, V_n 在 Skorohod 空间 $D([0, T] \times [0, \infty]^{2p})$ 依分布收敛到中心化的 Gaussian 过程 V. 对任意 (x, z, z_0) 和 (x^0, z^0, z_0^0), V 的协方差函数是

$$
\mathrm{Cov}(f(x, z, z_0, X, Z; \beta, G), f(x^0, z^0, z_0^0, X, Z; \beta, G)). \tag{9.2.10}
$$

因此, 式 (9.2.7)W_n 依分布收敛到

$$W = \int_0^b \int_{z_0}^b \int_0^T V^2(x, z, z_0) F_X(\mathrm{d}x) F_Z(\mathrm{d}z) F_Z(\mathrm{d}z_0). \tag{9.2.11}$$

　　显然, 复杂的协方差函数式 (9.2.10) 使得很难得到原假设下极限分布的临界值. 本章用两种重抽样的方法逼近 W 的分布, 估计检验的临界值.

　　接下来考虑统计量 W_n 对局部备择假设的功效, 局部备择假设是指标为 n 的一列函数

$$e_n(x|z) = e_0(x) \exp(-\beta' z - \delta(z) n^{-\frac{1}{2}}), \tag{9.2.12}$$

其中, $\delta(z)$ 是不依赖 β 的未知函数. 平行于在原假设下 $e_0(x)$ 的表达式 (9.2.1), (9.2.12) MRL 的基线函数为

$$e_0(x) = G(x, z)^{-1} \int_x^T \int_0^z \exp(\beta' u + \delta(u) n^{-\frac{1}{2}})(t - x) F(\mathrm{d}t, \mathrm{d}u).$$

对 $e_0(x)$ 做 Taylor 展开, 有

$$e_0(x) = G(x, z)^{-1} \int_x^T \int_0^z \exp(\beta' u)(1 + \delta(u) n^{-\frac{1}{2}} + O(n^{-\frac{1}{2}}))(t - x) F(\mathrm{d}t, \mathrm{d}u).$$

因此, 在备择假设式 (9.2.12) 下, 式 (9.2.5) 的 $\hat{A}_n$ 变为

$$\begin{aligned}
{}^\delta\hat{A}_n(x, z) &= \frac{\sum\limits_{i=1}^n \exp(\hat{\beta}' Z_i)(X_i - x) I(X_i > x, Z_i \leqslant z)}{\sum\limits_{i=1}^n I(X_i > x, Z_i \leqslant z)} \\
&\quad + \frac{n^{-\frac{1}{2}} \sum\limits_{i=1}^n \exp(\hat{\beta}' Z_i)(X_i - x)\delta(Z_i) I(X_i > x, Z_i \leqslant z)}{\sum\limits_{i=1}^n I(X_i > x, Z_i \leqslant z)} + o_p(n^{-\frac{1}{2}}) \\
&= \frac{\sum\limits_{i=1}^n \exp(\hat{\beta}' Z_i)(X_i - x) I(X_i > x, Z_i \leqslant z)}{\sum\limits_{i=1}^n I(X_i > x, Z_i \leqslant z)} + \frac{n^{-\frac{1}{2}} Q(x, z)}{G(x, z)} + o_p(n^{-\frac{1}{2}}),
\end{aligned}$$

其中, $Q(x, z) = E(\exp(\beta' Z)(X - x)\delta(Z) I(X > x, Z \leqslant z))$. 平行于在原假设下的过程 V_n, 在局部备择假设下可得

$$\begin{aligned}
{}^\delta V_n(x, z, z_0) &= \sqrt{n}({}^\delta\hat{A}_n(x, z) - {}^\delta\hat{A}_n(x, z_0)) \\
&= n^{\frac{1}{2}}(\hat{A}_n(x, z) - \hat{A}_n(x, z_0)) + \left(\frac{Q(x, z)}{G(x, z)} - \frac{Q(x, z_0)}{G(x, z_0)}\right) \\
&\quad + o_p(1). \tag{9.2.13}
\end{aligned}$$

上式第一项等于式 (9.2.4) 的 V_n，第二项为非随机函数. 所以在备择假设式 (9.2.12) 下，过程 V_n 包含非随机漂移.

9.3 蒙特卡罗逼近

在原假设下根据 W_n 的极限分布很难确定临界值时，很多文献采用蒙特卡罗的方法估计检验的临界值. 本章通过 传统自助法和 NMCT 方法逼近原假设的分布，从而确定临界值.

1. 传统自助法

记 $\{(X_1^*, Z_1^*), \cdots, (X_n^*, Z_n^*)\}$ 表示由自助法得到的参考数据. β^* 根据参考数据得到的方程 $-U^*(\beta) = 0$ 的解，其中 $U^*(\beta)$ 是对应式 (9.2.3) 的由观测数据得到的表达式. 第 9.5 小节讨论了 β^* 的弱收敛性. 由参考数据得到对应于过程式 (9.2.6) 的表达式为

$$V_n^*(x, z, z_0) = M_n^*(x, z) - M_n^*(x, z_0), \qquad (9.3.1)$$

其中，

$$M_n^*(x, z) = n^{\frac{1}{2}}(A_n^*(x, z) - \hat{A}_n(x, z)) \qquad (9.3.2)$$

A_n^* 是对应于式 (9.2.5) 的表达式. 显然，W_n^* 的形式为

$$W_n^* = \int_0^b \int_{z_0}^b \int_0^T (V_n^*(x, z, z_0))^2 F_{Xn}^*(\mathrm{d}x) F_{Zn}^*(\mathrm{d}z) F_{Zn}^*(\mathrm{d}z_0), \qquad (9.3.3)$$

其中，F_{Xn}^* 和 F_{Zn}^* 表示由参考数据分别得到的 F_X 和 F_Z 的经验分布. 根据 Burke 和 Yuen (1995) 的研究结果，在原假设下，式 (9.2.7) 的 W_n^* 和式 (9.3.3) 的 W_n 具有相同的极限分布.

定理 9.3.1 在原假设下，对几乎所有序列 $\{(X_1, Z_1), \cdots, (X_n, Z_n), \cdots\}$，式 (9.3.3)$W_n^*$ 依分布收敛到式 (9.2.11) 的 W.

2. NMCT 法

首先由计算机模拟产生均值为零，方差为 1 的 i.i.d. 有界随机变量 $e_i(i = 1, \cdots, n)$，由 NMCT 法得到 V_n 的条件表达式为

$$V_n^R(x, z, z_0) = n^{-\frac{1}{2}} \sum_{i=1}^n e_i f(x, z, z_0, X_i, Z_i; \hat{\beta}, G_n),$$

其中，f 的定义见式 (9.2.8)，G_n 表示 G 的经验估计. 此时，相应的 W_n 的条件统计量为

$$W_n^R = \int_0^b \int_{z_0}^b \int_0^T (V_n^R(x, z, z_0))^2 F_{Xn}(\mathrm{d}x) F_{Zn}(\mathrm{d}z) F_{Zn}(\mathrm{d}z_0). \qquad (9.3.4)$$

用 $W_n^{R_0}$ 表示由观测数据得到 W_n 的值, 重复上述步骤 K 次, 分别得到 $W_n^{R_1}, \cdots, W_n^{R_K}$. 如果 W_n 值较大, 拒绝原假设, 则检验的 p- 值估计为

$$\hat{p} = \frac{k}{K+1},$$

其中, k 表示 $W_n^{R_0}, \cdots, W_n^{R_K}$ 大于或者等于 $W_n^{R_0}$ 的个数. 对给定水平 α, 如果 $\hat{p} \leqslant \alpha$, 拒绝原假设.

定理 9.3.2　在原假设式 (9.2.2) 下, 对几乎所有序列 $\{(X_1, Z_1), \cdots, (X_n, Z_n), \cdots\}$, 条件统计量 W_n^R 的渐近分布等于 W_n 的极限分布.

定理 9.3.1 和 9.3.2 说明两种逼近方法渐近有效. 对固定的备择假设, 不难得出统计量的功效渐近等于 1. 对局部备择假设式 (9.2.12), 可得类似定理 9.3.2 关于 NMCT 条件统计量式 (9.3.4) 的结论, 见定理 9.3.3.

对 NMCT 法, 如果数据来自备择假设式 (9.2.12), W_n^R 的分布依赖于

$$
\begin{aligned}
&{}^\delta V_n^R(x, z, z_0) \\
&= n^{-1/2} \sum_{i=1}^{n} e_i \left(f(x, z, z_0, X_i, Z_i; \hat{\beta}, G_n) - n^{-\frac{1}{2}} \left(\frac{Q(x, z)}{G(x, z)} - \frac{Q(x, z_0)}{G(x, z_0)} \right) \right),
\end{aligned}
$$

根据 ${}^\delta V_n^R(x, z, z_0)$ 的表达式, 说明在备择假设式 (9.2.12) 下, W_n^R 的渐近分布等于在原假设下它的渐近分布. 具体结论如下:

定理 9.3.3　在备择假设式 (9.2.12) 下, 对几乎所有序列 $\{(X_1, Z_1), \cdots, (X_n, Z_n), \cdots\}$, 式 (9.3.4)$W_n^R$ 的条件分布收敛到式 (9.2.11) W.

9.4　模　拟　分　析

本节通过模拟研究本章提出的检验方法, 以及两种逼近方法的效果, 样本大小 $n = 50, 100, 200$ 和 300. 考虑单一协变量的情况, Z 以相同的概率取值 0 或 1, 研究问题属于两样本的情况. 对模型式 (9.1.3), 不难看出, 其中一个样本的 MRL 函数和另外一个样本的 MRL 函数成比例, 且比例系数为 $\exp(-\beta)$. 因此, 由式 (9.1.3), (9.1.1) 和 (9.1.2) 可得

$$S(x|z) = S_0(x) \left(\int_x^T \mu_0^{-1} S_0(u) \mathrm{d}u \right)^{\exp(\beta z)-1}, \tag{9.4.1}$$

其中, $\mu_0 = E(X) = e_0(0)$. 给定 Z 和 S_0, 根据式 (9.4.1) 可以产生 X. 给定显著水平为 $\alpha = 0.1, 0.05$ 和 0.025, 对每组模拟数据, 通过传统自助法产生 1000 组参考数据分别估计分布的不同临界值. 类似地, 如果采用 NMCT 法, 产生 1000 组以相同概率取值 ± 1 的 $\{e_i : i = 1, \cdots, n\}$.

本节假定 $S_0(x) = (1 - 0.5x)_+$，也就是具有线性 MRL 函数的生存分布族，见文献 Hall 和 Wellner (1984). β 值等于 0.8，主要的模拟结果见表 9.1. 每一列表示对 1000 组模拟数据原假设被拒绝的概率. 在小样本的情况下，自助法检验比较保守. 随着 n 的逐渐增大，模拟结果越来越靠近给定水平. 由 NMCT 法得到的结果基本上都接近给定水平.

表 9.1　由蒙特卡罗方法在原假设下得到的经验功效

	自助法			NMCT		
n	$\alpha = 0.1$	$\alpha = 0.05$	$\alpha = 0.025$	$\alpha = 0.1$	$\alpha = 0.05$	$\alpha = 0.025$
50	0.077	0.031	0.010	0.104	0.061	0.031
100	0.073	0.036	0.020	0.071	0.039	0.021
200	0.091	0.037	0.018	0.096	0.049	0.022
300	0.100	0.047	0.024	0.106	0.052	0.033

为了研究检验对备择假设的敏感性，从基线分布是 Weibull 分布的比例风险模型产生 X，此时基线 $\lambda(x|z) = \lambda_0(x) \exp(0.8z)$. 基线风险函数的形式为 $\lambda_0(x) = abx^{a-1}$，参数 a 和 b 分别取值为 3 和 0.00208，则风险函数递增. 在两样本问题中，表 9.2 给出检验在备择假设下的经验功效. 从表 9.2 看，由 NMCT 法得到的模拟结果比由自助法得到的模拟结果好，在小样本的情况尤其明显. 在样本较大的情况，由两种方法得到的经验功效接近 1.

表 9.2　在备择假设下检验的经验功效

	自助法			NMCT		
n	$\alpha = 0.1$	$\alpha = 0.05$	$\alpha = 0.025$	$\alpha = 0.1$	$\alpha = 0.05$	$\alpha = 0.025$
50	0.401	0.246	0.109	0.588	0.548	0.496
100	0.684	0.548	0.406	0.914	0.874	0.821
200	0.923	0.876	0.802	0.988	0.974	0.964
300	0.991	0.985	0.960	0.999	0.997	0.995

总的来说，在样本量不太少的情况，两种逼近方法的模拟结果都不错. 在小样本的情况，NMCT 逼近相对较好. 为了提高在小样本时自助法的模拟结果，可考虑需大量计算的自助 t 方法，或者采用 NMCT 逼近.

9.5　定理证明

9.2 节定义了 4 种类型的 G 函数，也就是 $G(x, z)$, $G(\beta, x, z)$, $G(x, z, z_0)$ 和 $G(\beta, x, z, z_0)$. $G_n(x, z)$，$G_n(\beta, x, z)$，$G_n(x, z, z_0) = G_n(x, z) - G_n(x, z_0)$ 和 $G_n(\beta, x, z, z_0) = G_n(\beta, x, z) - G_n(\beta, x, z_0)$ 分别表示对应它们的经验形式.

证明定理 9.2.1　根据定义, 式 (9.2.4) 的 $\hat{A}_n$ 函数可表示为

$$\hat{A}_n(x,z) = \frac{G_n(\hat{\beta},x,z)}{G_n(x,z)}.$$

对 $x < T$ 和 $z > z_0$,

$$\begin{aligned}
&\hat{A}_n(x,z) - \hat{A}_n(x,z_0) \\
={}& \frac{G_n(\hat{\beta},x,z)}{G_n(x,z)} - \frac{G_n(\hat{\beta},x,z_0)}{G_n(x,z_0)} \\
={}& \frac{G_n(\hat{\beta},x,z,z_0) - G(\hat{\beta},x,z,z_0)}{G_n(x,z)} - \frac{(G_n(x,z,z_0) - G(x,z,z_0))G_n(\hat{\beta},x,z_0)}{G_n(x,z)G_n(x,z_0)} \\
&+ \left(\frac{G(\hat{\beta},x,z,z_0)}{G_n(x,z)} - \frac{G(x,z,z_0)G_n(\hat{\beta},x,z_0)}{G_n(x,z)G_n(x,z_0)} \right) \\
=:{}& I_{n_1} - I_{n_2} + I_{n_3}.
\end{aligned}$$

根据经验过程的理论, 不难得到 $\sqrt{n}(G_n(x,z) - G(x,z))$ 和 $\sqrt{n}(G_n(\beta,x,z) - G(\beta,x,z))$ 为渐近 Gaussian 过程. 注意到 $G(\beta,x,z)$ 连续且关于 β 的一阶导数有界, 又因为 $\hat{\beta}$ 的强相合性和渐近正态性, 根据 Taylor 展开式可得

$$n^{\frac{1}{2}} I_{n_1} = \frac{n^{\frac{1}{2}}(G_n(\beta,x,z,z_0) - G(\beta,x,z,z_0))}{G(x,z)} + o_p(1), \tag{9.5.1}$$

$$n^{\frac{1}{2}} I_{n_2} = \frac{n^{\frac{1}{2}}(G_n(x,z,z_0) - G(x,z,z_0))G(\beta,x,z_0)}{G(x,z)G(x,z_0)} + o_p(1). \tag{9.5.2}$$

在原假设下, $G(\beta,x,z,z_0) = G(x,z,z_0)G(\beta,x,z_0)/G(x,z_0)$. 因此

$$\begin{aligned}
I_{n_3} ={}& \frac{1}{G_n(x,z)} \bigg(G(\hat{\beta},x,z,z_0) - G(\beta,x,z,z_0) \\
&- G(x,z,z_0)\left(\frac{G_n(\hat{\beta},x,z_0)}{G_n(x,z_0)} - \frac{G(\beta,x,z_0)}{G(x,z_0)} \right) \bigg) \\
=:{}& \frac{1}{G_n(x,z)}(I_{n31} - G(x,z,z_0)I_{n32}).
\end{aligned} \tag{9.5.3}$$

而且

$$\frac{n^{\frac{1}{2}} I_{n31}}{G_n(x,z)} = \frac{n^{\frac{1}{2}}(\hat{\beta} - \beta)'\dot{G}(\beta,x,z,z_0)}{G(x,z)} + o_p(1), \tag{9.5.4}$$

$$\frac{n^{\frac{1}{2}}G(x,z,z_0)I_{n_{32}}}{G_n(x,z)} = \frac{n^{\frac{1}{2}}(G_n(\hat{\beta},x,z_0) - G(\hat{\beta},x,z_0))G(x,z,z_0)}{G_n(x,z)G_n(x,z_0)}$$

$$+ \frac{n^{\frac{1}{2}}(G(\hat{\beta},x,z_0) - G(\beta,x,z_0))G(x,z,z_0)}{G_n(x,z)G_n(x,z_0)}$$

$$- \frac{n^{\frac{1}{2}}(G_n(x,z_0) - G(x,z_0))G(x,z,z_0)G(\beta,x,z_0)}{G_n(x,z)G(x,z_0)G_n(x,z_0)}$$

$$= \frac{n^{\frac{1}{2}}(G_n(\beta,x,z_0) - G(\beta,x,z_0))G(x,z,z_0)}{G(x,z)G(x,z_0)}$$

$$- \frac{n^{\frac{1}{2}}(G_n(x,z_0) - G(x,z_0))G(x,z,z_0)G(\beta,x,z_0)}{G(x,z)G(x,z_0)^2}$$

$$- \frac{n^{\frac{1}{2}}(\hat{\beta} - \beta)'\dot{G}(\beta,x,z_0)G(x,z,z_0)}{G(x,z)G(x,z_0)} + o_p(1), \quad (9.5.5)$$

其中, $\dot{G}(\beta,x,z_0)$ 和 $\dot{G}(\beta,x,z,z_0)$ 的定义见式 (9.2.9). 注意到 $(\hat{\beta}-\beta) = -\Theta^{-1}(\beta)\hat{U}(\beta) + o_p(1/\sqrt{n})$ ，又因为式 (9.5.1)~(9.5.5) ，可得

$$V_n(x,z,z_0) = n^{\frac{1}{2}}(I_{n_1} - I_{n_2} + I_{n_3})$$

$$= n^{\frac{1}{2}}\left(\frac{G_n(\beta,x,z,z_0) - G(\beta,x,z,z_0)}{G(x,z)}\right.$$

$$- \frac{(G_n(x,z,z_0) - G(x,z,z_0))G(\beta,x,z_0)}{G(x,z)G(x,z_0)}$$

$$- \frac{\hat{U}(\beta)'\Theta^{-1}(\beta)}{G(x,z)}\left(\dot{G}(\beta,x,z,z_0) - \frac{\dot{G}(\beta,x,z_0)G(x,z,z_0)}{G(x,z_0)}\right)$$

$$- \frac{(G_n(\beta,x,z_0) - G(\beta,x,z_0))G(x,z,z_0)}{G(x,z)G(x,z_0)}$$

$$\left. + \frac{(G_n(x,z_0) - G(x,z_0))G(x,z,z_0)G(\beta,x,z_0)}{G(x,z)G(x,z_0)^2}\right) + o_p(1)$$

$$= n^{-\frac{1}{2}}\sum_{j=1}^{n} f(x,z,z_0,X_j,Z_j;\beta,G) + o_p(1), \quad (9.5.6)$$

其中， $\hat{U}(\beta)$ ， $\Theta(\beta)$ 和 f 的定义分别见式 (9.2.3) ， (9.2.9) 和 (9.2.8).

用 $\mathcal{F}$ 表示由 $\{f(x,z,z_0,X,Z;\beta,G) : (x,z,z_0) \in [0,T] \times [0,\infty)^2, z_0 < z\}$ 组成的函数族. 由于函数 $G(x,z)$ 和 $G(\beta,x,z)$ 绝对连续，且示性函数族 $\{I(X > x, Z \leqslant z) : (x,z) \in [0,T] \times [0,\infty)\}$ 属于 VC 族， $\mathcal{F}$ 也属于 VC 族 (Pollard, 1984). 根据 Pollard (1984, p150~157) 引理 VII 15 和定理 VII 21 ， V_n 依分布收敛到均值为零, 协方差函数为式 (9.2.10) 的 Gaussian 过程. 定理证毕.

证明定理 9.3.1　根据 Taylor 展开式, 可得

$$0 = n^{\frac{1}{2}}\hat{U}(\hat{\beta}) = n^{\frac{1}{2}}\hat{U}(\beta) + \hat{\Theta}(\beta)n^{\frac{1}{2}}(\hat{\beta} - \beta) + o_p(1), \tag{9.5.7}$$

$$0 = n^{\frac{1}{2}}U^*(\beta^*) = n^{\frac{1}{2}}U^*(\hat{\beta}) + \Theta^*(\hat{\beta})n^{\frac{1}{2}}(\beta^* - \hat{\beta}) + o_p(1), \tag{9.5.8}$$

其中, $\hat{\Theta}$ 和 Θ^* 分别是由观测数据和自助法产生的参考数据得到的式 (9.2.9) 中 Θ 的经验形式. 根据 Burke 和 Yuen(1995), 可得 $\hat{\Theta}(\beta)$ 和 $\Theta^*(\hat{\beta})$ 都收敛到 $\Theta(\beta)$. 因此, 根据 Yuen 和 Burke (1997) 的推导方法, $n^{\frac{1}{2}}(U^*(\hat{\beta}) - \hat{U}(\hat{\beta}))$ 和 $n^{\frac{1}{2}}(\hat{U}(\beta) - E(\hat{U}(\beta)))$ 有相同的渐近正态分布, 证明的思想是: 把 $n^{\frac{1}{2}}(\hat{U}(\beta) - E(\hat{U}(\beta)))$ 表示成关于经验过程和 β 的随机积分形式. 关于 $n^{\frac{1}{2}}(U^*(\hat{\beta}) - \hat{U}(\hat{\beta}))$, 类似地可以表示为由自助法产生的参考数据得到的经验过程和 $\hat{\beta}$ 的积分表达式. 根据经验过程的理论和自助法的一些性质得出结论. 根据定义 $\hat{U}(\hat{\beta}) = E(\hat{U}(\beta)) = 0$, 注意到式 (9.5.7) 和 (9.5.8), $n^{\frac{1}{2}}(\beta^* - \hat{\beta})$ 和 $n^{\frac{1}{2}}(\hat{\beta} - \beta)$ 具有相同的渐近分布.

用 G_n^* 表示根据参考数据得到 G 的经验形式. 根据自助法理论, G_n^* 是 G 的相合估计. 与定理 9.2.1 的证明过程的第一步推导一致, 可得

$$\begin{aligned}
&A_n^*(x, z) - A_n^*(x, z_0) \\
&= \frac{G_n^*(\beta^*, x, z)}{G_n^*(x, z)} - \frac{G_n^*(\beta^*, x, z_0)}{G_n^*(x, z_0)} \\
&= \frac{G_n^*(\beta^*, x, z, z_0) - G_n(\beta^*, x, z, z_0)}{G_n^*(x, z)} \\
&\quad - \frac{(G_n^*(x, z, z_0) - G_n(x, z, z_0))G_n^*(\beta^*, x, z_0)}{G_n^*(x, z)G_n^*(x, z_0)} \\
&\quad + \left(\frac{G_n(\beta^*, x, z, z_0)}{G_n^*(x, z)} - \frac{G_n(x, z, z_0)G_n^*(\beta^*, x, z_0)}{G_n^*(x, z)G_n^*(x, z_0)} \right) \\
&=: I_{n_1}^* - I_{n_2}^* + \tilde{I}_{n_3}^*.
\end{aligned} \tag{9.5.9}$$

$G_n^*(\beta, x, z, z_0)$ 和 $G_n(\beta, x, z, z_0)$ 关于 β 的一阶导数分别记为 $\dot{G}_n^*(\beta, x, z, z_0)$ 和 $\dot{G}_n(\beta, x, z, z_0)$. 不难看出 $\dot{G}_n^*(\beta, x, z, z_0)$ 和 $\dot{G}_n(\beta, x, z, z_0)$ 都收敛到 $\dot{G}(\beta, x, z, z_0)$. 根据 Taylor 展开式和 β^* 的渐近正态性, 有

$$n^{\frac{1}{2}}I_{n_1}^* = \frac{n^{\frac{1}{2}}(G_n^*(\beta, x, z, z_0) - G_n(\beta, x, z, z_0))}{G(x, z)} + o_p(1).$$

类似地, 根据 β^* 和 G_n^* 的相合性, 可得

$$n^{\frac{1}{2}}I_{n_2}^* = \frac{n^{\frac{1}{2}}(G_n^*(x, z, z_0) - G_n(x, z, z_0))G(\beta, x, z_0)}{G(x, z)G(x, z_0)} + o_p(1).$$

由 Giné 和 Zinn (1990) 的定理 2.4，根据式 (9.5.1) 和式 (9.5.2)，$n^{\frac{1}{2}}I_{n_1}^*$ $(n^{\frac{1}{2}}I_{n_2}^*)$ 和 $n^{\frac{1}{2}}I_{n_1}$ $(n^{\frac{1}{2}}I_{n_2})$ 的极限分布相同. 式 (9.5.9) 的最后一项 $\tilde{I}_{n_3}^*$ 可表示为

$$
\begin{aligned}
\tilde{I}_{n_3}^* &= \frac{1}{G_n^*(x,z)}\bigg(G_n(\beta^*,x,z,z_0)-G_n(\hat{\beta},x,z,z_0)\\
&\qquad -G_n(x,z,z_0)\bigg(\frac{G_n^*(\beta^*,x,z_0)}{G_n^*(x,z_0)}-\frac{G_n(\hat{\beta},x,z_0)}{G_n(x,z_0)}\bigg)\bigg)\\
&\quad +\frac{1}{G_n^*(x,z)}\bigg(G_n(\hat{\beta},x,z,z_0)-G_n(x,z,z_0)\frac{G_n(\hat{\beta},x,z_0)}{G_n(x,z_0)}\bigg)\\
&=: \frac{1}{G_n^*(x,z)}(I_{n_{31}}^*+G_n(x,z,z_0)I_{n_{32}}^*)+R_n^*\\
&=: I_{n_3}^*+R_n^*.
\end{aligned}
$$

类似于式 (9.5.4) 和 (9.5.5) 的推导，有

$$
\frac{n^{\frac{1}{2}}I_{n_{31}}^*}{G_n^*(x,z)}=\frac{n^{\frac{1}{2}}(\beta^*-\hat{\beta})'\dot{G}(\beta,x,z,z_0)}{G(x,z)}+o_p(1)
$$

和

$$
\begin{aligned}
\frac{n^{\frac{1}{2}}G_n(x,z,z_0)I_{n_{32}}^*}{G_n^*(x,z)}=&\frac{n^{\frac{1}{2}}(G_n^*(\beta,x,z_0)-G_n(\beta,x,z,z_0))G(x,z,z_0)}{G(x,z)G(x,z_0)}\\
&-\frac{n^{\frac{1}{2}}(G_n^*(x,z_0)-G_n(x,z_0))G(x,z,z_0)G(\beta,x,z_0)}{G(x,z)G(x,z_0)^2}\\
&-\frac{n^{\frac{1}{2}}(\beta^*-\hat{\beta})'\dot{G}(\beta,x,z_0)G(x,z,z_0)}{G(x,z)G(x,z_0)}+o_p(1).
\end{aligned}
$$

根据 $n^{\frac{1}{2}}(\beta^*-\hat{\beta})$ 的渐近正态性，以及 Giné 和 Zinn (1990) 的定理 2.4，可得 $n^{\frac{1}{2}}I_{n_3}^*$ 和 $n^{\frac{1}{2}}I_{n_3}$ 的极限性质相同，而且

$$
n^{\frac{1}{2}}R_n^*=n^{\frac{1}{2}}\frac{G_n(x,z)}{G_n^*(x,z)}(\hat{A}_n(x,z)-\hat{A}_n(x,z_0))=n^{\frac{1}{2}}(\hat{A}_n(x,z)-\hat{A}_n(x,z_0))+o_p(1).
$$

由式 (9.3.1), (9.3.2), (9.5.6) 和 (9.5.9)，

$$
\begin{aligned}
V_n^*(x,z,z_0)&=M_n^*(x,z)-M_n^*(x,z_0)\\
&=n^{\frac{1}{2}}((A_n^*(x,z)-A_n^*(x,z_0)-(\hat{A}_n(x,z))-\hat{A}_n(x,z_0)))\\
&=n^{\frac{1}{2}}(I_{n_1}^*-I_{n_2}^*+I_{n_3}^*)+o_p(1).
\end{aligned}
$$

因此，在原假设 H_0 下，$V_n^*(x,z,z_0)$ 和 $V_n(x,z,z_0)$ 有相同的极限. 这说明式 (9.3.3) W_n^* 依分布收敛到式 (9.2.11)W. $\qquad\square$

证明定理 9.3.2 和 9.3.3   这里，只给出定理 9.3.2 的证明，在备择假设式 (9.2.12) 下，可类似得到定理 9.3.3 的证明.

关于定理 9.3.2，只需证明① V_n^R 的协方差函数收敛到 V 的协方差函数；② V_n^R 的有限维分布 fidis 收敛到 V 的有限维分布；③ V_n^R 的一致紧性. 对半参数随机删失模型的检验，Zhu, Yuen 和 Tang (2002) 证明了用 NMCT 方法逼近分布时的渐近有效性.

给定样本， $V_n^R(x, z, z_0)$ 和 $V_n^R(x^0, z^0, z_0^0)$ 的协方差是

$$n^{-1} \sum_{j=1}^n f(x, z, z_0, X_j, Z_j; \hat{\beta}, G_n) f(x^0, z^0, z_0^0, X_j, Z_j; \hat{\beta}, G_n).$$

上式收敛到式 (9.2.10) 的协方差函数，因此，性质① 成立. 由多维中心极限定理可得性质②. 为了记号上的简单，记

$$\mathcal{F} = \{ f(x, z, z_0, X, Z; \hat{\beta}, G_n) : (x, z, z_0) \in [0, T) \times [0, \infty)^2 \},$$

$f_i \equiv: f(x_i, z_i, z_{0i}, X, Z; \hat{\beta}, G_n)$ ， $P_n(f_i)$ 表示 $n^{-1} \sum_{j=1}^n f(x_i, z_i, z_{0i}, X_j, Z_j; \hat{\beta}, G_n)$. 定义 $[\delta] = \{ (f_1, f_2) : f_1, f_2 \in \mathcal{F}, (P_n(f_1 - f_2)^2)^{\frac{1}{2}} \leqslant \delta \}$. 要证一致紧性③，需证对任意 γ 和 $\epsilon > 0$，存在 $\delta > 0$ 满足

$$\limsup_{n \to \infty} P(\sup_{[\delta]} n^{\frac{1}{2}} |V_n^R(x_1, z_1, z_{01}) - V_n^R(x_2, z_2, z_{02})| > \epsilon \mid (X, Z)) \leqslant \gamma. \qquad (9.5.10)$$

根据 Hoeffding 不等式，

$$P(n^{\frac{1}{2}} |V_n^R(x_1, z_1, z_{01}) - V_n^R(x_2, z_2, z_{02})| > \epsilon \mid (X, Z))$$
$$\leqslant 2 \exp\left(\frac{-\epsilon^2}{2 P_n(f_1 - f_2)^2} \right).$$

要证式 (9.5.10)，需要证明：存在足够小的 δ ，使得积分

$$J_2(\delta, \mathcal{F}, P_n) = \int_0^\delta \left(\frac{2 \log N_2(u, \mathcal{F}, P_n)^2}{u} \right)^{\frac{1}{2}} du$$

有限. 其中 $N_2(u, \mathcal{F}, P_n)$ 是满足下述条件的最小整数 m ：存在 m 个函数 $f_1, \cdots, f_m$ ，对任意 $f \in \mathcal{F}$ ，

$$\min_{1 \leqslant i \leqslant m} (P_n(f_i - f)^2)^{\frac{1}{2}} \leqslant u,$$

由于 f 是示性函数的线性组合，所以 $\mathcal{F}$ 属于 VC 族. 因此，存在独立 n 的 $c > 0$ 和 $w > 0$ ，

$$N_2(u, \mathcal{F}, P_n) \leqslant c \, u^{-w},$$

则存在 $c > 0$

$$J_2(\delta, \mathcal{F}, P_n) \leqslant c\,\delta^{\frac{1}{2}}.$$

这说明 Pollard (1984, 150~151 页) 本度引理的条件 (16) 成立. 根据 Pollard (1984, 144 页) 链引理, 存在 $[\delta]$ 的可数稠密子集 $[\delta]^*$ 满足

$$P\left(\sup_{[\delta]^*} n^{\frac{1}{2}}|V_n^R(x_1, z_1, z_{01}) - V_n^R(x_2, z_2, z_{02})| > 26 J_2(\delta, \mathcal{F}, P_n)|(X, Z)\right) \leqslant 2\,\delta.$$

由于函数 f 的左连续性, $[\delta]^*$ 可被 $[\delta]$ 替代. 选择比 $\gamma/2$ 和 $(\epsilon/(26c))^2$ 小的 δ, 得到 W_n^R 的一致紧性. 定理证毕.

第 10 章　协方差矩阵的同方差检验

10.1　引　　言

假定数据服从多元正态分布, 可以用极大似然比检验 (LRT) 研究 k 样本的同方差性检验问题. LRT 的小样本分布很复杂, 但 LRT 在原假设下的渐近分布是卡方分布. Box(1949) 修正了 Bartlett 的 LRT, 提出 M 统计量, 检验 k 样本的同方差性, 统计量的极限分布也是卡方分布.

在没有正态假定的情况, LRT 的形式和正态假定下 LRT 的形式不一样. 如果仍然用正态假定下得到的统计量, Bartlett 的同方差检验的统计量的渐近分布不再是卡方分布, 而是卡方分布的线性组合, 可参考文献 Zhang 和 Boos (1992). 在原假设下, 很难得到统计量的小样本分布, 迫使研究工作者寻求其他解决问题的方法. 蒙特卡罗方法, 如自助法, 是其中解决问题的方法之一. 在一个样本的问题中, Beran 和 Srivastava (1985) 考虑基于协方差矩阵的特征值函数的自助法检验. Zhang, Pantula 和 Boos (1991) 提出了合并自助法. 对 k 样本的同方差检验, 在没有正态假定的前提下, Zhang 和 Boos (1992, 1993) 用自助法得到 Bartlett 统计量的渐近临界值. 同时, Zhang 和 Boos (1993) 发展了平方类型统计量的自助法理论, 通过例子说明 Bartlett 检验的思想.

本章提出了另外一种基于 Roy (1953) 的并集–交集原理构造的多元检验统计量. 本章的大部分内容来自文献 Zhu, Ng 和 Jing (2002). 因为随机向量为多元正态分布当且仅当随机向量的任何非零线性函数是一维正态分布, 关于多元正态分布的检验问题可以看作是所有线性组合的一元正态分布的检验问题, 由所有的线性组合得到的拒绝域的并集为原假设是多元正态分布的拒绝域. 两样本 Roy 检验根据 Wishart 矩阵的最大和最小特征值构造. 到目前为止, Roy 检验没有推广到 $k(k > 2)$ 样本的检验问题. 其中一个原因可能是在两样本情况下用方差比的大小比较方差很难推广到 $k(k > 2)$ 样本的情况. 接下来对这一问题做简单描述, 在两样本的情况, 由于 σ_1^2 和 σ_2^2 互为倒数, 根据 σ_1^2/σ_2^2 或 σ_2^2/σ_1^2 的大小比较, 两个方差的大小比较合理. 在 $k(k > 2)$ 样本情况下就没有这么简单, 如果用方差比的组合构造统计量, 若方差比关于 i 和 j 并不是置换不变的, 一个方法就是对满足所有 $\sigma_i^2/\sigma_j^2 (1 \leqslant i \neq j \leqslant k)$ 求和构造统计量, 它与对满足 $j > i$ 的方差比求和得到的统计量的结果可能并不一致. 如果把所有 $i \neq j$ 的方差比求和作为统计量, 虽然检验关于 i 和 j 不变, 统计量本身让人很费解, 我们通过两样本的情况说明此问题. 如果统计量等于 $\sigma_1^2/\sigma_2^2 + \sigma_2^2/\sigma_1^2$, 若 σ_1^2/σ_2^2 较大, 则 σ_2^2/σ_1^2 较小, 求和之

后的值大小适中, 反之亦然. 在 $k(k > 2)$ 样本情况, 也可以得出类似的结论. 然而, $|\sigma_i^2 - \sigma_j^2|/(\sigma_1^2 + \cdots + \sigma_k^2)(1 \leqslant i \neq j \leqslant k)$ 关于 i 和 j 置换不变, 对满足 $i < j$ 的 $|\sigma_i^2 - \sigma_j^2|/(\sigma_1^2 + \cdots + \sigma_k^2)$ 求和构造统计量更合理一些; 同样, 对满足 $i < j$ 的 $|\sigma_i^2 - \sigma_j^2|/(\sigma_1^2 + \cdots + \sigma_k^2)$ 求最大值也比较合理. 在本章, 考虑用绝对值的最大值和绝对值的求和 (或平均) 构造统计量, 通过模拟, 根据求和得到的统计量的模拟结果较好.

没有对数据做正态假定, 且没有文献关于 $k(k > 2)$ 样本的 LRT 和并集 – 交集原理的研究, 本章基于样本协方差矩阵特征值的不同, 研究了 $k(k > 2)$ 样本的同方差检验问题. 为了得到检验的临界值和 p 值, 考虑重抽样方法, 如自助法, NMCT 法和置换法, 是否有效. 所有的这些重抽样方法对本章所提出的统计量渐近有效. 在某些情况下, 从理论上可以得到置换法和 NMCT 法比自助法在原假设下得到的功效好. 在本章的模拟部分, 置换检验的功效在大部分情况下比自助法得到的功效好, 且自助法和 NMCT 法得到的功效差不多. 但是 NMCT 法更容易实施. 从模拟结果看, 本章提出的方法比 Zhang 和 Boos (1992) 的自助 Bartlett 检验模拟结果好.

10.2 检验统计量的构造

记 $X_1^{(i)}, X_2^{(i)}, \cdots, X_{m_i}^{(i)}$, $i = 1, \cdots, k$ 表示均值为 $\mu^{(i)}$, 协方差矩阵为 $\Sigma^{(i)}$ 的 i.i.d. 的 d 维分布的样本, 且 4 阶距有限. 本章感兴趣的问题是同方差检验, 原假设和备择假设分别是

$$H_0 : \Sigma^{(1)} = \Sigma^{(2)} = \cdots = \Sigma^{(k)},\ H_1 : \Sigma^{(i)} \neq \Sigma^{(j)} \text{ 对某些 } i \neq j \text{ 成立}. \quad (10.2.1)$$

第 i 个样本的样本协方差矩阵记为

$$\hat{\Sigma}^{(i)} = \frac{1}{m_i} \sum_{j=1}^{m_i} (X_j^{(i)} - \hat{\mu}^{(i)})(X_j^{(i)} - \hat{\mu}^{(i)})^{\mathrm{T}}, \quad (10.2.2)$$

其中, $\hat{\mu}^{(i)}$ 表示 $\mu^{(i)}$ 或样本均值, 分别对应 $\mu^{(i)}$ 已知或未知的情况. 所有样本的协方差矩阵为

$$\hat{\Sigma} = \frac{1}{N} \sum_{i=1}^{k} m_i \hat{\Sigma}^{(i)} (N = \sum_{i=1}^{k} m_i). \quad (10.2.3)$$

基于多重比较的思想 (Dunnett, 1994; O'Brien, 1979, 1981), 用两两比较的组合构造检验. 第 l 个和第 i 个样本的比较通过下面两个式子

$$M_{li} = \max \left\{ \sqrt{\frac{m_l m_i}{N}} \hat{\Sigma}^{-1/2} (\hat{\Sigma}^{(l)} - \hat{\Sigma}^{(i)}) \hat{\Sigma}^{-1/2} \text{特征值的绝对值} \right\},$$

$$A_{li} = \text{average}\left\{ \sqrt{\frac{m_l m_i}{N}} \hat{\Sigma}^{-1/2}\big(\hat{\Sigma}^{(l)} - \hat{\Sigma}^{(i)}\big)\hat{\Sigma}^{-1/2}\text{特征值的绝对值}\right\}. \quad (10.2.4)$$

统计量通过 $k(k-1)/2$ 对比较值的平均构造, 即

$$LM = \frac{2}{k(k-1)} \sum_{i<l} M_{li} \quad (10.2.5)$$

或

$$LA = \frac{2}{k(k-1)} \sum_{i<l} A_{li}. \quad (10.2.6)$$

如果 LM (LA) 比临界值大, 拒绝原假设. 首先研究 LM 和 LA 的极限分布.

在给出结论之前, 说明对称矩阵向量化的记号, $\text{vech}(S)$ 表示 $d \times d$ 维对称矩阵 S 的 $d(d+1)/2$ 个不同元素组成的列向量, 首先是 S 的第一列, 接着是把第一个元素去掉之后的第二列, 依此类推.

引理 10.2.1 当 $m_i \to \infty(i = 1,\cdots,k)$ 时, 假定 $m_i/N \to \lambda_i$, $0 < \lambda_i < 1$; 样本的分布连续且具有有限的 4 阶距. 在原假设下, $\sqrt{m_l m_i/N}\hat{\Sigma}^{-1/2}\big(\hat{\Sigma}^{(l)} - \hat{\Sigma}^{(i)}\big)\hat{\Sigma}^{-1/2}(1 \leqslant i,l \leqslant k)$ 的联合分布等同于 $\sqrt{\lambda_i}W_l - \sqrt{\lambda_l}W_i$, $1 \leqslant i,l \leqslant k$ 的渐近联合分布, 这里 $W_1,\cdots,W_k$ 独立, 且 $\text{vech}(W_i)$ 是中心化的多元正态分布, 协方差矩阵为

$$V_i = \text{cov}\big(\text{vech}((X_1^{(i)} - \mu^{(i)})(X_1^{(i)} - \mu^{(i)})^{\mathrm{T}})\big). \quad (10.2.7)$$

因此, LM 和 LA 的渐近分布等于以下两个随机变量的分布

$$\frac{2}{k(k-1)} \sum_{i<l} \max\big\{ \sqrt{\lambda_i}W_l - \sqrt{\lambda_l}W_i\text{的特征值的绝对值}\big\}, \quad (10.2.8)$$

$$\frac{2}{k(k-1)} \sum_{i<l} \text{average}\big\{ \sqrt{\lambda_i}W_l - \sqrt{\lambda_l}W_i\text{的特征值的绝对值}\big\}.$$

$$(10.2.9)$$

在备择假设下, LM 和 LA 收敛到无穷.

根据引理的结论, 很难通过渐近分布得到检验的 p 值估计. 但是可以用重抽样的方法估计 p 值.

10.3 蒙特卡罗逼近

本节考虑三种类型的抽样方法, 即自助法、 NMCT 法和置换检验.

10.3.1 传统自助法

由 Zhang 和 Boos (1992) 的合并重抽样步骤的启发, 记

$$(Z_1,\cdots,Z_N) = \left(X_1^{(1)} - \hat{\mu}^{(1)}, \cdots, X_{m_1}^{(1)} - \hat{\mu}^{(1)}, \cdots, X_1^{(k)} - \hat{\mu}^{(k)}, \cdots, X_{m_k}^{(k)} - \hat{\mu}^{(k)} \right),$$

$$(10.3.1)$$

其中, $\hat{\mu}^{(i)}$ 等于 $\mu^{(i)}$ 或样本均值,分别对应于 $\mu^{(i)}$ 已知和未知两种情况. 用 $(Z_1^*,\cdots,Z_N^*)$ 表示从样本 $(Z_1,\cdots,Z_N)$ 中有放回抽样产生的参考数据, 记

$$\hat{\Sigma}_i^* = \frac{1}{m_i} \sum_{j=1+N_{i-1}}^{N_i} \left(Z_j^* - \bar{Z}^{i*} \right) \left(Z_j^* - \bar{Z}^{i*} \right)^{\mathrm{T}} \quad (i=1,\cdots,k), \tag{10.3.2}$$

其中, $N_i = \sum_{l=1}^{i} m_l (i=1,\cdots,k)$ 且 $N_0 = 0$, $\bar{Z}^{i*}$ 为样本 $Z^*_{\ j}(N_{i-1}+1 \leqslant j \leqslant N_i)$ 的均值. 记

$$M_{li}^B = \max \left\{ \sqrt{\frac{m_l m_i}{N}} \hat{\Sigma}^{-1/2} \left(\hat{\Sigma}_l^* - \hat{\Sigma}_i^* \right) \hat{\Sigma}^{-1/2} 特征值的绝对值 \right\},$$

$$A_{li}^B = \text{average} \left\{ \sqrt{\frac{m_l m_i}{N}} \hat{\Sigma}^{-1/2} \left(\hat{\Sigma}_l^* - \hat{\Sigma}_i^* \right) \hat{\Sigma}^{-1/2} 特征值的绝对值 \right\}.$$

由参考数据得到对应式 (10.2.5) 和 (10.2.6) 的表达式分别为

$$LM_B = \frac{2}{k(k-1)} \sum_{i<l} M_{li}^B, \tag{10.3.3}$$

$$LA_B = \frac{2}{k(k-1)} \sum_{i<l} A_{li}^B. \tag{10.3.4}$$

以下定理说明 LM_B 和 LM, 以及 LA_B 和 LA 渐近等价.

定理 10.3.1 假定引理 10.2.1 条件成立, 对几乎所有独立的, 具有有限 4 阶距的 $d\times 1$ 随机向量序列 $\left(X_1^{(1)}, \cdots, X_{m_1}^{(1)}, \cdots; X_1^{(2)}, \cdots, X_{m_2}^{(2)}, \cdots; \cdots; X_1^{(k)}, \cdots, X_{m_k}^{(k)}, \cdots \right)$, 且 $E(X_j^{(i)}) = \mu^{(i)}$, $\text{cov}(\boldsymbol{X}_j^{(i)}) = \Sigma$ $(i=1,\cdots,k)$, 给定样本 $\left(X_1^{(1)}, \cdots, X_{m_1}^{(1)}; X_1^{(2)}, \cdots, X_{m_2}^{(2)}, \cdots; X_1^{(k)}, \cdots, X_{m_k}^{(k)} \right)$, 条件统计量 LM_B (LA_B) 的收敛到 LM (LA) 的渐近分布.

根据定理 10.3.1 的结论, 可以通过从观测数据中抽样产生参考数据得到的条件统计量估计检验 LM (LA) 的临界值.

10.3.2 NMCT 逼近

如果 k 样本的各个样本量相同, 如 m, 可采用另外一种更容易实施的条件检验方法. 在某些特殊的情况下 NMCT 检验精确有效, 在一般情况下, 定理 10.3.3 说明 NMCT 逼近的渐近有效性.

用两样本的情况说明 NMCT 检验精确有效. 假定在原假设下所有变量 $X_1^{(1)}$, $X_2^{(1)}, \cdots, X_m^{(1)}$ 和 $X_1^{(2)}, X_2^{(2)}, \cdots, X_m^{(2)}$ 是均值已知的, i.i.d. 的 d- 维分布. 不妨假定均值等于零. 记 $Y_j \equiv: (X_j^{(1)})(X_j^{(1)})^{\mathrm{T}} - (X_j^{(2)})(X_j^{(2)})^{\mathrm{T}}$, 根据假定, $Y_j(j = 1, \cdots, n)$ 的分布对称. 对于独立 Y_j 的, 以相同概率取值 ± 1 的随机变量 e_j, Y_j 和 $e_j Y_j$ 同分布, 且 e_j 和 $e_j Y_j$ 独立 (根据 e_j 和 Y_j 的独立, 以及 Y_j 的对称性). 因此, 对任意统计量 $T(Y_1, \cdots, Y_m)$, 它的分布和 $T(e_1 Y_1, \cdots, e_m Y_m)$ 的分布相同, 其中 e_i 是 i.i.d. 的随机变量. 用计算机模拟产生 r 组变量 $\{e_i : i = 1, \cdots, m\}$, 相应的可得 r 个 $T(e_1 Y_1, \cdots, e_m Y_m)$, 不妨记为 $T^1, \cdots T^r$. 记 $T^0 \equiv: T(Y_1, \cdots, Y_m)$. 不难得到 $T^i(i = 0, 1, \cdots, r)$ 是 $r + 1$ 个 i.i.d. 的随机变量. 假定原假设在 T 值较大时被拒绝. p- 值的估计等于 $T^0, T^1, \cdots, T^r$ 值大于或等于 T^0 值的比例. 如果估计的 p 值比给定水平 α 小, 拒绝原假设. 这说明 NMCT 逼近精确有效.

事实上, 假定样本为 i.i.d. 分布且均值已知这个条件限制太强. 接下来考虑一般的情况, 用估计代替未知的均值, 说明如何构造 NMCT 统计量, 以及逼近的相合性.

首先标准化数据得到

$$Z_j^{(i)} = \hat{\Sigma}^{-1/2}(X_j^{(i)} - \hat{\mu}^{(i)}) \quad (j = 1, \cdots, m; \ i = 1, \cdots, k). \tag{10.3.5}$$

$e_1, \cdots, e_m$ 表示以相同概率取值 ± 1 的 i.i.d. 随机变量, 对 $1 \leqslant i < l \leqslant k$, $\hat{\Sigma}^{-1/2}(\hat{\Sigma}^{(l)} - \hat{\Sigma}^{(i)})\hat{\Sigma}^{-1/2}$ 的 NMCT 表达式为

$$W_{li} = \frac{1}{m} \sum_{j=1}^{m} e_j \left[Z_j^{(l)}(Z_j^{(l)})^{\mathrm{T}} - Z_j^{(i)}(Z_j^{(i)})^{\mathrm{T}} \right]. \tag{10.3.6}$$

相应地, LM 和 LA 的 NMCT 表达式为

$$LM_R = \frac{2}{k(k-1)} \sum_{i<l} \max \left\{ \sqrt{\frac{m^2}{N}} W_{li} \text{的特征值的绝对值} \right\}, \tag{10.3.7}$$

$$LA_R = \frac{2}{k(k-1)} \sum_{i<l} \text{average} \left\{ \sqrt{\frac{m^2}{N}} W_{li} \text{的特征值的绝对值} \right\}. \tag{10.3.8}$$

以下定理说明 $LM_R (LA_R)$ 和 $LM (LA)$ 渐近等价.

定理 10.3.2　在引理 10.2.1 的假定条件下, 给定样本, 条件统计量 $LM_R (LA_R)$ 的收敛到 $LM(LA)$ 的渐近分布.

检验的 p 值估计类似于 10.3.2 小节在 NMCT 精确有效时的估计方法. 用 $LM_R^{(1)}, \cdots, LM_R^{(r)}$ 表示由 r 组独立随机变量组 $\{e_1, \cdots, e_m\}$ 得到 r 个值, 用 $LM_R^{(0)}$ 表示由观测数据得到统计量 LM 的值. p 值的估计等于 $LM_R^{(1)}, \cdots, LM_R^{(r)}$ 值大于或等于 $LM_R^{(0)}$ 值的比例. 类似的可估计检验 LA_R 的 p 值.

10.3.3 置换检验

NMCT 法的缺点是它只适用于各个样本的样本量相同的情况. 置换检验可应用到样本大小不同的情况, 它比自助法检验在某些方面有优势, 但 NMCT 法比它更容易实施. 类似 NMCT 法, 不难证明对所有样本是 i.i.d. 的情况, 置换检验也精确有效.

把所有标准化数据

$$\hat{\Sigma}^{-1/2}\big(X_j^{(i)} - \hat{\mu}^{(i)}\big) \ (j = 1, \cdots, m_i; \ i = 1, \cdots, k), \tag{10.3.9}$$

放在一起变成样本为 N 的数据集, 然后随机分成 k 样本, 且第 i 个样本的样本量为 m_i. 用 $Z_j^{(i)}(j = 1, \cdots, m_i)$ 表示第 i 个样本. 记

$$\hat{\Sigma}_P^{(i)} = \frac{1}{m_i} \sum_{j=1}^{m_i} Z_j^{(i)} (Z_j^{(i)})^{\mathrm{T}}, \tag{10.3.10}$$

则置换检验统计量为

$$LM_P = \frac{2 \sum_{i<l} \max\left\{ \sqrt{\dfrac{m_l m_i}{N}} (\hat{\Sigma}_P^{(l)} - \hat{\Sigma}_P^{(i)}) \text{的特征值的绝对值} \right\}}{k(k-1)}, \tag{10.3.11}$$

$$LM_P = \frac{2 \sum_{i<l} \text{average}\left\{ \sqrt{\dfrac{m_l m_i}{N}} (\hat{\Sigma}_P^{(l)} - \hat{\Sigma}_P^{(i)}) \text{的特征值的绝对值} \right\}}{k(k-1)}. \tag{10.3.12}$$

类似 NMCT 法, 在均值已知的情况下, 置换检验精确有效. 事实上, 在原假设下, 置换检验得到的统计量和统计量本身同分布. 类似于对 NMCT 法精确有效的分析, 置换检验精确有效. 然而, NMCT 法应用范围受到限制. 在模拟分析中, 如果均值未知, 置换检验在原假设下的功效比由自助法得到的功效更接近给定水平. 接下来的定理说明在一般情况下置换检验渐近有效.

定理 10.3.3 在引理 10.2.1 的假定条件下, 给定观测数据, 条件统计量 $LM_P(LA_P)$ 的收敛到 $LM(LA)$ 的渐近分布.

由置换方法估计检验 LM 的 p 值步骤为: 根据 r 组独立随机置换得到的参考数据, 相应的由式 (10.3.11) 得到 r 个值 $LM_P^{(1)}, \cdots, LM_P^{(r)}$, 由观测数据得到的 LM 记为 $LM_P^{(0)}$. p 值的估计等于 $LM_P^{(0)}, LM_P^{(1)}, \cdots, LM_P^{(r)}$ 值大于或等于 $LM_P^{(0)}$ 值的比例.

10.3.4 模拟分析

本节通过模拟三种类型的多元分布, 即多元正态分布 $N(0, I_d)$, 多元 t 分布 $MT(5; 0, I_d)$, 以及各个分量以 0.9 的概率为 $N(0,1)$ 分布, 0.1 的概率为 $\chi_{(2)}^2$ 分

布的，独立的污染正态分布 $NC_2(0, I_d)$. k 的值为 $k=2$ 和 $k=6$，随机向量维数 $d=2$ 和 $d=5$，给定水平 $\alpha=0.05$. 通过 1000 组模拟数据得到拒绝原假设 H_0 的概率，对每组数据，重复抽样 $r=500$ 次估计检验在原假设下的临界值. 正如所期望得到的，均值已知时由 NMCT 法得到的模拟结果较好. 这里只给出均值未知时的模拟结果. 在原假设下，从表 10.1 中看，在大部分情况下，根据置换法 (PERM) 得到的拒绝原假设的概率比由 传统自助法 (BOOT) 得到的结果更接近给定水平. 由 NMCT 法和自助法得到的结果差不多. 对不同的样本量 NMCT 法不再适用，模拟结果见表 10.2. 从表中看，由 PERM 得到的模拟结果比 BOOT 得到的结果好的情况多. 比较 LA 和 LM，在两样本的情况 LA 的结果在大部分情况下比 LM 的结果差；$k=6$ 时 LA 的结果比 LM 的结果好，无论 $k=2$ 还是 $k=6$，LA 的结果在大部分情况下较好.

表 10.1　在原假设 H_0 下被拒绝的经验概率

		$N(0, I_d)$			$MT(5; 0, I_d)$			$NC_2(0, I_d)$		
		NMCT	BOOT	PERM	NMCT	BOOT	PERM	NMCT	BOOT	PERM
					$k=2, m_1=m_2=20$					
$d=2$	LM	0.053	0.045	0.048	0.053	0.046	0.054	0.055	0.046	0.056
	LA	0.059	0.057	0.054	0.062	0.046	0.057	0.063	0.060	0.061
$d=5$	LM	0.055	0.045	0.056	0.050	0.044	0.051	0.057	0.039	0.053
	LA	0.054	0.047	0.054	0.059	0.031	0.060	0.063	0.041	0.059
					$k=6, m_i=20, i=1,\cdots,6$					
$d=2$	LM	0.033	0.062	0.060	0.032	0.064	0.059	0.033	0.061	0.058
	LA	0.053	0.058	0.057	0.060	0.060	0.056	0.057	0.060	0.055
$d=5$	LM	0.040	0.063	0.059	0.043	0.058	0.056	0.043	0.057	0.063
	LA	0.056	0.060	0.054	0.049	0.045	0.053	0.055	0.054	0.055

表 10.2　在原假设 H_0 下被拒绝的经验概率

		$N(0, I_d)$		$MT(5; 0, I_d)$		$NC_2(0, I_d)$	
		BOOT	PERM	BOOT	PERM	BOOT	PERM
			$k=2, m_1=20, m_2=40$				
$d=2$	LM	0.042	0.041	0.046	0.045	0.058	0.055
	LA	0.054	0.053	0.058	0.056	0.054	0.053
$d=6$	LM	0.047	0.049	0.053	0.055	0.064	0.060
	LA	0.055	0.052	0.049	0.048	0.053	0.053
			$k=6, m_1=m_2=20, m_3=m_4=30, m_5=m_6=40$				
$d=2$	LM	0.060	0.057	0.045	0.043	0.054	0.052
	LA	0.056	0.055	0.041	0.045	0.055	0.054
$d=6$	LM	0.066	0.062	0.065	0.063	0.064	0.059
	LA	0.060	0.057	0.043	0.045	0.045	0.055

由自助法得到的模拟结果也可以比较统计量 LM, LA 以及 Bartlett 统计量的功效. Zhang 和 Boos (1992, p428) 指出，随着维数 d 的增加，由自助法过程得到的 Bartlett 同方差检验的功效越来越差. 然而，对本章提出的检验由自助法步骤得到的模拟结果很稳定，见表 10.1. 在 $m_1 = m_2 = 20$, $\alpha = 0.05$ 和 $d = 2$ 的情况，本章所提出的检验拒绝原假设的概率分别为 0.045, 0.046 和 0.046，他们的结果分别为 0.046, 0.045 和 0.50. 在维数 $d = 5$ 时，本章得到的结果为 0.045, 0.044 和 0.039，对应他们的结果分别为 0.012, 0.023 和 0.019.

对检验的功效研究，考虑 $k = 2$ ，$m_1 = m_2 = 20$ 以及 $d = 2$ 的情况. 用多元正态分布 $N(\mu, \Sigma)$ 和多元 t 分布 $MT(5, 0, \Sigma)$ 产生数据，对矩阵 Σ ，分别选择单位矩阵 I_2 和 C_2 ，和 V_2 的组合，其中，

$$C_2 = \begin{pmatrix} 1 & 0.5 \\ 0.5 & 1 \end{pmatrix}, \quad V_2 = \begin{pmatrix} 2 & 0 \\ 0 & 4 \end{pmatrix}.$$

模拟结果见表 10.3. 为了与 Zhang 和 Boos(1992) 的 Bartlett 检验做比较，表中也给出调整的功效. 含有 $(a-p)$ 的行是通过原假设 H_0 下，表 10.1 中经验分布的 95 分位数为临界值得到的经验功效. 从表中 10.3 看，在正态分布的情况，自助法的功效较高；但在多元 t 分布的情况，自助法的功效没有置换检验和 NMCT 方法得到的功效好. 而且 LA 在大部分情况下的模拟结果比 LM 的结果好. 在三样本的情况，这个结论同样成立，为了节省空间，这里就不再给出模拟结果.

表 10.3 $d = 2, k = 2, m_1 = m_2 = 20$时检验的经验功效

| | $N(0, C_2)$ & $N(0, I_2)$ | | | $N(0, V_2)$ & $N(0, I_2)$ | | |
	NMCT	BOOT	PERM	NMCT	BOOT	PERM
LM	0.193	0.227	0.193	0.753	0.781	0.762
$LM(a-p)$	0.229	0.246	0.223	0.815	0.825	0.817
LA	0.256	0.276	0.265	0.784	0.770	0.770
$LA(a-p)$	0.296	0.299	0.297	0.817	0.818	0.814
	$MT(5;0,C_2)$ & $MT(5;0,I_2)$			$MT(5;0,V_2)$ & $Mt(5;0,I_2)$		
	NMCT	BOOT	PERM	NMCT	BOOT	PERM
LM	0.228	0.231	0.233	0.553	0.521	0.561
$LM(a-p)$	0.261	0.262	0.265	0.636	0.604	0.823
LA	0.230	0.229	0.234	0.570	0.538	0.589
$LA(a-p)$	0.274	0.270	0.275	0.640	0.617	0.637

本节由自助法得到的功效比 Zhang 和 Boos (1992) 的模拟结果好. Zhang 和 Boos (1992) 通过模拟研究在 C_2 和 V_2 情况，自助法的 Bartlett 检验功效，相应的结果见 Zhang 和 Boos (1992) 的表 2 中. 为了比较上的方便，把他们的结果 $(\alpha = 0.05, k = 2, d = 2, m_1 = m_2 = 20)$ 抄写在本节表 10.4 中，第一列表示

$N(0, V_2)$ 和 $N(0, I_2)$ 的情况, 第二列 $MT(5, 0, V_2)$ 和 $MT(5, 0, I_2)$, 第三列 $N(0, C_2)$ 和 $N(0, I_2)$, 第四列 $MT(5, 0, C_2)$ 和 $MT(5, 0, I_2)$. 括号里的值是总体均值未知时得到的调整功效.

表 10.4   Zhang 和 Boos(1992) 表 2 的结果

Bartlett B	0.642(0.657)	0.487(0.525)	0.233(0.243)	0.155(0.177)
BOOT of 式 (10.2.6)	0.770(0.818)	0.538(0.617)	0.276(0.299)	0.229(0.270)
NMCT of 式 (10.2.6)	0.784(0.817)	0.570(0.640)	0.256(0.296)	0.230(0.274)
PERM of 式 (10.2.6)	0.770(0.814)	0.589(0.637)	0.265(0.297)	0.234(0.275)

总的来说, 可得出如下的结论: ①由平均值构造的检验 LA 比由最大值构造的检验 LM 的功效好; ②式 (10.2.5) 和 (10.2.6) 的检验比 Bartlett 检验结果好; ③如果不同样本的样本量相同, NMCT 法较容易实施, 虽然在某些情况它的功效稍微差一些; ④如果不同样本的样本量不等, 用置换步骤的检验是不错的选择.

10.4   定理的证明

为了记号上的方便, 在两样本的情况, 用 m 和 n 分别表示 m_1 和 m_2, $(Y_1, \cdots, Y_n)$ 表示第二个样本, 此时 $N = m + n$. 显然, 根据随机矩阵的收敛性可得统计量的收敛性, 所以只需考虑随机矩阵的收敛性. 在 k- 样本的情况, 根据所有数据得到的协方差矩阵估计 $\hat{\Sigma}$ 依概率收敛到常数矩阵, 它并不影响统计量的极限. 因此, 在研究检验的极限性质时, 简单的把它认为是单位矩阵.

引理 10.2.1 的证明比较简单. 根据 Giné 和 Zinn (1990) 的定理 2.4, 直接可得定理 10.3.1, 具体细节不再累述.

证明定理 10.3.2   首先证明 $\{\sqrt{m_i m_l / N} W_{li}, 1 \leqslant i < l \leqslant k\}$ 的渐近正态性, 只需证明 $\sqrt{m_i m_l / N} W_{li}$ 的所有线性组合渐近正态. 也就是, 对任何一个非零的常数序列 b_{il}, $\sum_{1 \leqslant i < l \leqslant k} b_{il} \sqrt{m_i m_l / N} W_{li}$ 在引理 10.2.1 的意义下渐近正态. 通过一些计算不难证明, 细节部分不再累述. 证毕.

证明定理 10.3.3   首先证明在两样本情况下置换经验的收敛性. 用 m 表示 m_1, 且第二个样本记为 $\{Y_1, \cdots, Y_n\}$, $N = m + n$. F_m 和 F_m^P 分别表示 $\{X_1, \cdots, X_m\}$ 和 $\{Z_1, \cdots, Z_m\}$ 的经验分布, G_n 和 G_n^P 分别表示 $\{Y_1, \cdots, Y_n\}$ 和 $\{Z_{m+1}, \cdots, Z_{m+n}\}$ 的经验分布. 记 $H_N(t) = (m/N) F_m(t) + (n/N) G_n(t)$, $H(t) = \lambda F(t) + (1 - \lambda) G(t)$. 根据 Præstgaard (1995, 309 页) 的定理 1, 对几乎所有序列 $\{X_i\}$ 和 $\{Y_i\}$,

$$\{\sqrt{nm/N}(F_m^P(t) - G_n^P(t)) : t \in R^1\} = \{\sqrt{mN/n}(F_m^P(t) - H_N(t)) : t \in R^1\}$$

$$\Longrightarrow RV_H =: \{RV_H(t) : t \in R^1\}, \qquad (10.4.1)$$

其中, " $\Longrightarrow$ " 表示在 $l^\infty(\mathcal{F})$ 上依分布收敛, RV_H 为 P-Brownian 桥, $l^\infty(\mathcal{F})$ 由定义在 $\mathcal{F}$ 上的有界, 实值函数组成的空间, 半平面 $\{a^\tau \leqslant t\}$ 上的示性函数族 也属于这个空间. 在通常情况下 (Giné, Zinn, 1984), 考虑这个空间上的上确界范数. RV_H 的所有样本轨道包含在函数族 $C(\mathcal{F}, H)$ 中, $C(\mathcal{F}, H)$ 表示在 $L^2(H)$ 半范 $d^2(f, g) = E_H(f-g)^2 - (E_H(f-g))^2$ 下的所有有界, 一致连续函数. 由于 $C(\mathcal{F}, H)$ 可分 (Pollard, 1984, p169), 例 7), 而且 $C(\mathcal{F}, H)$ 中的任何点完全正则化 (Pollard, 1984, p67). 根据表现定理 (Pollard, 1984, p71), 在一致范数下, 可得

$$\{\sqrt{mN/n}(F_m^P(t) - H_N(t)) : t \in R^1\} \longrightarrow \{RV_H(t) : t \in R^1\} \quad \text{a.s..} \qquad (10.4.2)$$

接下来证明 $\sqrt{mn/N}\{(\hat{\Sigma}_P^{(1)} - \hat{\Sigma}_P^{(2)})$ 的收敛性. 考虑矩阵对角线的左上角元素, $\sqrt{mn/N}\{1/m \sum\limits_{i=1}^{m} [(Z_i^P)^2 - 1/n \sum\limits_{i=1}^{n} (Z_{i+m}^P)^2]\}$, 它可表示为

$$\sqrt{mn/N} \int (t^2 - \sigma^2) \mathrm{d}\left(F_m^P(t) - G_n^P(t)\right) = \int (t^2 - \sigma^2) \mathrm{d}\{\sqrt{mN/n}(F_m^P(t) - H_N(t))\}.$$

注意到式 (10.4.2), 上式收敛到 $T^P := \int (t^2 - \sigma^2) \mathrm{d} RV_H(t)$ a.s.. 接下来只需验证它 的方差等于 W_1 左上角元素的方差 $E(x^2 - \sigma^2)^2$. 注意到在定理 10.3.3 的条件下, $H = F$. 通过一些初等计算, 有

$$E((T^P)^2) = E(\int (t^2 - \sigma^2)(t_1^2 - \sigma^2) \mathrm{d} RV_H(t) \mathrm{d} RV_H(t_1))$$

$$= \int (t^2 - \sigma^2)^2 E(\mathrm{d} RV_H(t))^2$$

$$= \int (t^2 - \sigma^2)^2 \mathrm{d} F(t) = E(x^2 - \sigma^2)^2. \qquad (10.4.3)$$

上式第三个等式根据 $\int (t^2 - \sigma^2)^2 (\mathrm{d} F(t))^2 = 0$ 得到.

在一般的情况, 首先给出一个引理. 考虑 3 样本的情况, 如果样本更多时, 可类 似的通过更复杂的计算得到. 所得到的所有数据为 $\{X_1^{(1)}, \cdots, X_{m_1}^{(1)}, X_1^{(2)}, \cdots, X_{m_2}^{(2)}, X_1^{(3)}, \cdots, X_{m_3}^{(3)}\}$, 用 $\{Z_1^{(1)}, \cdots, Z_{m_1}^{(1)}, Z_1^{(2)}, \cdots, Z_{m_2}^{(2)}, Z_1^{(3)}, \cdots, Z_{m_3}^{(3)}\}$ 表示置换得到的 数据. 记 $N = m_1 + m_2 + m_3$. 对 $l = 1, 2, 3$, F_{m_l} 和 $F_{m_l}^P$ 分别表示基于 $\{X_1^{(l)}, \cdots, X_{m_l}^{(l)}\}$ 和 $\{Z_1^{(l)}, \cdots, Z_{m_l}^{(l)}\}$ 的经验分布. 记 $H_{N-m_1}(t) = (m_2/(N-m_1))F_{m_2}(t) + (m_3/(N-m_1))F_{m_3}(t)$.

引理 10.4.1 在定理 10.3.3 的假定条件下, 给定 $\{Z_1^{(1)}, \cdots, Z_{m_1}^{(1)}\}$, 条件经验过 程 $\{\sqrt{m_2(N-m_1)/m_3}(F_{m_2}^P(t) - H_{N-m_1}(t)) : t \in R^1\}$ 弱收敛到 $\{RV_F(t) : t \in R^1\}$, 其中 F 为随机变量 X 的分布.

证明 给定 $\{Z_1^{(1)}, \cdots, Z_{m_1}^{(1)}\}$, 过程 $\{\sqrt{m_2(N-m_1)/m_3}(F_{m_2}^P(t) - H_{N-m_1}(t)) : t \in R^1\}$ 几乎等于式 (10.4.2) 的左边. 类似 Præstgaard (1995) 定理 1 的证明, 可得 引理结论. 细节省略.

接下来考虑定理的证明, 首先考虑 $\{(\hat{\Sigma}_P^{(i)} - \hat{\Sigma}_P^{(l)}), 1 \leqslant i < l \leqslant 3\}$ 的渐近正态性, 即对任意非零常数序列 b_{il}, $\sum_{1 \leqslant i < l \leqslant 3} b_{il} \sqrt{m_i m_l / N}(\hat{\Sigma}_P^{(i)} - \hat{\Sigma}_P^{(l)})$ 在引理 10.2.1 的意义下渐近正态. 在 3- 样本情况, 先研究经验置换过程 $\sum_{1 \leqslant i < l \leqslant 3} b_{il} \sqrt{m_i m_l / N}(F_{m_i i}^P - F_{m_l l}^P)$ 的收敛性, 根据它的收敛性质, 可得 $\{(\hat{\Sigma}_P^{(i)} - \hat{\Sigma}_P^{(l)}), 1 \leqslant i < l \leqslant 3\}$ 的收敛性. 根据 $F_{m_3}^P = (N F_N - m_1 F_{m_1}^P - m_2 F_{m_2}^P)/m_3$, 可证

$$
\begin{aligned}
\sum_{1 \leqslant i < l \leqslant 3} b_{il} \sqrt{m_i m_l / N}(F_{m_i}^P - F_{m_l}^P) = {} & \sqrt{m_1}\Big(b_{12}\sqrt{m_2/N} + b_{13}(1 + m_1/m_3)\sqrt{m_3/N} \\
& + b_{23}\sqrt{m_1 m_2/(m_3 N)}\Big)(F_{m_1}^P - F_N) \\
& + \sqrt{m_2}\Big(-b_{12}\sqrt{m_1/N} + b_{23}(1 + m_2/m_3)\sqrt{m_3/N} \\
& + b_{13}\sqrt{m_1 m_2/(m_3 N)}\Big)(F_{m_2}^P - F_N) \\
= {} & \sqrt{m_1}b_{n1}(F_{m_1}^P - F_N) + \sqrt{m_2}b_{n2}(F_{m_2}^P - F_N) \quad (10.4.4)
\end{aligned}
$$

其中, b_{n1} 和 b_{n2} 收敛到常数. 注意到 $F_N = m_1/N(F_{m_1}^P - F_{N-m_1}^P) + F_{N-m_1}^P$, 可得

$$
\begin{aligned}
& \sqrt{m_1}b_{n1}(F_{m_1}^P - F_N) + \sqrt{m_2}b_{n2}(F_{m_2}^P - F_N) \\
= {} & \sqrt{m_1}(b_{n1} + b_{n2}\sqrt{m_1 m_2}/N)(F_{m_1}^P - F_N) + \sqrt{m_2}b_{n2}(F_{m_2}^P - F_{N-m_1}^P).
\end{aligned}
$$
$$(10.4.5)$$

又因为 $(F_{m_1}^P - F_N)$ 和 $(F_{m_2}^P - F_{N-m_1}^P)$ 条件独立, 根据两样本的证明和引理, 置换过程弱收敛到 Gaussian 过程. 接下来验证 $\sum_{1 \leqslant i < l \leqslant 3} b_{il} \sqrt{m_i m_l / N}(F_{m_i i} - F_{m_l l})$ 极限的协方差等于 $\sum_{1 \leqslant i < l \leqslant 3} b_{il} \sqrt{m_i m_l / N}(F_{m_i i}^P - F_{m_l l}^P)$ 的极限协方差. 简单推导可得

$$
\begin{aligned}
& \sum_{1 \leqslant i < l \leqslant 3} b_{il} \sqrt{m_i m_l / N}(F_{m_i} - F_{m_l}) \\
= {} & \sqrt{m_1}(b_{n1} + b_{N2}\sqrt{m_1 m_2}/N)(F_{m_1} - F_N) + \sqrt{m_2}b_{n2}(F_{m_2} - F_{N-m_1}).
\end{aligned}
$$
$$(10.4.6)$$

接下来证明下述充分条件成立:

(1) $\sqrt{m_1 N/(N-m_1)}(F_{m_1}^P - F_N)$ 和 $\sqrt{m_1(N-m_1)/m_3}(F_{m_2}^P - F_{N-m_1}^P)$ 的极限协方差结构分别和

$$
\sqrt{m_1 N/(N-m_1)}(F_{m_1} - F_N) \quad \text{和} \quad \sqrt{m_1(N-m_1)/m_3}(F_{m_2} - F_{N-m_1})
$$

的极限协方差结构相同;

(2) $F_{m_1} - F_N$ 和 $F_{m_2} - F_{N-m_1}$ 不相关.

对 (1), 由于 $F_{m_1} - F_N = (N - m_1)/N(F_{m_1} - F_{N-m_1})$, 不难得到在 (t, t_1), $\sqrt{m_1 N/(N - m_1)}(F_{m_1} - F_N)$ 的协方差是

$$R(t, t_1) = \frac{m_1(N - m_1)}{N}\left(\frac{1}{m_1} + \frac{1}{N - m_1}\right)(F(t \wedge t_1) - F(t)F(t_1))$$
$$= F(t \wedge t_1) - F(t)F(t_1), \tag{10.4.7}$$

也就是 P-Brownian 桥的协方差结构, 这里 "$\wedge$" 表示取最小. 类似可得 $\sqrt{m_1(N - m_1)/m_3}\,(F_{m_2} - F_{N-m_1})$ 的协方差结构.

对 (2), 通过一些初等计算, 根据独立同分布随机变量具有相同分布 F,

$$E(F_{m_1}(t) - F_N(t))(F_{m_2}(t_1) - F_{N-m_1}(t_1))$$
$$= -\frac{m_3}{N}\,E(F_{N-m_1}(t) - F(t))(F_{m_2}(t_1) - F_{m_3}(t_1))$$
$$= -\frac{m_3}{(N(N - m_1))}\left[(F(t \wedge t_1) - F(t)F(t_1)) - (F(t \wedge t_1) - F(t)F(t_1))\right] = 0.$$

证毕.

第 11 章　参数型 copula 函数的拟合检验

在金融和保险中，copula 函数是一种构造多元相关分布函数的有力工具. 然而，怎样选择一个适当的 copula 函数用于拟合数据，并没有找到统一的方法. 错误的建模会导致较大的预测偏差和错误的推断. 因此，基于 copula 函数的经验分布，本章提出了一种用于检验具有某种特定参数结构的 copula 函数拟合数据优良性的方法. 由于该检验统计量的极限分布依赖未知参数，我们采用 NMCT 方法确定临界值. 最后用一个简单的模拟来验证本章提出的检验方法的功效.

11.1　引　　言

copula 函数，它是一种把联合分布和边际分布连接起来的方法或函数，并且涵盖了边际分布间的所有相关关系. 在这种意义上，使用 copula 函数可以避免维数祸根问题. 而且，它们可以用来拟合那些用于资产建模和例外事件研究中的非高斯多元分布. 因此，关于这种函数的研究在金融和保险中备受关注，可参考文献 Bouyé et al.(2002),Denuit et al.(2006),Embrechts,McNeil 和 Straumann(2002), 以及 Frees 和 Valdezk(1998). 著名 Sklar 定理告诉我们任一多元分布都可以分解为它的边际分布和相关结构 (copula 函数) 两部分. 特别地如果边际分布函数是连续的，相应的 copula 函数就是唯一的. 于是，此种函数使得我们可以分步研究多元随机变量的边际分布及其相关结构. 关于 Copula 函数的更多理论和应用，见文献 Joe(1997) 和 Nelsen(1999).

关于一元分布的各种推断已经有许多经典的结果，见文献陈希孺 (1981) 和何晓群 (2004). 但是，除了多元正态分布和多元 t 分布之外，其他的多元分布函数仍在研究之中，而金融和保险中的数据又多呈现厚尾或偏态现象. 为了方便起见，人们经常假设真正的相关结构属于某个参数族，然后估计出未知参数确定 copula 函数. 但是不适当的假设会导致错误的结论，所以怎样判断已选择的 copula 函数是否恰当显得尤其关键. 文献中已经有许多工作研究如下的假设检验问题：

$$H_0 : C(\cdot; \theta_0) \in \mathcal{C} = \{C(\cdot; \theta) : \theta \in \Theta\}, \tag{11.1.1}$$

其中，$\mathcal{C}$ 是依赖未知参数 θ 的 Copula 函数. Wang 和 Wells(2000) 建议采用一种非参数方法用于检验给定的 Archimedean copula 函数是否能够很好的拟合二维的删失数据；Genest，Quessy 和 Rémillard(2006) 推广了他们的结果,根据经验 Kendall's tau 过程和它的参数估计，构造了适用于任意 copula 函数的拟合检验统计量；基于 Rosenblatt(1952) 的概率积分转换的思想，Breyman, Dias 和 Embrechts(2003) 提出了 Anderson Darling 类型的检验统计量；Fermanian(2005) 考虑了两个不依赖分布的卡方检验统计量，然而，一旦维数很高时，所需要的多元密度函数的核估计不能克服 "维数祸根问题"；Chen, Fan 和 Patton(2004) 也采用概率积分转换和局部光滑方法构造两种检验来拟合检验时间序列间的相关性；为了选择适当的半参数 Copula 函数，Chen 和 Fan(2005) 使用伪似然比检验.

在原假设为二维 Copula 函数和参数真值 $\theta = \theta_0$ 时，统计量 $T_n = \sqrt{n}\big(C_n(u,v) - C(u,v;\theta_0)\big)$ 和 $S_n = \int T_n^2(u,v)\mathrm{d}u\mathrm{d}v$ 渐近的在零附近波动，其中，$C_n(u,v)$ 是在本章第 2 节中定义的 copula 经验分布. Van der Varrt 和 Wellner(1996, p389) 证明了 T_n 弱收敛于一高斯过程. 在更一般的条件下，Fermanian，Radulovic 和 Wegkamp(2004) 也研究了此问题. 然而，当参数未知而是用它的估计 $\hat{\theta}$ 取代时，统计量 T_n 和 S_n 的收敛性却是未知的. 本章解决了此问题，并且构造了基于检验统计量 $S_n = \int T_n^2(u,v)\mathrm{d}u\mathrm{d}v$ 的拟合检验. 为了使得检验易于执行，采用 NMCT 逼近检验在原假设下的分布. 这些使得我们的检验具有以下几个很好的性质：

(1) 该检验适用于任何情形；

(2) 该检验以 $1/\sqrt{n}$ 速度收敛，其中 n 是样本量；

(3) NMCT 检验易于执行，模拟计算相对比较容易.

本文除了 11.1 节的引言，将要在 11.2 节重点介绍理论结果和检验的渐近性质，关于非参数蒙特卡罗检验的步骤，将在 11.3 节中给出，11.4 节的模拟检验的结果用于验证检验的功效.

11.2 检验统计量及其渐近分布

为了研究的方便，本章只考虑了二元的 copula 函数. 很容易将结果扩展到一般的情况. 假设二元随机矢量 (X, Y) 服从未知分布 $H(x, y)$，并且它的两个边际分布是连续的，分别记为 $F(x) = H(x, \infty)$ 和 $G(y) = H(\infty, y)$. 根据 Sklar 定理，则存在唯一的 copula 函数使得

$$H(x, y) = C(F(x), G(y)). \tag{11.2.1}$$

记 $F^-(u) = \inf\{x \in R | F(x) \geqslant u\}$ 和 $G^-(v) = \inf\{y \in R | G(y) \geqslant v\}$（$0 \leqslant u, v \leqslant 1$）分别为 $F(\cdot)$ and $G(\cdot)$ 的广义逆函数，其中 $\mathcal{R}$ 表示实数集 $(-\infty, +\infty)$. 于是式 (11.2.1) 又可写为

$$C(u, v) = H\big(F^-(u), G^-(v)\big), \qquad 0 \leqslant u, v \leqslant 1. \tag{11.2.2}$$

假设 $(x_1, y_1), (x_2, y_2), \cdots, (x_n, y_n)$ 是 (X, Y) 的 n 个独立样本, 则此随机矢量的经验分布及其两个边际分布的经验分布可分别记为 $H_n(x, y) = n^{-1} \sum_{i=1}^{n} I_{\{x_i \leqslant x, y_i \leqslant y\}}$, $F_n(x) = H_n(x, +\infty)$ 和 $G_n(y) = H_n(+\infty, y)$. 于是, 相应的 copula 函数的经验分布就是 $C_n^*(u, v) = H_n(F_n^-(u), G_n^-(v))$, 其中 $F_n^-(u) = \inf\{s \in R | F_n(s) \geqslant u\}$ 和 $G_n^-(v) = \inf\{t \in R | G_n(t) \geqslant v\}$ 分别是经验分布 $F_n(x)$ 和 $G_n(y)$ 的广义逆函数. 然而上述 copula 函数经验分布的定义依赖函数的逆运算, 当样本有限时就可能造成较大的偏差. 类似于 Deheuvels (1979) 和 Genest, Ghoudi 和 Rivest (1995), 我们采用如下定义:

$$C_n(u, v) = \frac{1}{n} \sum_{i=1}^{n} I_{\{F_n(x_i) \leqslant u, G_n(y_i) \leqslant v\}}. \tag{11.2.3}$$

易见 $nF_n(x_i)$ 是观察值 x_i 处在 $x_1, \cdots, x_n$ 中的秩, 同样地 $nG_n(y_i)$ 是 y_i 处在 $y_1, \cdots, y_n$ 中的秩. 于是 $C_n(\cdot)$ 实际上是样本的秩函数. Fermanian, Radulovic 和 Wegkamp (2004) 证明了上述两种经验分布是渐近相等的:

$$\sup_{0 \leqslant u, v \leqslant 1} \left| C_n(u, v) - C_n^*(u, v) \right| \leqslant 2/n. \tag{11.2.4}$$

为了建立关于式 (11.1.1) 的拟合检验, 我们考虑检验统计量 $S_n = \int T_n^2(u, v) \mathrm{d}u \mathrm{d}v$, 其中 $T_n = \sqrt{n}\left(C_n(u, v) - C(u, v; \hat{\theta}) \right)$. 直观上来看, T_n 和 S_n 度量了原假设和真实相关结构 copula 函数之间的距离.

在给出统计量 T_n 和 S_n 的渐近性质之前, 我们首先引入一些符号. 任一矩阵 A 的转置被记为 A', $u \wedge v$ 表示实数 u 和 v 之间的最小值. 记 $U_C(u, v) = B_C(u, v) - C_1(u, v) B_C(u, 1) - C_2(u, v) B_C(1, v)$, 其中 B_C 是一布朗桥, 它的协方差结构为

$$E\left(B_C(u, v) B_C(u', v') \right) = C(u \wedge u', v \wedge v') - C(u, v) C(u', v').$$

这里的 $C_1(u, v)$ 和 $C_2(u, v)$ 将在下列条件 (A2) 中给出定义.

定理 11.2.1　假设第 11.5 小节的条件 (A1)~(A3) 和式 (11.1.1) 成立, 则经验 copula 过程 T_n 在 $\ell^\infty([0,1]^2)$ 上依分布收敛于高斯过程 $G_C = U_C - \frac{\partial C}{\partial \theta^T} V$, 其中 V 是二元的中心化的随机矢量, 其协方差矩阵为 Σ. 则 S_n 依分布收敛于 $S = \int (G_C(u, v))^2 \mathrm{d}u \mathrm{d}v$. 过程 G_C 的协方差结构为

$$\begin{aligned}
E\left(G_C(u, v) G_C(u', v') \right) = & E\left(U_C(u, v) U_C(u', v') \right) + \frac{\partial C(u, v)}{\partial \theta^T} \Sigma \frac{\partial C(u', v')}{\partial \theta} \\
& - \frac{\partial C(u, v)}{\partial \theta^T} E\left(U_C(u', v') V \right) - \frac{\partial C(u', v')}{\partial \theta^T} E\left(U_C(u, v) V \right),
\end{aligned}$$

其中,

$$
\begin{aligned}
E\Big(U_C(u,v)V\Big) = &\int_{[0,u]\times[0,v]} L(s,t;\theta)\mathrm{d}C(s,t;\theta) \\
&+C_1(u,v)\int_{[0,u]\times[0,1]} L(s,v;\theta)\mathrm{d}C(s,v;\theta) \\
&+C_2(u,v)\int_{[0,1]\times[0,v]} L(u,t;\theta)\mathrm{d}C(u,t;\theta).
\end{aligned}
$$

下面我们研究上述检验对不同的备择检验的功效. 首先定义一个依赖参数 θ 的 copula 函数为 $C(\cdot;\theta)$ 和一有界可测函数 $W(\cdot;\theta)$，其中后者满足条件 $W(1,0;\theta) = 0 = W(0,1;\theta), W(1,u;\theta) = 0 = W(v,1;\theta)$. 考虑具有如下形式的备择假设

$$
C(\cdot) = C(\cdot;\theta) + W(\cdot;\theta)/n^\alpha \ (\alpha \geqslant 0). \tag{11.2.5}
$$

这里我们假设 n 充分大，使得 $C(\cdot)$ 和 $C(u_2,v_2) - C(u_2,v_1) - C(u_1,v_2) + C(u_1,v_1)$ $(u_1 <= u_2, v_2 <= v_1)$ 都是非负的，也就是确保 $C(\cdot)$ 仍是 copula 函数. 下面的定理结论表明：当 $\alpha = 0$ 时，对所有的备择假设，检验都是相合的；当 $0 < \alpha \leqslant 1/2$ 时，检验以 $1/\sqrt{n}$ 的参数速度收敛.

定理 11.2.2 假设第 11.5 小节的条件 (A1)~(A3) 成立. 则在局部备择模型式 (11.2.5) 下，当 $0 \leqslant \alpha < 1/2$ 时，T_n 依分布收敛于 ∞；当 $\alpha = 1/2$，T_n 在 $\ell^\infty([0,1]^2)$ 上依分布收敛于高斯过程 $G_C + W$，相应地，S_n 弱收敛于 $\int (G_C(u,v) + W(u,v;\theta))^2 \mathrm{d}u\mathrm{d}v$.

由上述结论，易见根据 copula 函数的经验分布和其对应的参数估计之间的距离得到的统计量，在原假设 H_0 下，它们非常的接近. 因此，如果检验统计量 S_n 的值大于其分布的 $(1-\alpha)\%$ 的分位数时，就应当拒绝原假设；反之，接受原假设. 然而，定理 11.2.1 表明极限分布依赖于未知参数且协方差结构非常复杂，为了使我们的检验易于执行，接下来采用 NMCT 模拟检验的临界值.

11.3 NMCT

在这一节,我们借助模拟检验统计量 S_n 在原假设下服从的分布.使用 Rademacher 随机变量生成权构造条件 NMCT 统计量.

Rademacher 随机变量是以等概率取值为 ±1 的. 记 $\epsilon_1, \epsilon_2, \cdots, \epsilon_n$ 是 i.i.d. 的 Rademacher 变量，并且与样本 $(x_1,y_1), (x_2,y_2), \cdots, (x_n,y_n)$ 独立. 根据定理 11.2.1 的证明，对应于统计量 T_n 的 NMCT 统计量定义为

$$
T_n(\varepsilon_n, u, v) = \frac{1}{\sqrt{n}}\sum_{i=1}^n \epsilon_i \Big(I_{\{F_n(X_i)\leqslant u, G_n(Y_i)\leqslant v\}} - C_n(u,v)\Big)
$$

$$-C_{1n}(u,v)\frac{1}{\sqrt{n}}\sum_{i=1}^{n}\epsilon_i\Big(I_{\{F_n(X_i)\leqslant u\}}-u\Big)$$

$$-C_{2n}(u,v)\frac{1}{\sqrt{n}}\sum_{i=1}^{n}\epsilon_i\Big(I_{\{G_n(Y_i)\leqslant v\}}-v\Big)$$

$$-\frac{\partial C(u,v)}{\partial \theta^T}\frac{1}{\sqrt{n}}\sum_{i=1}^{n}\epsilon_i L\Big(F(X_i),G(Y_i);\theta\Big)\Big|_{\theta=\hat{\theta}}\quad(0\leqslant u,v\leqslant 1),$$

其中，$\varepsilon_n=(\epsilon_1,\epsilon_2,\cdots,\epsilon_n)^{\mathrm{T}}$，$C_{1n}$ 和 C_{2n} 分别是 C_1 和 C_2 的相合估计. 回顾 copula 函数的定义式 (11.2.2)，很容易得到

$$C_1(u,v)=\frac{\partial}{\partial x}H(F^-(u),G^-(v))/f(F^-(v))$$

和

$$C_2(u,v)=\frac{\partial}{\partial y}H(F^-(u),G^-(v))/g(G^-(u)).$$

则我们采用如下的非参数方法分别得到 $C_1(u,v)$ 和 $C_2(u,v)$ 的估计 C_{1n} 和 C_{2n}：

$$C_{1n}(u,v)=\frac{\partial}{\partial x}H_n(F_n^-(u),G_n^-(v))/f_n(F_n^-(v))$$

和

$$C_{2n}(u,v)=\frac{\partial}{\partial y}H_n(F_n^-(u),G_n^-(v))/g_n(G_n^-(u)).$$

这里的 $H_n(\cdot)$，$f_n(\cdot)$ 以及 $g_n(\cdot)$ 分别是联合分布 $H(\cdot)$ 和边际密度函数 $f(\cdot)$ 和 $g(\cdot)$ 的核估计，见参考文献 Fermanian 和 Scaillet(2003). 相应的条件 NMCT 统计量为

$$S_n(\varepsilon_n)=\int T_n^2(\varepsilon_n,u,v)\mathrm{d}u\mathrm{d}v.$$

检验的步骤如下：

步骤 1　用一相合估计的方法估计参数 θ.

步骤 2　生成 m 个 Rademacher 变量集，记为 $\varepsilon_n^{(i)}=(\epsilon_1^{(i)},\epsilon_2^{(i)},\cdots,\epsilon_n^{(i)})$，$i=1,2,\cdots,m$. 然后计算 $S_n(\varepsilon_n^{(i)})$，$i=1,2,\cdots,m$.

步骤 3　计算检验的 p 值：

$$\hat{p}=k/(m+1),$$

其中，　$k=\#\{S_n(\varepsilon_n^{(i)})\geqslant S_n^0,i=0,1,\cdots,m\}(S_n^{(0)}=S_n)$.

11.4 模 拟 分 析

为了分析检验的功效, 我们针对不同的原假设和备择假设进行了模拟研究. 参考文献 Fermanian(2005), 我们选用如下的 copula 函数来产生样本数据:

$$C_\alpha(u, v, \theta) = \alpha u v - \frac{1-\alpha}{\theta} \ln\left(1 + \frac{(\exp^{-\theta u} - 1)(\exp^{-\theta v} - 1)}{\exp^{-\theta} - 1}\right), \qquad (11.4.1)$$

其中, $\theta \neq 0$ 且 $\alpha \in [0,1]$. 易见上述 copula 函数是二维独立的 copula 和二维 Frank's copula 的线性组合. 本节模拟的原假设是独立的 copula ($\alpha = 0$), 两个边际分布分别假设是标准正态的. 关于样本数据的生成, 可参考文献 Nelsen(1999) 或 Fermanian(2005). 本文采用半参数极大似然估计方法估计参数 θ, 并且满足第 11.5 节中的假设条件 (A3). 在估计 C_1 和 C_2 时, 采用了高斯乘积核和拇指准则 (Wang 和 Wells(2000)) 确定估计的窗宽. 在确定临界值时, 用于近似检验的 p 值的重复次数 m 取为 1000, 显著性水平是 5%, 样本值 $n = 100$. 于是, 根据第 11.3 节介绍的模拟步骤, 计算检验统计量的观测值 S_n 和条件 NMCT 统计量的值 $S_n(\varepsilon_n)$.

表 11.1 中给出了统计量 S_n 的检验功效. 为了便于和 Fermanian(2005) 的检验统计量, 记它们分别是 $\mathcal{S}$ 和 $\mathcal{T}$, 做简单比较, 表 11.1 也给出他们的功效. 根据此表, 我们可以得到如下结论:

(1) 在 $\alpha = 0$, 即在原假设成立时, 三种检验的功效都接近显著水平;

(2) 随着参数 θ 的增加, 三种检验的功效变得越来越大, 且在 $\theta = 25$ 和 $\alpha = 0.5$ 检验的功效达到最大;

(3) 随着参数 α 的增加, 三种检验的功效也在增加; 但是当 α 的值接近 1 时, 检验的功效又快速下降;

(4) 当 X 和 Y 的相关程度较小, 即当 θ 非常小或者 α 比较大时, 我们的检验的功效要优于 $\mathcal{S}$ 和 $\mathcal{T}$; 反之, 当 X 和 Y 高度相关时, $\mathcal{T}$ 的表现最好, S_n 次之.

事实上, 参数 θ 的大小度量了随机变量 X 和 Y 的相关程度的强弱, 而随着 α 的增加, 混合 copula 函数 (11.4.1) 也就趋向于原假设 —— 独立 copula 函数 uv. 既然独立 copula 函数正是 Frank's copula 函数族的边界, 正如 Fermanian (2005) 提到的, 参数估计 $\hat\theta$ 可能不满足第 11.5 节的条件 (A3), 使得检验的效果变得反常而不容易解释. 但是, S_n 检验功效要高于 $\mathcal{S}$ 和 $\mathcal{T}$ 说明了前者比较稳健. 当 X 和 Y 的相关程度较强时, 局部光滑的方法更容易捕捉到分布的波动, 使得 Fermanian(2005) 的检验的功效高; 反之, 当 copula 函数较为平缓, 即相关程度较弱时, 经验过程方法对所有观测值点皆给予相同的概率而显得更加敏感. 特别地, 当备择模型很接近原假设时 ($\alpha = 0.1$, 而 θ 比较小时), S_n 的表现比较好, 这说明我们的检验对局部备择更加敏感. 综上所述, 模拟结果和理论是相符合的, 也说明了我们的检验无论在原假设还是在备择假设下, 都有较好的模拟结果.

表 11.1   当样本值 $n = 100$ 和显著水平为 5% 时, 检验统计量 S_n, S 以及 $\mathcal{T}$ 的检验功效

混合参数 α	模型参数 θ	拒绝率 S_n	拒绝率 S	拒绝率 $\mathcal{T}$
0	5	0.02	0.00	0.02
	10	0.00	0.00	0.00
	15	0.00	0.00	0.01
	20	0.00	0.00	0.01
	25	0.04	0.00	0.08
0.1	5	0.04	0.00	0.00
	10	0.05	0.00	0.00
	15	0.07	0.00	0.07
	20	0.23	0.00	0.22
	25	0.38	0.00	0.60
0.2	5	0.05	0.01	0.01
	10	0.10	0.01	0.05
	15	0.30	0.03	0.36
	20	0.50	0.17	0.80
	25	0.66	0.31	0.95
0.3	5	0.10	0.03	0.03
	10	0.25	0.13	0.21
	15	0.57	0.18	0.67
	20	0.80	0.57	0.95
	25	0.91	0.84	1.00
0.5	5	0.11	0.07	0.12
	10	0.34	0.19	0.33
	15	0.63	0.58	0.71
	20	0.84	0.89	0.98
	25	0.96	0.95	1.00
0.9	5	0.11	0.02	0.01
	10	0.13	0.03	0.00
	15	0.14	0.06	0.00
	20	0.16	0.02	0.02
	25	0.13	0.37	0.03

11.5   定理的证明

为了证明定理, 给出如下条件:

[(A1)] 边际密度函数 $f(\cdot)$ 和 $g(\cdot)$ 在其定义域内可微, 并且是非负的.

[(A2)] copula 函数 $C(u, v; \theta)$ 的偏导函数连续, 分别记为 $C_1(u, v) = (\partial C(u, v; \theta))/(\partial u)$ 和 $C_2(u, v) = (\partial C(u, v; \theta))/(\partial v)$, 并且其密度函数 $c(u, v; \theta)$ 关于参数 θ 是可微的.

[(A3)] $\theta \in R^q$ 的估计 $\hat{\theta}$ 满足条件

$$\hat{\theta} - \theta = \frac{1}{n}\sum_{i=1}^{n} L(F(X_i), G(Y_i); \theta) + o_p(1),$$

其中，$L(F(X), G(Y); \theta)$ 是一个 q 维的零均值的随机矢量，其协方差结构为

$$\Sigma = E\Big(L(F(X), G(Y); \theta)L^{\mathrm{T}}(F(X), G(Y); \theta)\Big).$$

事实上，条件 (A1) 和 (A2) 是为了确保检验的相合性. 而条件 (A3) 对于许多估计都是成立的，如最小二乘估计或者极大似然估计等. 特别地，Fermanian (2005) 证明非参数极大似然估计满足条件 (A3)：$\hat{\theta} - \theta = \frac{1}{n}A(\theta)^{-1}\sum_{i=1}^{n}(\partial \ln c(F(x_i), G(x_i); \theta))/(\partial \theta) + o_p((\ln(\ln n))/n)$，其中，$A(\theta) = -\lim\limits_{n\longrightarrow\infty} E\big((\partial^2 Q_n(\theta))/(\partial\theta\partial\theta^{\mathrm{T}})\big)$ 是一个 $q \times q$ 的对称矩阵，而 $Q_n(\theta) = \frac{1}{n}\sum\limits_{i=1}^{n}\ln c\big(F_n(x_i), G_n(x_i); \theta\big)$.

证明定理 11.2.1 为了证明定理 11.2.1，我们只需要用 i.i.d 的随机变量和近似统计量 T_n 即可. 注意到

$$
\begin{aligned}
T_n &= \sqrt{n}\Big(C_n(u, v) - C(u, v; \hat{\theta})\Big) \\
&= -\sqrt{n}\Big(C(u, v; \hat{\theta}) - C(u, v)\Big) + \sqrt{n}\Big(C_n(u, v) - C(u, v)\Big) \\
&= -J_1 + J_2,
\end{aligned}
$$

其中，$C(u, v)$ 表示真正的相关结构 copula 函数. 根据泰勒展开和定理 11.2.1 中的条件，可以得到

$$J_1 = \frac{1}{\sqrt{n}}\frac{\partial C(u, v; \theta)}{\partial \theta^T}\sum_{i=1}^{n} L\Big(F(X_i), G(Y_i); \theta\Big) + o_p(1). \tag{11.5.1}$$

下面我们将要考虑 J_2. 回顾 copula 函数的定义 (11.2.2) 及其经验估计 (11.2.3)，我们有

$$
\begin{aligned}
&\sqrt{n}\Big(C_n(u, v) - C(u, v)\Big) \\
&= \frac{1}{\sqrt{n}}\sum_{i=1}^{n}\Big[I_{\{F_n(X_i)\leqslant u, G_n(Y_i)\leqslant v\}} - I_{\{F(X_i)\leqslant u, G(Y_i)\leqslant v\}} + I_{\{F(X_i)\leqslant u, G(Y_i)\leqslant v\}} - C(u, v)\Big] \\
&= \frac{1}{\sqrt{n}}\sum_{i=1}^{n}\Big[I_{\{F_n(X_i)\leqslant u, G_n(Y_i)\leqslant v\}} - I_{\{F(X_i)\leqslant u, G(Y_i)\leqslant v\}} - \Big(H(F_n^-(u), G_n^-(v))
\end{aligned}
$$

$$-H(F^-(u), G^-(v)))\Big] + \frac{1}{\sqrt{n}} \sum_{i=1}^{n} \Big(I_{\{F(X_i)\leqslant u, G(Y_i)\leqslant v\}} - C(u,v) \Big)$$

$$+ \sqrt{n} \Big(H(F_n^-(u), G_n^-(v)) - H(F^-(u), G^-(v)) \Big)$$

$$= V_1 + V_2 + V_3.$$

因为 $\sqrt{n}\big(H_n(\cdot) - H(\cdot)\big)$ 是随机等度连续的, 并且 (11.2.4) 成立, 所以

$$V_1 = o_p(1). \tag{11.5.2}$$

由于 V_2 已经是中心化的 i.i.d 随机变量的和, 我们现在考虑 V_3. 经过一些初等计算, 可以得到

$$\sqrt{n}\Big(H(F_n^-(u), G_n^-(v)) - H(F^-(u), G^-(v)) \Big)$$

$$= \sqrt{n}\Big(C\Big(F(F_n^-(u)), G(G_n^-(v)) \Big) - C(u,v) \Big)$$

$$= \sqrt{n} C_1(u,v) \Big(F(F_n^-(u)) - u \Big) + \sqrt{n} C_2(u,v) \Big(G(G_n^-(v)) - v \Big) + o_p(1)$$

$$= \sqrt{n} C_1(u,v) \Big(u - F_n(F^-(u)) \Big) + \sqrt{n} C_2(u,v) \Big(v - G_n(G^-(v)) \Big) + o_p(1)$$

$$= -C_1(u,v) \frac{1}{\sqrt{n}} \sum_{i=1}^{n} \Big(I_{\{F_n(X_i)\leqslant u\}} - u \Big)$$

$$- C_2(u,v) \frac{1}{\sqrt{n}} \sum_{i=1}^{n} \Big(I_{\{G_n(Y_i)\leqslant v\}} - v \Big) + o_p(1). \tag{11.5.3}$$

由上述证明的结果式 (11.5.1) $\sim$ (11.5.3) 以及文献 Rosenblatt(1952, p157) 的定理 VII.21, 定理 11.2.1 证毕.

　　证明定理 11.2.2　因为该定理与定理 11.2.1 的证明基本相同, 我们只给出证明的框架. 根据备择模型 (11.4.1) 以及上述证明, 可知

$$T_n = \sqrt{n}\Big(C_n(u,v) - C(u,v;\widehat{\theta}) - W(u,v;\widehat{\theta})/n^\alpha \Big) + W(u,v;\theta)/n^{\alpha-1/2}$$

$$= J_3 + J_4.$$

易见 J_3 仍然在 $\ell^\infty([0,1]^2)$ 上依分布收敛于 G_C, 而当 $0 \leqslant \alpha < 1/2$ 或者 $\alpha = 1/2$ 时 J_4 分别收敛于无穷大或者 $W(\cdot)$. 此定理得证.

参 考 文 献

[1] Aert M, Claeskens G and Hart J D. 1999. Testing lack of fit in multiple regression. J. Amer Statist Assoc, 94, 869~879.

[2] Aki S. 1987. On non-parametric tests for symmetry. Ann. Inst. Statist. Math., 39, 457~472.

[3] Aki S. 1993. On non-parametric tests for symmetry in R^m. Ann. Inst. Statist. Math., 45, 787~800.

[4] Aly E A A, Kochar S C and McKeague I W. 1994. Some tests for comparing cumulative incidence functions and cause-specific hazard rates. J. Am. Statist. Assoc., 89, 994~999.

[5] Anderson T W. 1984. An Introduction to Multivariate Statistical Analysis. John Wiley, New York.

[6] Antille L, Kersting G and Zucchini W. 1982. Testing symmetry. J. Amer. Statist. Assoc., 77, 639~646.

[7] Aras G, Deshpandé J V. 1992. Statistical analysis of dependent competing risks. Statist. Decis., 10, 323~336.

[8] Azzalini A, Bowman A W and Härdle W. 1989. On the use of nonparametric regression for model checking. Biometrika, 76, 1~11.

[9] Bagai I, Deshpande J V and Kochar S C. 1989. Distribution free tests for stochastic ordering in the competing risks model. Biometrika, 76, 775~781.

[10] Bagai I, Deshpande J V and Kochar S C. 1989. A distribution-free test for the equality of failure rates due to two competing risks. Comm. Statist. Theory Methods, 18, 107~120.

[11] Baringhaus L. 1991. Testing for spherical symmetry of a multivariate distribution. Ann. Statist., 19, 899~917.

[12] Baringhaus L, Henze N. 1991. Limit distributions for measures of skewness and kurtosis based on projections. J. Multiv Anal., 38, 51~69.

[13] Barnard G A. 1963. Discussion of Professor Bartlett's paper. J. R. Statist. Soc. B., 25, 294.

[14] Bartlett M S. 1963. The spectral analysis of point processes (with discussion). J. R. Stat. Soc., B., 25, 264~296.

[15] Beran R. 1979. Testing for elliptical symmetry of a multivariate density. Ann. Statist., 7, 150~162.

[16] Beran R, Ducharme G R. 1991. Asymptotic theory for bootstrap methods in statistics. Université de Montréal, Centre de Recherches Mathmatiques, Montreal, QC.

[17] Beran R, Srivastava M S. 1985. Bootstrap tests and confidence regions for functions of a covariance matrix. Ann. Statist., 13, 95~115.

[18] Besag J, Diggle P J. 1977. Simple Monte Carlo tests for spatial pattern. Appl. Statist., 26, 327~333.

[19] Bickel P. 1978. Using residuals robustly I: Tests for heteroscedasticity. Ann. Statist., 6, 266~291.

[20] Block H W, Basu A P. 1974. A continuous bivariate exponential distribution. J. Am. Statist. Assoc., 69, 1031~1037.

[21] Blough D K. 1989. Multivariate symmetry viaprojection pursuit. Ann. Inst. Statist. Math., 41, 461~475.

[22] Boos D D, Brownie C. 1989. Bootstrap methods for testing homogeneity of variances. Technometrics, 31, 69~82.

[23] Bouyé E, Surrleman V, Nikeghmali A, Riboulet G, RoncalliO T. 2000. Copulas for finance:A reading guide and some applications. Working Paper, Groupe de Recherche Operationnelle, Credit Lyonnais.

[24] Box G E P. 1949. A general distribution theory for a class of likelihood criteria. Biometrika, 36, 317~346.

[25] Breyman W, Dias A, Embrechts P. 2003. Dependence structures for multivariate high-frequency data in finance, Quantitative Finance, 3, 1~16.

[26] Buckley M J. 1991. Detecting a smooth signal: optimality of cusum based on procedures. Biometrika, 78, 253~262.

[27] Burke M D, Yuen K C. 1995. Goodness-of-fit tests for the Cox model via bootstrap method. J. Statist. Plann. Inf., 47, 237~256.

[28] Butler C C. 1969. A test for symmetry using the sample distribution function. Ann. Math. Statist., 14, 2209~2210.

[29] Cai Z, Fan J, Li R. 2000. Efficient estimation and inferences for varying-coefficient models. J. Amer. Statist. Assoc., 95, 888~902.

[30] Cai Z, Fan J, Yao Q. 2000. Functional-coefficient regression models for nonlinear time series. Journal of American Statistical Association, 95, 941~956.

[31] Carroll R J. 1982. Adapting for heteroscedasticity in linear models, Ann. Statist., 10, 1224~1233.

[32] Carroll R J, Ruppert D. 1981. On robust tests for heteroscedasticity. Ann. Statist., 9, 205~209.

[33] Carroll R J, Ruppert D. 1988. Transformation and Weighting in Regression. Chapman and Hall, New York.

[34] Chen X and Fan Y. 2005. Pseudo-likelihood ratio tests for semiparametric multivariate copula model selection. The Canad. J. Statist., 33, 389~414.

[35] Chen X, Fan Y, Patton A. 2004. Simple tests for models of dependence between multiple financial time series, with applications to US equity returns and exchange rates. Working paper, New York: University, Vanderbilt University and London School of Economics.

[36] 陈希孺. 1981. 数理统计引论. 北京: 科学出版社.

[37] Chiang C T, Rice J A, Wu C O. 2001. Smoothing spline estimation for varying coeffi-
cient models with repeatedly measured dependent variables. J. Am. Statist. Ass., 96,
605~619.

[38] Cook R D, Weisberg S. 1983. Diagnostics for heteroscedasticity in regression.
Biometrika, 70, 1~10.

[39] Cox D D, Koh E, Wahba G, Yandell B S. 1988. Testing the (parametric) null model
hypothesis in (semiparametric) partial and generalized spline models. Ann. Statist.,
16, 113~119.

[40] Csörgö S, Heathcote C R. 1987. Testing for symmetry. Biometrika, 74, 177~184.

[41] Cuzick J. 1992. Semi-parametric additive regression. J. Roy. Statist. Soc. Ser., B54,
831~843.

[42] Davidian M, Carroll R J. 1987. Variance function estimation. J. Amer. Statist. Assoc.,
82, 1079~1091.

[43] Davidian M, Giltinan D M. 1995. Nonlinear Models for Repeated Measurement Data.
Chapman and Hall, London.

[44] Davison A C, Hinkley D V. 1997. Bootstrap Methods and Their Application. Cam-
bridge University Press, UK.

[45] Dawkins B. 1989. Multivariate analysis of national track records. The American Statis-
tician, 43, 110~112.

[46] Dempster A P. 1969. Elements of Continuous Multivariate Analysis. Addison-Wesley,
USA.

[47] Denuit M, Purcaru O, Van Keilegom I. 2006. Bivariate Archimedean copula modelling
for loss-ALAE data in non-life insurance. Journal of Actuarial Practice (to appear).

[48] Dette H. 1999. A consistent test for the functional form of a regression based on a
difference of variance estimators. Ann. Statist., 27, 1012~1040.

[49] Dette H, Munk A. 1998. Testing heteoscedasticity in nonparametric regression. J. R.
Statist. Soc. B, 60, 693~708.

[50] Diblasi A, Bowman A. 1997. Testing for constant variance in a linear model. Statist.
and Probab Letters, 33, 95~103.

[51] Diggle P J, Heagerty P J, Liang K-Y, Zeger S L. 2002. Analysis of Longitudinal Data.
Oxford University Press, Oxford, England.

[52] Diks C, Tong H. 1999. A test for symmetries of multivariate probability distributions.
Biometrika, 86, 605~614.

[53] Doksum K A, Fenstad G, Aaberge R. 1977. Plots and tests for symmetry. Biometrika,
64, 473~487.

[54] Dudley R M. 1978. Central limit theorems for empirical measures. Ann. Probab., 6,
899~929.

[55] Dunnett C W. 1994. Recent results in multiple testing: Several treatments vs. a
specified treatment. Proceedings of the International Conference on Linear Statistical
Inference LINSTAT'93, Math. Appl., 306, 317~346. Kluwer Acad. Publ., Dordrecht,
The Netherlands.

[56] Eaton M L, Tyler D E. 1991. On Wielandt's inequality and its application to the asymptotic distribution of the eigenvalues of a random symmetric matrix. Ann. Statist., 19, 260~271.

[57] Efron B. 1979. Bootstrap methods: Another look at the jackknife. Ann. Statist., 7, 1~26.

[58] Efron B, Tibshirani R. 1993. An Introduction to the Bootstrap. Chapman and Hall, New York.

[59] Embrechts P, McNeil A, Straumann D. 2002. Correlation and Dependence Risk Management: Properties and Pitfalls, in M. Dempster (ed.), Risk Value at Risk and Beyond, Cambridge University Press, 176~223.

[60] Engle R F, Granger C W J, Rice J, Weiss A. 1986. Semiparametric estimates of the relation between weather and electricity sales. J. Amer. Statist. Assoc., 81, 310~320.

[61] Engen S, Lillegård M. 1997. Stochastic simulations conditioned on sufficient statistics. Biometrika, 84, 235~240.

[62] Eubank R L, Hart J D. 1992. Testing goodness-of-fit in regression via order selection criteria. Ann. Statist., 20, 1412~1425.

[63] Eubank R L, Hart J D. 1993. Commonality of cusum, von Neumann and smoothing-based goodness-of-fit tests. Biometrika, 80, 89~98.

[64] Eubank R L, LaRiccia V N. 1993. Testing for no effect in nonparametric regression. J. Statist. Plann. Inference, 36, 1~14.

[65] Eubank R L, Thomas W. 1993. Detecting heteroscedasticity in nonparametric regression. J. Roy. Statist. Soc. Ser. B, 55, 145~155.

[66] Fan J, Huang L. 2001. Goodness-of-fit tests for parametric regression models. J. Amer. Statist. Assoc., 96, 310~320

[67] Fan Y, Li Q. 1996. Consistent model specification tests: omitted variables and semiparametric functional forms. Econometrica, 64, 865~890.

[68] Fan J, Zhang W Y. 1999. Statistical estimation in varying coefficient models. Ann. Statist., 27, 1491~1518.

[69] Fan J, Zhang W Y. 2000. Simultaneous confidence bands and hypothesis testing in varying-coefficient models. Scandinavian Journal of Statistics, 27, 715~731.

[70] Fang K T, Kotz S, Ng K W. 1990. Symmetric Multivariate and Related Distributions. Chapman and Hall, London.

[71] Fang K T, Li R Z, Zhu L X. 1997. Some probability plots to test spherical and elliptical symmetry. J. Comp. Graph. Stat., 6, 435~450.

[72] Fang K T, Zhu L X, Bentler P M. 1993. A necessary test of goodness of fit forsphericity. J. Multiv. Anal., 44, 34~55.

[73] Fermanian J D. 2005. Goodness-of-fit tests for copulas. J. Multiv. Anal., 95, 119~152.

[74] Fermanian J D, Radulovic D, Wegkamp M J. 2004. Weak convergence of empirical copula processes. Bernoulli, 10, 847~860.

[75] Fermanian J D, Scaillet O. 2003. Nonparametric estimation of copulas for time series. Journal of Risk, 5, 25~54.

[76] Feuerverger A, Mureika R A. 1977. The empirical characteristic function and is applications. Ann. Statist., 5, 88~97.

[77] Frees E W, Valdezk E A. 1998. Understanding relationships using copulas. North American Actuarial Journal, 2, 1~25.

[78] Friedman J H. 1987. Exploratory projection pursuit. J. Amer. Statist. Assoc., 82, 249~266.

[79] Gaenssler P. 1983. Empirical Processes. Lecture Notes-Monograph series 3 Institute of Mathematical Statistics, Hayward, California.

[80] Genest C, Quessy J-F, Rémillard B. 2006. Goodness-of-fit procedures for copula models based on the probability integral transformation. Scand. J. Statist., 33, 337~366.

[81] Ghosh S, Ruymgaart F H. 1992. Applications of empirical characteristic functions in somemultivariate problems. Canad. J. Statist., 20, 429~440.

[82] Giné E, Zinn J. 1984. On the central limit theorem for empirical processes (with discussion). Ann. Probab., 12, 929~998

[83] Giné E, Zinn J. 1990. Bootstrapping general empirical measures. Ann. Probab., 18, 851~869

[84] Good P. 2000. Permutation Tests: A practical guide to resampling methods for testing hypothesis. Second edition, Springer, New York.

[85] Gozalo P L, Linton O B. 2001. Testing additivity in generalized nonparametric regression models with estimated parameters. J. Econometrics, 104, 1~48

[86] Gu C. 1992. Diagnostics for nonparametric regression models with additive terms. J. Amer. Statist. Assoc., 87, 1051~1058.

[87] Guttman I, Tiao, G C. 1965. The inverted Dirichlet distribution with applications. J. Am. Statist. Assoc., 60, 793~805.

[88] Hall P, Titterington D M. 1989. The effect of simulation order on level accuracy and power of Monte Carlo tests. J. R. Statist. Soc. B, 51, 459~467.

[89] Hall W J, Wellner J A. 1984. Mean residual life. In Proc. Int. Symp. Statistics and Related Topics eds M. Csörgö, D. A. Dawson, J. N. K. Rao and A. K. Md. E. Saleh, 169~184. Amsterdam: North Holland.

[90] Härdle W. 1990. Applied nonparametric regression. Cambridge University Press, New York.

[91] Härdle W, Mammen E. 1993. Comparing non-parametric versus parametric regression fits. Ann. Statist., 21, 1926~1947.

[92] Härdle W, Mammen E, Müller M. 1998. Testing parametric versus semiparametric modeling in generalized linear models. J. Amer. Statist. Assoc., 93, 1461~1474.

[93] Hart J D. 1997. Nonparametric Smoothing and Lack-of-fit Tests, Springer, New York.

[94] Hastie T, Tibshirani R. 1993. Varying-coefficient models (With discussion). J. Roy. Statist. Soc. Ser. B, 55, 757~796.

[95] 何晓群. 2004. 多元统计分析. 北京：中国人民大学出版社.

[96] Heathcote C R, Rachev S T, Cheng B. 1995. Testing multivariate symmetry. J. Multiv. Anal., 54, 91~112.

[97] Henze N, Wagner T. 1997. A new approach to the BHEP tests for multivariate normality. J. Mult. Anal., 62, 1~23.

[98] Hope A C A. 1968. A simplified Monte Carlo test procedure. J. R. Statist. Soc. B, 30, 582~598.

[99] Hoeffding W. 1952. The large-sample power of tests based on permutations of observations. Ann. Math. Stat., 23, 169~192.

[100] Hoel D G. 1972. A representation of mortality data by competing risks. Biometrics, 28, 475~488.

[101] Hoover D R, Rice J A, Wu C O, Yang L-P. 1998. Nonparametric smoothing estimates of time-varying coefficient models with longitudinal data. Biometrika, 85, 809~822.

[102] Huang J Z, Wu C O, Zhou L. 2002. Varying-coefficient models and basis function approximations for the analysis of repeated measurements. Biometrika, 89, 111~128.

[103] Huang J Z, Wu C O, Zhou L. 2004. Polynomial spline estimation and inference for varying coefficient models with longitudinal data. Statistica Sinica, 14, 763~788.

[104] Jennrich R I. 1969. Asymptotic properties of non-linear least squares estimators. Ann. Math. Statist., 40, 633~643.

[105] Jing P, Zhu L X. 1996. Some Blum-Kiefer-Rosenblatt type tests for the joint independence of variables. Comm in Statist.: Theory and Methods, 25, 2127~2139.

[106] Joe H. 1997. Multivariate and Dependence Concepts. Chapman and Hall, London.

[107] Johnson R A, Wichern D W. 1992. Applied Multivariate Statistical Analysis. 3rd Ed. Singapore: Prentice Hall, Simon and Schuster Asia.

[108] Kariya T, Eaton M L. 1982. Robust tests for spherical symmetry. Ann. Statist., 1, 206~215.

[109] Kaslow R A, Ostrow D G, Detels R, Phair J P, Polk B F, Rinaldo C R. 1987. The Multicenter AIDS Cohort Study: rationale, organization and selected characteristics of the participants. Am. J. Epidem., 126, 310~318.

[110] Kim J. 2000. An order selection criteria for testing goodness of fit. J. Amer. Statist. Assoc., 95, 829~835.

[111] Korin B P. 1968. On the distribution of a statistic used for testing a covariance matrix. Biometrika, 55, 171~178.

[112] Koul H L. 1992. Weighted Empiricals and Linear Models. Lecture Notes—Monograph Series, 21. Institute of Mathematical Statistics, Hayward, California.

[113] Lam K F. 1997. A class of tests for the equality of k cause-specific hazard rates in a competing risks models. Biometrika, 85, 179~188.

[114] Li K C. 1991. Sliced inverse regression for dimension reduction (with discussions). J. Amer. Statist. Assoc., 85, 316~342.

[115] Li R Z, Fang K T, Zhu L X. 1997. Some Q-Q probability plots to test spherical and elliptical symmetry. J. Comp. Graph. Statist., 6, 435~450.

[116] Liang K-Y, Zeger S L. 1986. Longitudinal data analysis using generalized linear models. Biometrika, 73, 13~21.

[117] Liu R Y. 1988. Bootstrap procedures under some non-i.i.d. models. Ann. Statist., 16, 1696~1708.

[118] Maguluri G, Zhang C H. 1994. Estimation in the mean residual life regression model. J. R. Statist. Ser. B, 56, 477~489.

[119] Mammen E. 1992. When Does Bootstrap Work? Asymptotic Results and Simulations. Lecture Notes in Statistics, 77, Springer, New York.

[120] Mammen E, van de Geer S. 1997. Penalized quasi-likelihood estimation in partial linear models. Ann. Statist., 25, 1014~1035.

[121] Marshall A W, Olkin I. 1979. Inequalities: Theory of Majorization and Its Applications. New York: Academic Press.

[122] Miller B M, Runggaldier W J. 1997. Kalman filtering for linear systems with coefficients driven by a hidden Markovjump process. Syst. Control Lett., 31, 93~102.

[123] Müller H G. 1992. Goodness-of-fit diagnostics for regression models. Scand. J. Statist., 19, 157~172.

[124] Müller H G, Zhao P L. 1995. On a semi-parametric variance function model and a test for heteroscedasticity. Ann. Statist., 23, 946~967.

[125] Muirhead R J. 1982. Aspect of Multivariate Statistical Theory. John Wiley, New York.

[126] Naik D N, Khattree R. 1996. Revisiting Olympic track records: Some practical considerations in the principal component analysis. The American Statistician, 50, 140~144.

[127] Nelsen R B. 1999. An Introduction to Copulas. Springer, New York.

[128] Neuhaus G. 1991. Some linear and nonlinear rank tests for competing risks models. Comm. Statist.: Theory Methods, 20, 667~701.

[129] Neuhaus G, Zhu L X. 1998. Permutation tests for reflected symmetry. J. Multivariate Anal., 67, 129~153.

[130] Nolan D, Pollard D. 1987. U-process: Rates of convergence. Ann. Statist., 15, 780~799.

[131] Nolan D, Pollard D. 1988. Functional limit theorems for U-process. Ann. Probab., 15, 1291~1299.

[132] Oakes D, Dasu T. 1990. A note on residual life. Biometrika, 77, 409~410.

[133] O'Brien R D. 1979. A general ANOVA method for robust tests for aditive models for variances. J. Amer. Statist. Assoc., 74, 877~880.

[134] O'Brien R D. 1981. A simple test for variance effects in experimental designs. Psychological Bulletin, 89, 570~574.

[135] Olkin I, Rubin, H. 1964. Multivariate Beta distributions and independence properties of the Wishart distributions. Ann. Math. Statist., 35, 261~269.

[136] Pearson E S, Hartley H O. 1972. Biometrika Tables for Statisticians, Vol. 2. Cambridge University Press, Cambridge.

[137] Pollard D. 1984. Convergence of Stochastic Processes. Springer-Verlag, New York.

[138] Præstgaard J P. 1995. Permutation and bootstrap Kolmogorov-Smirnov test for the equality of two distributions. Scand. J. Statist., 22, 305~322.

[139] Roger P Q, Jun S, Mari P. 2001. Efficiency comparison of methods for estimation in longitudinal regression models. Statist. and Probab. Lett., 55, 125~135.

[140] Romano J P. 1989. Bootstrap and randomization tests of some nonparametric hypotheses. Ann. Statist., 17, 141~159.

[141] Rosenblatt M. 1952. Remarks on a multivariate transformation. Ann. Math. Stat., 23, 470~472.

[142] Rothman E D, Woodroofe M. 1972. A Cramer-von Mises type statistic for testing symmetry. Ann. Math. Statist., 43, 2035~2038.

[143] Roy S N. 1953. On a heuristic method of test construction and its use in Multivariate analysis. Annals of Math. Stat., 24, 220~238.

[144] Royston J P. 1983. Some techniques for assessing multivariate normality based on the Shapiro-Wilk W. Appl. Statist., 32, 121~133.

[145] Schick A. 1996. Root-n consistent estimation in partly linear regression models. Statist. Probab. Lett., 28, 353~358.

[146] Shorack G R, Wellner J A. 1986. Empirical Processes with Applications to Statistics. Wiley, New York.

[147] Schuster E F, Barker R C. 1987. Using the bootstrap in testing symmetry and asymmetry. Camm. Statist. Simul. Comp., 16, 69~84.

[148] Shao J, Tu D. 1995. The Jackknife and Bootstrap. Springer-Verlag, New York.

[149] Shorack G, Wellner J A. 1986. The Empirical Processes with Applications to Statistics. Wiley, New York.

[150] Simonoff J S, Tsai C L. 1991. Assessing the influence of individual observations on a goodness-of-fit test based on nonparametric regression. Statist. Prob. Lett., 12, 9~17.

[151] Singh K. 1981. On the asymptotic accuracy of Efron's bootstrap. Ann. Statist., 9, 1187~1195.

[152] Small N J H. 1980. Marginal skewness and kurtosis in testing multivariate normality. Appl. Statist., 29, 85~87.

[153] Speckman P. 1988. Kernel smoothing in partial linear models. J. Roy. Statist. Soc. Ser. B, 50, 413~436.

[154] Spokoiny V G. 1996. Adaptive hypotheesis testing using wavelets. Ann. Statist., 24, 2477~2498.

[155] Stone C J. 1982. Optimal global rates of convergence for nonparametric regression. Ann. Statist., 10, 1040~1053.

[156] Stute W. 1997. Non-parametric model checks for regression. Ann. Statist., 25, 613~641.

[157] Stute W, Manteiga G W. 1995. NN goodness-of-fit tests for linear models. J. Statist. Plann. Inf., 53, 75~92.

[158] Stute W, Manteiga G W, Quindimil M P. 1998. Bootstrap approximations in model checks for regression. J. Amer. Statist. Asso., 93, 141~149.

[159] Stute W, Thies G, Zhu L X. 1998. Model checks for regression: An innovation approach. Ann. Statist., 26, 1916~1934.

[160] Stute W, Zhu L X. 2002. Model Checks For Generalized Linear Models. Scan. J. Statist., 29, 535~546.

[161] Stute W, Zhu L X. 2005. Nonparametric Checks For Single Index Models. Ann. Statist., 33, to appear.

[162] Stute W, Xu W L, Zhu L X. 2007. Dimension Reduction Tests for Parametric Regression Models. Submitted for publication.

[163] Su J Q, Wei L J. 1991. A lack-of-fit test for the mean function in a generalized linear model. J. Amer. Statist. Assoc., 86, 420~426.

[164] Sun Y Q, Wu H L. 2004. Semiparametric time-varying coefficients regression model for longitudinal data. Unpublished manscript.

[165] Sykes L R, Isacks B L, Oliver J. 1969. Spatial distribution of deep and shallow earthquakes of small magnitudes in the Fiji-Tonga region. Bull. Seismol. Soc. Am., 59, 1093~1113.

[166] Van der Vaart A W, Wellner J A. 2000. Weak Convergence and Empirical Processes. Springer, New York.

[167] Vonesh E F, Chinchilli V W. 1997. Linear and Nonlinear Models for the Analysis of Repeated Measurements. Marcel Dekker, New York.

[168] Wahba G. 1984. Cross validation spline methods for the estimation of multivariate functions from data on functionals. In Statistics: An Appraisal, Proc. 50th Anniversary Conf. Iowa State Statistical Laboratory (H. A. David and H. T. David, eds) 205~235. Iowa State University Press, Ames.

[169] Wang W, Wells M T. 2000. Models selection and semiparametric inference for bivariate failure-time data. J. Amer. Statist. Assoc., 95, 62~72.

[170] Ware J H. 1985. Linear models for the analysis of longitudinal studies. Amer. Statist., 39, 95~101.

[171] Whang Y, Andrews D W K. 1993. Tests of specification for parametric and semiparametric models. J. Econometrics, 57, 277~318.

[172] Wu C F J. 1986. Jackknife, bootstrap and other re-sampling methods in regression analysis. Ann. Statist., 14, 1261~1295.

[173] Wu C O, Chiang C T, Hoover D R. 1998. Asymptotic Confidence Regions for Kernel Smoothing of a Varying-Coefficient Model With Longitudinal Data. J. Amer. Statist. Assoc., 93 1388~1402.

[174] Wu C O, Chiang C T. 2000. Kernel smoothing on varying coefficient models with longitudinal dependent variable. Statistic Sinica, 10, 433~456.

[175] Wu H, Liang H. 2004. Backfitting random varying-coefficient models with time-dependent smoothing covariates. Scan. J. Statist., 31, 3~19.

[176] Xu W L, Zhu L X. 2004. Goodness-of-fit Tests for a Varying-Coefficients Model in Longitudinal Studies. Submitted for publication.

[177] Yatchew A J. 1992. Nonparametric regression tests based on least squares. Econometric Theory, 8, 435~451.

[178] Yuen K C, Burke M D. 1997. A test of fit for a semiparametric additive risk model. Biometrika, 84, 631~639.

[179] Yuen K C, Zhu L X, Tang N Y. 2003. On the mean residual life regression model. J. Statist. Plan. Inf., 113, 685~698.

[180] Yuen K C, Zhu L X, Tang N Y. 2001. On the mean residual life regression model. Technical report, Department of Statistics and Actuarial Science.

[181] Zeger. S L, Liang K Y, Albert P S. 1988. Models for longitudinal data: A generalized estimation equation approach. Biometrics, 44, 1049~1060.

[182] Zhang J, Boos D D. 1992. Bootstrap critical values for testing homogeneity of covariance matrices. J. Amer. Statist. Assoc., 87, 425~429.

[183] Zhang J, Boos D D. 1993. Testing hypothesis about covariance matrices using bootstrap methods. Comm. in Statist.: Theory and Methods., 22, 723~739.

[184] Zhang J, Pantula S G, Boos D D. 1991. Robust methods for testing the pattern of a single covariate matrix. Biometrika, 78, 787~795.

[185] Zhu L X. 1993. Convergence rates of empirical processes indexed by classes of functions and their applications. J. Syst. Sci. Math. Sci., 13, 33~41 (in Chinese)

[186] Zhu L X, Fang K T. 1994. The accurate distribution of Kolmogorov statistic with Bootstrap approximation. Advanced in Appl. Math., 15, 476~489.

[187] Zhu L X. 2003. Model checking of dimension-reduction type for regression. Statist. Sinica, 13, 283~296.

[188] Zhu L X, Cui H J. 2005. Tsting the Adequacy for A General Linear Errors-in-varibles Model. Statistica Sinica, 15, to appear.

[189] Zhu L X, Fang K T. 1994. The accurate distribution of Kolmogorov statistic with Bootstrap approximation. Advanced in Appl. Math., 15, 476~489.

[190] Zhu L X, Fang K T. 1996. Asymptotics for kernel estimate of sliced inverse regression. Ann. Statist., 14, 1053~1068.

[191] Zhu L X, Fang K T, Bhatti I M. 1997. On estimated projection pursuit type Cramer-von Mises statistics. J. Mult. Anal., 63, 1~15.

[192] Zhu L X, Fang K T, Bhatti I M, Bentler P M. 1995. Testing sphericity of a high-dimensional distribution based on bootstrap approximation. Pakistan J. Statist., 14, 49~65.

[193] Zhu L X, Fang K T, Li R Z. 1997. A new approach for testing symmetry of a high-dimensional distribution. Bull. Hong Kong Math. Soc., 1 35~46.

[194] Zhu L X, Fang K T, Zhang J T. 1995. A projection NT-type test for spherical symmetry of a multivariate distribution. Multivariate Statistics and Matrices in Statistics eds, E. -M. Tiit, Kollo, T. and Niemi, H. TEV & VSP, Holland, 109~122.

[195] Zhu L X, Fujikoshi Y, Naito, K. 2001. Heteroscedasticity test for regression models. Science in China, Series A, 44, 1237~1252.

[196] Zhu L X, Jing P. 1998. On some tests based on projection pursuit for elliptical symmetry of a high-dimensional distribution. Chinese Bull. Sci., 43, 450~457.

[197] Zhu L X, Ng K W. 2003. Checking the adequacy of a partial linear model. Statist. Sinica, 13, 763~781.

[198] Zhu L X, Ng W, Jing P. 2002. Resampling methods for homogeneity tests of covariance matrices. Statist. Sinica, 12, 769~783.

[199] Zhu L X, Neuhaus G. 2000. Nonparametric Monte Carlo test for multivariate distributions. Biometrika, 87, 919~928.

[200] Zhu L X, Neuhaus G. 2003. Conditional tests for elliptical symmetry. J. Multiv. Anal., 84, 284~298.

[201] Zhu L X, Zhu R Q. 2005. Model Checking for Multivariate Regression Models. Submitted for publication.

索　引

《现代数学基础丛书》已出版书目